Die vorliegende zweite Auflage des TaschenAtlas Vulkane und Erdbeben soll die Vorzüge der ersten Auflage mit aktuellen Ansprüchen an ein solch griffbereites Werk vereinen. Die Nachfrage nach diesem kleinen Atlas in unserer beliebten Reihe der Taschenatlanten war so groß, dass wir uns zu einer überarbeiteten zweiten Auflage entschieden haben. Geologische Vorgänge und ihre gesellschaftlichen Wirkungen auch auf anscheinend weit entfernt liegende Regionen haben in den letzten Jahren das Interesse an den Ereignissen und ihrer Verbreitung stark vergrößert: Das katastrophale Erdbeben von Marokko, die Tsunami-Katastrophe 2004 und das Erdbeben 2005 in der Provinz Kaschmir sind dafür nur einige schreckliche, aber auch eindrucksvolle Ereignisse. Sie finden auf den aktualisierten Seiten dieses TaschenAtlas ihren Niederschlag.

Zugleich werden immer bedeutendere technische Bauwerke errichtet, auch in Regionen, die durchaus erdbebengefährdet sind. In welchem erdgeschichtlichen Kontext solche Bauwerke errichtet werden, kann man dem kleinen Kartenwerk und den statistischen Tabellen durchaus entnehmen und sich so einen Überblick verschaffen. Die geplante Brücke von Messina, das höchste Haus in Taipeh und die extrem dichte Besiedlung des Vesuv erwecken ebenso das Interesse wie die Erdwärmenutzung in Island. Eine Auswahl von mehr als 650 Vulkanen ist verzeichnet, davon besonders jene, die als „historisch tätig" von Zeitzeugen beschrieben wurden. Die für die Vulkane angegebenen Höhendaten sind mit dem „Katalog der aktiven Vulkane der Erde" abgestimmt. Wir haben uns bei Abweichungen einheitlich auf diese Daten bezogen. Besucher von Vulkangebieten sollen ermutigt werden, sich gefahrlos mit diesen „Gucklöchern in das Erdinnere" und ihrem geologischen Umfeld zu beschäftigen. Deshalb sind auch die nicht mehr aktiven Vulkane in Mitteleuropa in den TaschenAtlas aufgenommen worden. Nicht alle Wünsche der Leser der ersten Auflage konnten wir dabei aus Gründen der Platzbeschränkung berücksichtigen. Wir bitten um Ihr Verständnis. Die Kartenausschnitte sind streng auf das Thema orientiert. Für eine grundlegende Information über die Regionen der Erde empfehlen wir deshalb den TaschenAtlas Erde, aus dem Sie viele detaillierte geografische Informationen gewinnen können. An dieser Stelle dankt der Autor den Mitarbeitern von Klett-Perthes für die Mithilfe und Sorgfalt bei der umfangreichen Recherche, der Gestaltung und für die Entstehung der Karten.

Auch dieser Atlas wurde mit größtmöglicher Sorgfalt erstellt. Doch gibt es immer wieder Aspekte zur Verbesserung. Wir sind daher dem Leser für inhaltliche und gestalterische Vorschläge sowie Hinweise auf Fehler dankbar.

Der Autor und der Verlag

Inhalt

Vulkanausbrüche und Erdbeben 2002 – 2005

Ausgewählte Vulkanausbrüche

Nyiragongo (3 470 m), Dem. Rep. Kongo, Januar 2002 – Stratovulkan, Lavasee, extrem flüssige Lava überflutete 10 km entfernte Stadt Goma, 300 000 Menschen betroffen, 45 Opfer

Papandayan (2 665 m), Indonesien, März 2002 – Stratovulkan, explosiv tätig, 6 000 m hohe Aschewolke, Evakuierung und Flucht tausender Anwohner

Santa Maria (3 772 m), Guatemala, März 2002– Stratovulkan, sehr unterschiedliche Aktivitäten: Lavadom, explosiv tätig, häufige Lavaströme, gefährlicher Vulkan

Kerinci (3 800 m), Indonesien/Sumatra, August 2002 – Aschewolke von 3,5 km Höhe, weiter Gipfelkrater, zeitweise wassergefüllte Kraterseen

Merapi (2 947 m), Indonesien/Java, September 2002– Lavaströme 2,5 km weit, gefährliche Explosionen mit Aschefällen, Observatorium

Ätna/Etna (3 350 m), Italien, letzter Ausbruch: Oktober 2002 – Stratovulkan, zahlreiche Parasitärkrater, Lavaströme am S- und NO-Hang, Ascheeruptionen, Gebäudeschädenn

Yasur (361 m), Vanuatu, Oktober 2002 – sehr aktiver Vulkan, beobachtet von Cook, häufig strombolianische Tätigkeit

Stromboli (926 m), Italien/Liparische Inseln, November 2002 – Stratovulkan, regelmäßige Ausbrüche, sehenswerte Eruptionen, etwa alle 30 Min., für Touristen gelegentlich gesperrt

Piton de la Fournaise (2 631 m), Réunion (frz.), Dezember 2002 – Schildvulkan, Caldera mit zahlreichen Ausbruchszentren, Observatorium

Lewotobi (1 703 m) Indonesien/Flores: 1.9.2003 – hohe Aschesäule, heiße Lavafetzen, Waldbrände in der Umgebung des Kraters, Einwohner umliegender Dörfer geflohen

Arenal (1 657 m) Costa Rica: 6.9.2003 – Asche und Lavaausbrüche, Vulkan gefährdet häufig Touristen u. Ferienanlagen

Kūh-e-Taftān/Taftān (4 050 m) Iran: Oktober 2003 – Hinweise auf Fumarolentätigkeit (erstmals seit 1897, nachdem von von extremen Dampfexplosionen berichtet wurde)

Egon (1 703 m) Indonesien/Flores: 1.2.2004 – Ascheausbruch bis 10 000 m Höhe, panikartige Flucht der Anwohner, Flugrouten wegen Asche in der Atmosphäre gesperrt, im Jahresverlauf weitere z.T. gefährliche Explosionen

Soufrière Hills (914 m) GB/Kleine Antillen, Montserrat: 3.3.2004 – pyroklastischer Ausbruch, die aschereichen Vulkanausbrüche haben 1995 die Inselhauptstadt Plymoth unbewohnbar gemacht, Asche bis in 7 000m Höhe, pyroklastische Wolken

Sakurashima (1 117 m) Japan/Kyūshū: 15.5.2004 – Ausbruch, Zwischen den Ausbrüchen ca. 100-jährige Pausen, Schutz umliegender Orte vor Verwüstung durch Schlammströme (Lahars) durch aufwändige Dammbauten

Bromo/Tengger Caldera (1 860 m) Indonesien/Java: 8.6.2004 – Explosion des Nebelkraters am Semeru, touristisch erschlossener Vulkan, zwei Touristen werden getötet, zahlreiche verletzt

Villarica (2 847 m) Chile: September 2004 – aktiver Lavasee im Krater

Asama (2 560 m) Japan/Honshū: 14./15.9.2004 – mehrere Explosionen leiten neue Tätigkeitsperiode ein, Aschewolken beeinträchtigten die Stadt Karuziazawa

Mount St. Helens (2 549 m) USA: 29.9.2004 – Anwachsen des Lavadoms im Zentralkrater neuer Ausbruch wird erwartet

Soputan (1 0784 m) Indonesien/Sulawesi: 18.10.2004 – Aschewolken und Lawinen, später werden umliegende Dörfer mit >2 cm Asche bedeckt

Grimsvötn (1 725 m) Island: 2.11.2004 – unter 600 m Eisdecke Eruption eines Vulkans, Ausbrüche durchdringen den Gletscher, Aschewolken treiben Richtung Osten, in Finnland noch Ascheregen

Manam (1 807 m) Papua-Neuguinea: 27./28.1. 2005 – explosiver Ausbruch, Asche und Gaswolken erreichen die Stratosphäre, zerstörte Ortschaften in der Umgebung, zahlreiche Verletzte, ein Mensch kam zu Tode

Popocatépetl (5 426m) Mexiko: 10.3.2005 – zunehmender Auswurf von pyroklastischem Material verursacht Waldbrände, Landbevölkerung wird weiträumig evakuiert

Talang (2 597 m) Indonesien/Sumatra: 11.4.2005 – nach Erdbeben wird die Bevölkerung in der Umgebung des Vulkans evakuiert, starke Ascheförderung nach explosivem Ausbruch

Rotorua (757 m) Neuseeland: 19.4.2005 – Geysireruption, erstmals seit 1948, große Caldera 22 km Durchmesser, im Pleistozän entstanden, Randbereiche sind Heißwasserzentren, im Zentrum jüngerer Inselvulkan

Reventador (3 562 m) Ecuador: Mai 2005 – Lavaströme (4 km) erreichen Erdöl- und Gasleitungen, beinträchtigen Straßen

Fernandina/Cumbre (1 476 m), Ecuador/Galapagos-Inseln: 13.5.2005 – Lavaströme auf der Südflanke, bedrohen zunächst Tier und Pflanzenwelt, Befürchtungen haben sich nicht bestätigt

Santa Ana (2 385 m) El Salvador: 1.10.2005 – Stratovulkan, plötzliche phreatische Eruption in dicht besiedeltem Gebiet, tausende Bewohner wurden evakuiert, keine Opfer

Sierra negra (1 490 m), Ecuador/Galapagos-Inseln Isabela: 24.10.2005 – mit Lavazungen ausgefüllte Caldera, auf der Flanke strömte Lava in verschiedene Richutngen zur See ab

Ausgewählte Erdbeben

25.03.2002 Afghanistan/Nord, Nahrin: Magnitude 6,0 – 150 000 Obdachlose, Totalzerstörung von Dörfern, 4 800 Opfer
12.04.2002 Afghanistan/Nord, Doabi: 1 000 Opfer
25.04.2002 Georgien, Tiflis: Magnitude 6,0 – Starke Gebäudeschäden, 4 Opfer, 20 Verletzte
15.05.2002 USA/Kalifornien, San Francisco: Magnitude 5,2 – Telefonnetz beschädigt, Panik
15.05.2002 Taiwan, Taipeh: Magnitude 6,2 – U-Bahn-Verkehr unterbrochen
21.05.2002 Griechenland, Kreta: Magnitude 5,8 – Erschütterungen auf der ganzen Insel, Südgriechenland
22.06.2002 Iran, Nordwesten: 500 Opfer, 1 200 Verletzte
22.07.2002 Deutschland/Nordrhein-Westfalen, Aachen: Magnitude 5,1 – Epizentrum im Raum Aachen
06.09.2002 Italien/Sizilien, Palermo: Magnitude 6,1 – Gebäudeschäden, 3 Verletzte
30.10.2002 Italien/Apulien, San Giuliano: Magnitude 5,4 – Einsturz von Gebäuden, Kindergärten, 29 Opfer
18.11.2002 USA/Alaska: Magnitude 7,9 – Erschütterungen im unbesiedelten Gebiet, Pipeline automatisch abgeschaltet
21.05.2003 Algerien/Boumerdes: Magnitude 6,7 – ca. 2500 Opfer, mehr als 10 000 Verletzte
26.12.2003 Iran/Bam: Magnitude 6,6 – nahezu 27 000 Opfer, Zusammenbruch der Infrastruktur
10.01.2004 Algerien: Magnitude 4,6 – ca. 500 Verletzte, hoher Sachschaden
14.02.2004 Pakistan, Islamabad: Magnitude 5,7 – 25 Opfer
24.02.2004 Marokko/El Hoceima: Magnitude 6,5 – mehr als 600 Opfer
25.03.2004 Türkei/Erzurum: Magnitude 5,5 – 10 Opfer
06.04.2004 Afghanistan/Hindukusch: Magnitude 6,5 – mehrere Opfer
28.05.2004 Iran/Sari: Magnitude 6,2 – 60 Opfer
22.06.2004 Deutschland/Schweiz: Magnitude 4,2 – leichte Putzschäden
01.07.2004 Türkei/Osttürkei, Magnitude 5,2 – mehr als 50 Opfer
12.07.2004 Nepal/Kathmandu: Magnitude 6,0 – Sachschäden
25.07.2004 Indonesien/Sumatra: Magnitude 7,2 – Sachschäden
05.09.2004 Japan: Magnitude 7,1 – Sachschäden (Verkehrswege)
15.10.2004 Taiwan/Taipeh: Magnitude 6,7 – keine Schäden, keine Opfer
20.10.2004 Deutschland/Norddeutschland: Magnitude 4,9 – keine Schäden
24.10.2004 Japan: Magnitude 6,8 – zahlreiche Opfer, hohe Sachschäden
15.11.2004 Kolumbien: Magnitude 7,2 – keine Opferzahlen bekannt
22.11.2004 Neuseeland: Magnitude 7,3 – keine Schäden
29.11.2004 Japan: Magnitude 7,1 – keine Schäden
05.12.2004 Süddeutschland/Schwäbische Alp: Magnitude 5,4 – leichte Schäden
26.12.2004 Indonesien/Sumatra: Starkbeben Magnitude 9,6 – löst größte Tsunami-Katastrophe aus (über 250 000 Opfer)
30.01.2005 Spanien: Magnitude 4,6 – zahlreiche Verletzte, Gebäudeschäden
22.02.2005 Iran/Sarand: Magnitude 6,4 – zahlreiche Verletzte, mehr als 400 Opfer
28.03.2005 Indonesien/Sumatra: Magnitude 8,7 – mehr als 600 Opfer nach Beben
13.06.2005 Chile/Nordchile: Magnitude 7,9 – keine Schäden gemeldet
24.07.2005 Indonesien: Magnitude 7,2 – Tsunami-Alarm ohne Folgen für Küsten
25.09.2005 Peru: Magnitude 7,5 – keine Folgen und Opfer gemeldet
08.10.2005 Pakistan/Indien/Kaschmir: Magnitude 7,6 – ca. 40 000 Opfer, mehr als 3 Mio. Obdachlose
13.11.2005 Schweiz/Basel: Magnitude 4,1 – keine Schäden
15.11.2005 Japan, Ostküste: Magnitude 6,9 – Tsunamibefürchtungen, keine Schäden
05.12.2005 Ostafrikanischer Graben: Magnitude 7,5 – keine Schäden gemeldet

Benutzungshinweise

Der **Karteninhalt** wird durch Einzellegenden und durch die Sammellegende erschlossen. Die **Einzellegende** erklärt vorwiegend Signaturen (Kartenzeichen) zur Thematik der Karte und spezielle kartengestalterische Ausdrucksmittel. Die **Sammellegende** erklärt Kartenschriften und Signaturen, die ständig auftreten, z. B. Signaturen zur Unterscheidung der vulkanologischen Aspekte.

In den **Tabellen** wird die Magnitude als M. abgekürzt und Ländernamen z. T. mit der international üblichen Abkürzung versehen.

Farben: Die Kontinente werden in der Regel durch dieselbe Farbe (Leitfarbe) gekennzeichnet.

Schriftauszeichnungen: Die fetten Begriffe unterstreichen die Bedeutung als Fachbegriff oder heben Besonderheiten hervor, z. B. **Mittelatlantischer Rücken**.

Die fetten und gleichzeitig roten Wörter sind mit einem Pfeil versehen und verweisen auf das **Glossar**, in dem die Begriffe kurz erläutert werden, z. B. → **Geysire**

Das **Literaturverzeichnis** enthält zitierte Literatur und aktuelle Fachbücher, die für eine Vertiefung angesprochener Probleme geeignet sind und zum Nachschlagen empfohlen werden.

Aktuelle Ereignisse zu Vulkanausbrüchen oder Erdbeben sind in einer gesonderten Übersicht als Zusatzinformation ergänzt.

Die Karte 238/239 stellt nur die Länder mit **geothermischen Kraftwerken** und **Nutzungen** dar, es handelt sich bei den Schraffuren nicht um quantitative Aussagen. Die Hinweise auf **touristische Erkundungen** der Vulkangebiete erheben keinen Anspruch auf Vollständigkeit.

	Staatsgrenze
	Grenzverlauf umstritten/nicht festgelegt
	Demarkationslinie
	innerstaatliche Grenze
	Zuordnungsgrenze auf Wasserflächen
ITALIEN	Staat
Réunion (frz.)	abhängiges Gebiet
Oregon	Bundesland/Bundesstaat/Provinz
BERLIN	Hauptstadt
DRESDEN	Verwaltungszentrum

Orte

QUITO	über 1 000 000 Einwohner
LA PAZ	500 000 – 1 000 000 Einwohner
BARI	100 000 – 500 000 Einwohner
Weimar	50 000 – 100 000 Einwohner
La Orotava	10 000 – 50 000 Einwohner
Corvo	unter 10 000 Einwohner
	große zusammenhängende Siedlungsfläche
	Fluss
	zeitweilig wasserführender Fluss
	Kanal
	See
Harz	Gebirgsname
Pampa	Landschaftsname
Mount Cook 3754	Berg mit Höhenzahl (in m)
Vesuv Lipari	Name des Vulkans
▲ (rot)	Vulkan nach 1900 tätig
△ (rot)	Vulkan in historischer Zeit tätig
▲	holozäner Vulkanismus
△	tertiärer Vulkanismus
İZMIT *Honshū*	schwer geschädigter Ort/-region bzw. Epizentrum großer Stärke
BONN *Vogtland*	weniger geschädigter Ort/-region bzw. Epizentrum geringer Stärke
●	Epizentrum/Schadensbeben großer Stärke
●	Epizentrum/Schadensbeben geringer Stärke
	Bebengebiet mit großen Schäden
	Bebengebiet mit geringen Schäden
	Grabensystem, Grabensystem mit unsicherem Verlauf

Popocatépetl (19.12.2000)

Über den Zustand und die Zusammensetzung der Gesteine in größeren Tiefen lassen sich nur indirekte Aussagen treffen, da Druck- und Temperaturbedingungen eine direkte Untersuchung nicht zulassen. Bereits in 50 km Tiefe werden ca. 1 000 °C und ca. 10 kbar erwartet. Daran scheitert die unmittelbare Beobachtung des Erdinneren. Bereits um 1900 zwang diese Erkenntnis, die Wissenschaft indirekte Methoden zur Bestimmung von Temperatur, Druck und Dichte zu erarbeiten, um ein relativ gesichertes Bild vom **Aufbau des Erdkörpers** und seiner Bestandteile zu erzielen. Die 1909 entdeckte **Mohorovičić-Diskontinuität** (Moho) zwischen oberem Erdmantel und Erdkruste ist ein Beispiel für den Erfolg der Bemühungen. Zunächst dienten dazu natürliche Bewegungsabläufe und Erschütterungen des Erdkörpers. Die dabei entstehenden seismischen Wellen wurden in ihrer Ausbreitung und Ausbreitungsgeschwindigkeit an unterschiedlichen Messpunkten weltweit erfasst. Später dienten künstliche Erschütterungen, wie gezielte Sprengungen, zur Präzisierung des Erdaufbaus. Es gehört zum Forschungsalltag, neben Tiefbohrungen sowohl seismische Wellen (seismische Tomographie) als auch elektrische Potentiale künstlich zu erzeugen, um sich einerseits oberflächennahe Einblicke in die Erdkruste zu verschaffen und andererseits Strukturen in größeren Tiefen zu erkennen. So wurden beim Kontinentalen Tiefbohrprogramm (KTB) in Deutschland knapp über 9 100 m Bohrtiefe erreicht, an der Halbinsel Kola über 13 000 m. Das derzeitig gültige Bild vom Aufbau unserer Erde und der Struktur der Erdkruste ist das Produkt dieser Bemühungen und vielfältiger Computersimulationen.

Demzufolge unterstellen wir heute einen **Schalenbau der Erde**. Der innere Erdkern wird von einem äußeren Kern umschlossen, dieser ist vom unteren und oberen Erdmantel umgeben. Es folgt als dünnere Schale die maximal 250 km mächtige Asthenosphäre, die schließlich von der Lithosphäre und der ozeanischen und der kontinentalen Kruste umhüllt wird. In dieser **Lithosphäre** spielen sich Vulkanismus und Erdbebentätigkeit ab. Im Gegensatz zu älteren Anschauungen hat sich heute ein dynamisches Bild der Beziehungen der einzelnen Schalen herausgebildet. Es handelt sich nicht um starre und mathematisch exakte Grenzen zwischen den Schalen, sondern vielmehr um einen Grenzbereich, der abhängig von seiner chemischen Beschaffenheit sowie den Druck- und Temperaturbedingungen in einem engen Wechselverhältnis steht. Allein die nachgewiesene Drift der Kontinente auf der Basis der 1972 ausformulierten und begründeten **Plattentektonik** (vgl. S. 14 ff.) macht schon äußerlich sichtbar, welcher Dynamik die Lithosphäre unterliegt, die zudem in ihrem unteren Teil hoch elastisch ist, indem sie sich durch auflagernde Massen (z. B. Vulkanbauten, Gebirgsmassive und Eismassen) verformt.

Der beschriebene Schalenaufbau unserer Erde und besonders der Erdkruste sind durch unterschiedliche Geschwindigkeiten seismischer Wellen in den Krustenschalen nachgewiesen, die von den chemisch und physikalisch bedingten Materialgrenzen reflektiert und schließlich an der Oberfläche gemessen werden. Auf den Schalenbau lassen sich sowohl die vulkanischen Erscheinungen auf der Erdoberfläche als auch die Antriebskräfte für dynamische Prozesse innerhalb der ozeanischen und kontinentalen Kruste zurückführen. Durch **Konvektionsströmungen** im Erdmantel werden gewaltige Energiemengen transportiert. Sie lassen entlang der Mittelozeanischen Rücken neuen Meeresboden entstehen. Da die Erde weder expandiert noch schrumpft, muss an anderer Stelle älterer Ozeanboden wieder abtauchen **(Subduktionszonen)**. Hier entsteht u. a. durch die Reibungsenergie zwischen abtauchenden Gesteinsmassen und überlagernden Gebirgen erneut Vulkanismus. Die Gesteinsmengen werden in den Kreislauf des Erdmantels aufgenommen.

Schalenbau der Erde

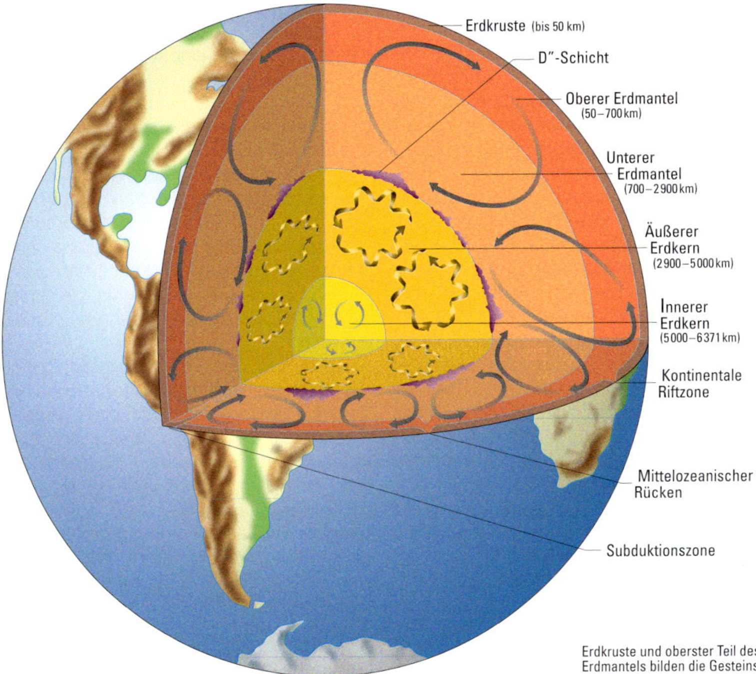

nach C. S. Powell

Erdkruste und oberster Teil des Erdmantels bilden die Gesteinskruste (Lithosphäre).

Aufbau der Erdkruste

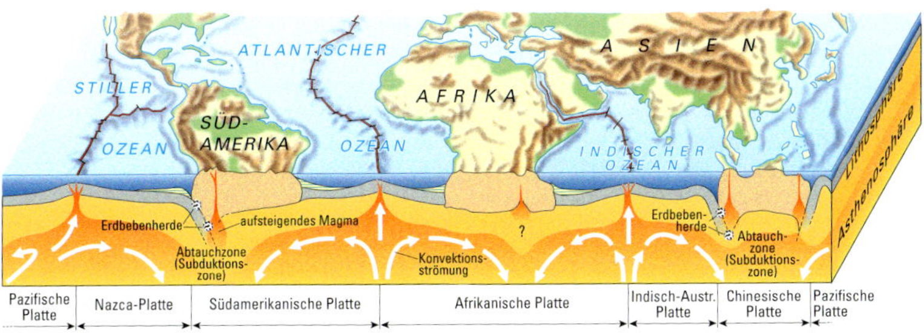

Gesteinshülle (Lithosphäre)
- kontinentale Kruste
- ozeanische Kruste
- Sedimente
- Oberer Erdmantel (fest)

Fließzone (Asthenosphäre)
- Oberer Erdmantel (plastisch)

Die **Entstehung unserer Erde** ist mit der Entstehung unseres Zentralgestirns und seiner Begleiter verbunden. Die Geschichte unseres **Planetensystems** hängt mit der Entwicklung der Sonne zusammen. Die Bestandteile der Materie, aus denen sich unsere Erde gebildet hat, entstammen der Frühgeschichte unserer Sonne: Wie diese aber von ihr abgegeben wurden, bleibt vorerst noch umstritten. Sicher ist, dass unsere Erde im Frühstadium der **Sonne** sozusagen „mit entstanden“ ist, die abgesonderte Materie kondensierte zu einem glühend heißen **Gasball**.

Die entstehende Erde war eher ein **Stern** als ein Planet. Später bildete sich aus dem heißen Gas eine zähe Schmelze, schließlich bekam sie eine Kruste, die aber längst nicht „fest“ war, sondern immer wieder aufschmolz und von kosmischen Eindringlingen durchschlagen wurde. Auf der **Mondoberfläche** mit ihren Einschlagkratern ist dieser Vorgang konserviert sichtbar. Sehr lange dauerte es bis zu einer wirklichen **Erdkruste**, die von den Turbulenzen des eingeschlossenen Materials mitgestaltet wurde und heute noch gestaltet wird – allerdings langsamer.

Schließlich differenzierte sich das von der Kruste umschlossene Erdinnere. Durch atomaren Zerfall angeregt, bewegte der Wärmestrom des Erdkerns die riesigen Materialmengen. Die **Schalenstruktur** des heutigen Erdkörpers entstand. Mit der sich verfestigenden Erdkruste kann man vom eigentlichen Beginn der „Erdgeschichte“ sprechen. Durch die → **endogenen** Kräfte angeregt, traten die → **exogenen** Kräfte in eine Wechselwirkung. Die dem Magma entweichenden Gase ließen eine Atmosphäre entstehen, die begann, die fest gewordene Erdkruste anzugreifen und aufzubereiten. Die entweichenden Schwefelgase, das Kohlendioxid, auch der Wasserdampf, schufen die Voraussetzungen für die Entstehung des Wassers und der Atmosphäre auf der Erde. Gleichzeitig begannen sich erste Sedimente und die Grundlagen des Lebens zu bilden. Das heiße Magma und die neu entstehenden Verbindungen und Moleküle können als die Urbausteine des Lebens angesehen werden. Damit begann eine Chronologie unserer Erde.

Die glühende Urmasse auch Quelle des Lebens auf der Erde?!

Die Gesteine geben über die physikalischen Vorgänge und die vergangenen Zeiten Auskunft. Ein wichtiger **Grundsatz der Erdgeschichte** ist: Alle Gesteine und Formen auf der Erde sind nach den gleichen Naturgesetzen entstanden, die auch heute noch an der Gestaltung der Erde mitwirken.

Ein Vulkan wird immer nach den gleichen Prinzipien funktioniert haben, die Gesteine werden immer nach den gleichen Abläufen entstanden sein. Abweichend von heutigen Prozessen kann nur die Zeitdauer sein, der zeitliche Ablauf und die Intensität bestimmter Bedingungen, wie Druck und Temperatur. Die Anerkennung dieses „aktualistischen“ Grundsatzes macht die Geschichte unserer Erde erkennbar und begreifbar. Nur so werden wir auch einen Zugang zu den frühen Epochen unseres Planeten erhalten: Durchbohren wir die Kruste unseres Heimatplaneten, stellen wir fest, dass der Anteil **vulkanischer Gesteine** in der Erdgeschichte immer größer wird, je mehr wir uns in die Tiefe der Kruste und damit in die Vergangenheit unseres Planeten bewegen. Das belegt, dass die Erde in früheren Zeiten äußerst heiß und zunächst lebensfeindlich gewesen sein muss, denn Vulkane und vulkanische Prozesse bildeten am Anfang unserer Erdgeschichte den Hauptanteil der geologischen Aktivität unseres Planeten.

Im Umkehrschluss können wir annehmen, dass uns Vulkane immer Hinweise auf die Entstehungsgeschichte unseres Planeten geben – auch die Gewissheit, dass sie Urquell der Lebensentstehung wurden. Die Geschichte der Erde und des Lebens auf ihr sind offenbar untrennbar miteinander verbunden.

Meteoritenkrater auf dem Mond

Frühes Stadium der Erdoberfläche

Mit dem **Erstarren der Erdoberfläche** begann zugleich eine Entwicklung der Erdkruste und der festen Gesteine, die durch dynamische Kräfte aus dem Inneren der Erde angeregt wurde. Waren die Krustenteile ausreichend groß und die Belastungen aus dem Inneren der Erde ausgeglichen, verbog sich die starre Kruste, oder beulte sich aus. Voraussetzung dafür waren **Hebungen** und **Senkungen**. Das Gestein passte sich elastisch an diese Bewegungen an. Es galt zunächst für die Gesteinskruste aus magmatischen Gesteinen der noch jungen Erde. Je mehr diese Gesteine einer sich bildenden Atmosphäre und damit der Verwitterung ausgesetzt waren, galt diese Form des Ausgleichs der Bewegungen auch für Sedimentgesteine.

Die Erdkruste unterlag seitdem ständig einer von innen wirkenden **endogenen Veränderung** (Hebung und Senkung) und einer von außen wirkenden Abtragung und Ablagerung von Gesteinen. Diese Masseverlagerungen führen zu einer unterschiedlichen Belastung der Erdkruste. Die relativ zähen Gesteinsmassen und Krustenpartien der oberen Erdkruste reagierten bei plötzlichen Veränderungen von Druck und Bewegung durch Brüche und Verschiebungen und sie wurden deformiert. Gesteinsfalten sind selbst in harten und spröden Gesteinsbänken sichtbar, z.B. Falten, die „umkippen" und auf dem ursprünglichen Gestein aufliegen.

Gelegentlich bewundert man sogar ehemals flach liegende Schichten aufrecht in der Landschaft stehend. Im Volksmund werden solche Mauern in aller Welt, am Harzrand, im Balkan oder in den Anden als „Teufelsmauern" bezeichnet. Der Teufel wird immer dann zu Hilfe genommen, wenn unvorstellbare Kräfte zu erklären, die z.B. Gesteinsbänke von mehreren Metern bis zu hundert Metern verbiegen oder zerbrechen.

Das sind Beispiele tektonischer, d.h. der „am Bau beteiligter" (aus dem Griechischen stammender Begriff) Veränderungen, d.h. Störungen, die Hinweise auf plötzliche Druckveränderungen geben. Ein Beispiel dafür ist der **Oberrheintalgraben**. Entweder sind die Randbereiche langsam auseinander getrieben, die Gesteinslagen eingebrochen, so dass sich an anderer Stelle plötzlich Hohlräume gebildet haben, in die dann die darüberliegenden Gesteinspakete eingebrochen sind, oder aus einer tief liegenden Magmakammer hat sich das Magma an die Erdoberfläche bei unentwegten Vulkanausbrüchen verlagert, die Kammern sind leer und die darüber liegenden Gesteinsmassen in diese Hohlräume eingebrochen. Eine → **Caldera** ist entstanden. Dieses harsche Verhalten der Gesteine gegenüber Druckveränderungen wird als **Tektonik** bezeichnet. Doch was ist die Ursache für solche plötzlichen oder schleichenden Druckveränderungen?

Der deutsche Meteorologe und Geophysiker **ALFRED WEGENER** beschrieb erstmals 1912 die Ähnlichkeit bestimmter Küstenlinien benachbarter Kontinente, besonders die zwischen Südamerika und Afrika. Er vermutete, dass sich auf der Erde nicht nur senkrechte Bewegungen abspielen. Vielmehr kam ihm der Gedanke, dass sich die Kontinente horizontal voneinander wegbewegt haben müssten.

Mehr als 50 Jahre vergingen bis seine Überlegungen durch Beobachtungen und Messungen soweit gesichert waren, dass Wissenschaftler auch eine Tektonik der Erdoberfläche anerkannten. Eine Revolution in der Geologie bahnte sich an. Die anscheinend starre Erdkruste war demzufolge in Form eines riesigen, erdumspannenden Mosaiks in einzelne Platten zerbrochen, die sich ständig zueinander bewegten, miteinander zusammenstießen, sich verformten oder auch verhakten. Der kanadische Geophysiker WILSON entwarf ein Modell, das erklärt, wie sich die Platten zueinander verhalten (vgl. S. 19) und welche typischen Elemente in den Großlandschaften entstehen.

Lange Zeit waren die Ursachen für die Bewegung der Kontinente unklar. Mittlerweile kennt man den Aufbau des Erdinneren so genau, dass man sich durch die **Konvektionsströme** im Erdmantel erklären kann, wie die verfestigten Krustenteile der Erde durch diese Antriebskräfte in bestimmte Richtungen bewegt werden und dabei miteinander reagieren. Es können zunächst Gräben aufreißen, wie am Oberrhein, später Meeresarme entstehen, wie am Roten Meer, in deren Zentren flüssiges Gestein aufquillt und neuen Meeresboden bildet. Schließlich schiebt sich der neu entstandene Meeresboden unter die Ränder der alten Kontinente und schmilzt im Untergrund wieder auf.

Dort, wo Kontinente auf Kontinente stoßen, bilden sich durch die Wucht des Aufpralls Hochgebirge. Das spielt sich jährlich im Zentimeterbereich ab. Dabei werden enorme Energiemengen ausgetauscht. Nur so ist es zu erklären, dass der gesamte **Himalaya-Komplex** im Jahre 1954 plötzlich um mehrere Meter angehoben worden ist. All diese Zusammenstöße, Risse, Spannungen und Entspannungen der großen und kleinen Platten bzw. Kontinentalplatten verursachen Erdbeben. Die Bruchzonen und Plattenränder begünstigen den Aufstieg des Magmas. Dort, wo es durch den dünnen Meeresboden dringt, schafft es sich den Platz nach beiden Seiten und dient als Antrieb für die wandernden Kontinente oder bildet riesige Vulkaninseln.

Erdbebenzonen und Vulkanringe rund um den Globus sind gleichzeitig Ursache und Wirkung der Gestaltung des Antlitzes unserer Erde. Diese Dynamik wird nicht nur durch Erdbeben und Vulkanausbrüche deutlich: Der vor über 2 000 Jahren errichtete Tempel in Pozzuoli versank nach Jahrhunderten im Wasser, auf halber Höhe der Säulen fraßen sich Bohrmuscheln in den Marmor. Längst hat sich der Boden gehoben, die Säulen stehen wieder oberhalb der Wasserlinie.

Serapeum in Pozzuoli

Plattentektonik

Plattengrenze

Plattengrenze unsicheren Charakters

vermutete Plattengrenze

1 : 160 000 000

0 1000 2000 3000 4000 5000 km

Divergierende Plattenränder
(Rift-Dehnungszonen)

Ozeanische Riftzone

Richtung des Auseinanderdriftens von Platten

6 Driftgeschwindigkeit (in cm/Jahr)

Konvergierende Plattenränder
(Subduktions- und Kollisionszonen)

- Subduktionszone (Abtauchen einer Platte)
- Kollisionszone (Kollision zweier Platten / Gebirgsbildung)
- Subduktionsrichtung
- 10 Subduktionsgeschwindigkeit (in cm/Jahr)
- Tiefseerinne

Konservative Plattenränder
(Transformstörungen)

- Transformstörung (aneinander vorbeigleitende Platten)
- Querstörung oder inaktive Verlängerung einer Transformstörung

Kollision und Subduktion

Die Kontinentalränder und die Mittelozeanischen Rücken unterstreichen mit ihren Konturen und dem aktiven Vulkanismus das Mosaik, dass von den tektonischen Platten gebildet wird, die das Gesamtbild unserer Erdoberfläche gestalten. Diese Platten sind ein Produkt der dynamischen Kräfte, die aus dem Erdmantel durch die Konvektion des Gesteinsmaterials und dem damit verbundenen Wärmetransport aus dem Kernbereich der Erde gespeist werden.

Im Gegensatz zu frühen Erkenntnissen der Erdgeschichte geht man heute davon aus, dass sich die Erdkugel in ihren Dimensionen nicht verändert. Durch den Massetransport der magmatischen Schmelze aus dem Erdmantel in die Krusten und die Mittelozeanischen Rücken wird ständig neuer Meeresboden gebildet, die Flächen der Ozeane erweitern sich. Parallel zu den Mittelozeanischen Rücken entsteht gewissermaßen „streifenweise" neuer Meeresboden, der sich immer weiter von seinem Ursprungsort entfernt. Dieses Phänomen wird als **„seafloor spreading"** bezeichnet. Es führt zu einer lang andauernden Mobilisierung der Erdoberfläche und dazu, dass der Meeresboden mit den Kontinentalrändern zusammenstößt **(kollidiert)** oder unter die Kontinente abtaucht **(subduziert)**. Spuren für diese Vorgänge sind einerseits die Hochgebirge an den Kontinentalrändern (Nord- und Südamerika am Pazifikrand, die Alpen im Mittelmeerraum, der Himalaya im Norden der Indisch-Australischen Platte), andererseits tiefe Gräben, die das „Abtauchen" der Platten sichtbar werden lassen. Eine dritte Form führt zu einem „Vorbeigleiten" von Plattenrändern, so dass es zu sichtbaren Veränderungen an den Plattengrenzen kommt. Diese relativen Bewegungen der „Platten" sind messbar und liegen im Bereich von 2 bis 16 cm jährlich. Das bedeutet, dass sich innerhalb kurzer erdgeschichtlicher Zeitabschnitte (100 000 Jahre) Bewegungen über Distanzen von 2 bis 16 km ergeben können. Mit dieser gedanklichen Vervielfachung der Jahresraten kann man sich geologische Bewegungsabläufe begreifbar machen. Bei solchen, oft über hunderte Kilometer wirksamen Masseverlagerungen kommt es natürlich auch zu sehr großen Energieströmen: Die Reibungsenergie dieser Gesteinsmassen führt am Rande des abtauchenden Gesteinsmaterials zu Erhitzungen bis zum Aufschmelzen des Gesteins, zu einer neuen Bildung von Magmakammern am Rande der Subduktionszonen sowie zu einem Vulkanismus mit chemisch sehr differenzierten Magmen und Eigenschaften der Gesteinsschmelzen. Er unterscheidet sich grundsätzlich vom Vulkanismus der Mittelozeanischen Rücken, an Kollisionszonen ist eine hohe Explosivität charakteristisch. Vom Beginn solcher **Subduktion** bis zum Einsetzen des angeregten Vulkanismus vergehen einige Millionen Jahre.

Bei einer **Kollision** der Platten verändern sich unter dem großen Druck der Platten auch die Eigenschaften der Gesteinspakete so, dass sie zähplastisch verformt, überschoben, gefaltet bzw. gebrochen werden. Auf diese Weise entsteht ein vielgestaltiges Faltengebirge mit z. T. unübersichtlichen Strukturen. Ehemalige Meeresböden gelangen in gewaltige Höhenbereiche. Vulkanismus spielt bei Kollisionen von Platten eine nicht so sichtbare Rolle wie an Subduktionszonen. Doch lassen sich auch bei derartigen Zusammenstößen von Kontinentalplatten Magmaaufstiege und Vulkanismus beobachten, zumal an der gleichen Stelle, an der eine Subduktion stattfindet, zu späterer Zeit Platten kollidieren können.

Transformstörungen, aneinander vorbeigleitende Plattenränder, können in der Landschaft messbare und sichtbare Versetzungen verursachen. Ein „Verhaken" der Plattenränder führt zu einem Stillstand der Bewegung. Bis in große Tiefen summieren sich Energiemengen. Bei Übersteigen der kritischen Belastbarkeit der Gesteine wandeln sich die Energien in Bewegungsenergie um. Die Folge sind Erdbeben an der Erdoberfläche.

Wilson-Zyklus

Ausdehnung (Öffnung) — (Schließung) **Einengung**

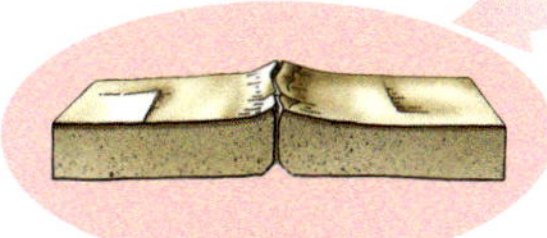

Großkontinent-Ausgangsstadium

- Hot Spot-Vulkanismus als „Initialzündung" der Grabenbildung

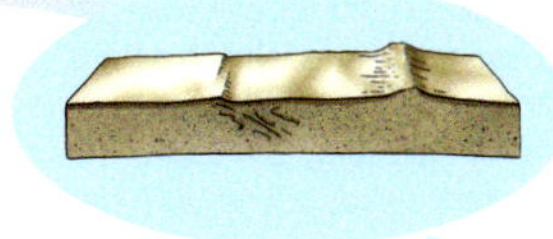

Tektonisches Ruhe-Stadium
(Großkontinent)

- ausschließlich exogene Vorgänge verändern die Erdoberfläche

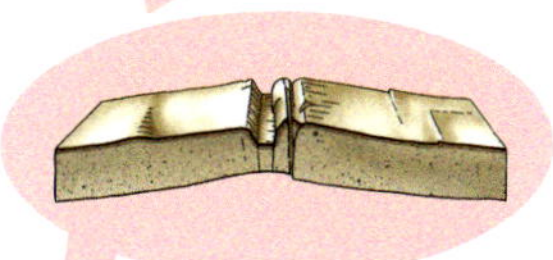

Graben-Stadium

- einsetzende Bruchtektonik/Vulkanismus
- innerkontinentale Grabenbildung

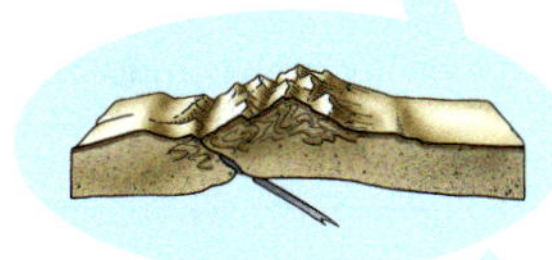

Kollisions-Stadium
(z.B. Himalaya-Region)

- Kollision/Verschmelzung kontinentaler Plattenteile
- Entstehung von Gebirgen

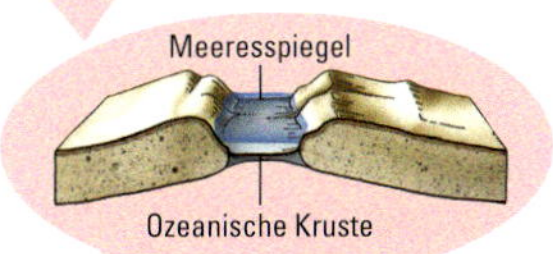

Meeres-Stadium
(z.B. Rotes Meer)

- anhaltender Magmatismus
- Bildung ozeanischer Kruste
- Eindringen des Meeres

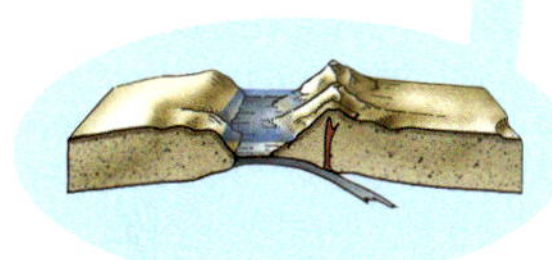

Meeres-Stadium
(z.B. Mittelmeer)

- fortschreitende Einengung der Ozeane zu Meeren

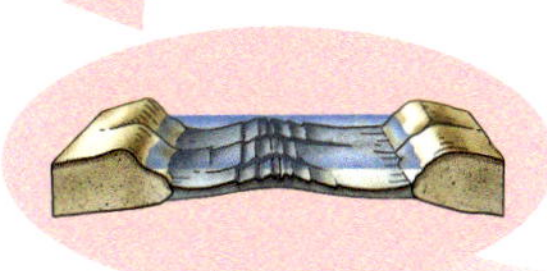

Ozean-Stadium
(z.B. Atlantik)

- Entstehung ozeanischer Gebirgssysteme durch Magmaströmungen
- Ausbreitung des Meeresbodens

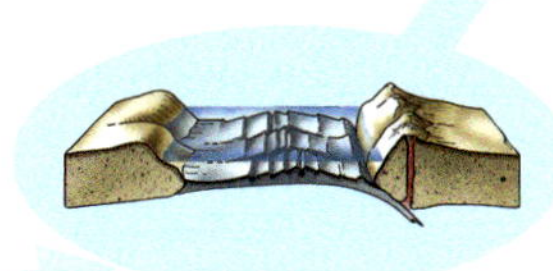

Ozean-Stadium
(z.B. Pazifik)

- Subduktion und Folgeerscheinungen an aktiven Kontinenträndern
- Verengung der Ozeane

Was sind Vulkane? Was ist Vulkanimus? Vulkane sind jene punktförmigen oder spaltenförmigen Öffnungen in der Erdkruste, aus denen die vulkanischen Gesteinsprodukte an die Oberfläche treten, dort erstarren und sie dadurch gestalten. Bei jedem Ausbruch verändert sich die Erdoberfläche an dieser Stelle. Dicke Ascheschichten, Lavaströme und kleinere Auswurfprodukte häufen sich an, bilden Kegel oder flache Schilde. Ebenso können durch die Explosionen vorhandene Erhebungen abgetragen oder zerstört werden, so dass sich wiederum das äußere Bild eines Vulkanberges verändern kann. Das erklärt auch, dass Höhenangaben von Vulkanen in großen oder kleinen Abständen sehr unterschiedlich gemessen werden.

Die Entstehung der Vulkane ist eng an die Plattentektonik und die Bildung frischer Erdkruste in allen Stadien der Erdgeschichte gebunden. Die magmatischen Prozesse bei der Entstehung von Vulkanen und deren Eruptionen gehören ebenso zum Begriff des Vulkanismus wie die mechanisch-physikalischen Vorgänge im Zusammenhang mit der Plattentektonik.

Selbstverständlich umschließt der Vulkanismus alle entsprechenden Vorgänge auch außerhalb unseres Planeten. Vulkanische Prozesse haben sichtbar die Mondoberfläche gestaltet (vgl. S. 13), der größte bisher bekannte Vulkankegel, Olympus mons, befindet sich auf dem Mars. Beim Vorbeiflug verschiedener Raumsonden am Jupitermond Io wurden tätige Vulkane beobachtet und es ist zu vermuten, dass auch der Planet Venus aktiven Vulkanismus durchlebt hat.

Der Vulkanismus beschreibt die unterschiedlichen Vulkanregionen z. B. den weit verbreiteten Intraplattenvulkanismus, der die Mittelozeanischen Rücken und die Entstehung des Ozeanbodens der Tiefsee erklärt. Die Wechselwirkungen des aufsteigenden Magmas im Zentrum der ozeanischen Rücken mit dem Meereswasser erzeugen sowohl die Zirkulation des Wassers als auch eine Veränderung seiner chemischen Zusammensetzung. Chemische Bestandteile des Magmas werden durch das Wasser aufgenommen.

In der Kontaktregion von Wasser und Magma verändern sich die Temperaturen und damit die Bedingungen für die chemischen Abläufe am Meeresboden. **Heiße Quellen** und **„Schwarze Schlote“** sind vielfach auf den Ozeanböden entdeckt worden. Sie sind der Ausgangspunkt für die Bildung von metallischen Ablagerungen an diesen Stellen. Diese Beobachtungen haben wichtige Hinweise auf die Entstehung von → **hydrothermalen** Lagerstätten in anderen erdgeschichtlichen Formationen gegeben. Auch die biologischen Prozesse und die beobachteten Lebewesen können als ein Ergebnis des Vulkanismus angesehen werden.

Die **Subduktion** (vgl. S. 18f.) der aufeinander zu treibenden Platten erzeugt eine besondere Form des Vulkanismus. Das Abtauchen einer mobilen Platte unter ein starres System führt durch Reibungsenergie und das Einsinken in tiefe Bereiche des Erdmantels zum Aufschmelzen der festen Gesteine. Die dabei entstehende Schmelze liefert das Ausgangsprodukt für Vulkane und den Zuwachs der Erdkruste im Bereich der Kontinente.

Zu diesen beiden Ausdrucksformen des Vulkanismus gesellt sich noch eine dritte Form, der **Intraplattenvulkanismus.** Er erklärt die Entstehung von Vulkanen außerhalb der Subduktionszonen, der Mittelozeanischen Rücken innerhalb der Kontinentalplatten mit dem Aufsteigen von → **Plums** innerhalb dicker kontinentaler Kruste. Die Anlässe für den Aufstieg dieser Magmaströme aus dem Erdmantel sind bisher unerklärt.

Die chemische Zusammensetzung der vulkanischen Gesteine weicht in der Regel bei den Vulkanen der Subduktionszonen und denen der ozeanischen Riftvulkane voneinander ab. Das ist dadurch bedingt, dass hier mächtige Sedimentgesteine im Magma aufgeschmolzen werden und eine andere Zusammensetzung erhalten. Der Gehalt an Kohlendioxid innerhalb dieser Auswurfprodukte kann auf diese Weise erklärt werden.

Der Vulkanismus zur Zeit der Entstehung unseres Erdkörpers wird ein Reihe von anderen physikalischen und chemischen Vorgängen unterlegen sein: Es gab zunächst nur eine dünne erstarrte Erdoberfläche, die in weit größerem Maße als heute von vulkanischem Gestein durchdrungen wurde. Erst die Bildung einer Atmosphäre führte zu den Voraussetzungen der Gesteinsbildung, der Entstehung von Wasser und organischen Verbindungen. Dieser frühe Vulkanismus lässt sich in tieferen Schichten durch riesige flächenhaft ausgebreitete → **Basalte** erkennen, auf denen sich spätere junge Vulkankomplexe und Gebirge gebildet haben.

Vulkanismus hat an der Gestaltung der frühen Erdoberfläche einen wichtigeren Anteil als in der Gegenwart. Aber auch heute, nach mehr als 6 Mrd. Jahren, wird unsere Erde immer noch von vulkanischen Prozessen beeinflusst. Die Umrisse der Kontinente und Meere verändern sich messbar, riesige Ausstöße von Kohlendioxid beeinflussen die Atmosphäre, Schwefelverbindungen gelangen in die Stratosphäre und führen immer wieder zu Veränderungen von Klima- und Witterungsbedingungen.

Es ist mittlerweile unumstritten, dass das Leben auf der Erde seinen Ursprung in vulkanischen Prozessen hatte.

Die Vulkane oberhalb der Wasserfläche sind vielgestaltig. Der ideale, symmetrische Typ ist der **Schichtvulkan** (Stratovulkan). Wechselnde Lagen Asche, pyroklastisches Material und Lava bauen den Vulkan auf. Die **Schildvulkane** sind flach und aus sehr flüssigen Lavaströmen aufgebaut, so dass sie in der Landschaft wie ein liegender „Schild“ aussehen. Die **Caldera** ist ein über leeren Magmenkammern eingestürzter Vulkan, mit ringförmig angeordneten Steilwänden, in deren Zentrum sich zumeist ein neuer Vulkankegel aufbaut.

Vulkantypen

Schichtvulkan

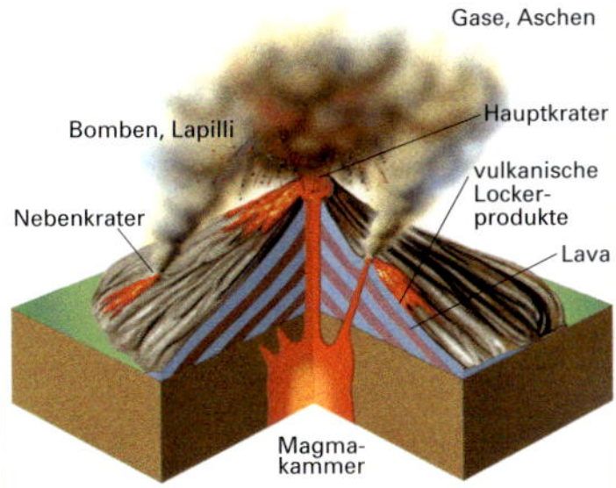

Schildvulkan

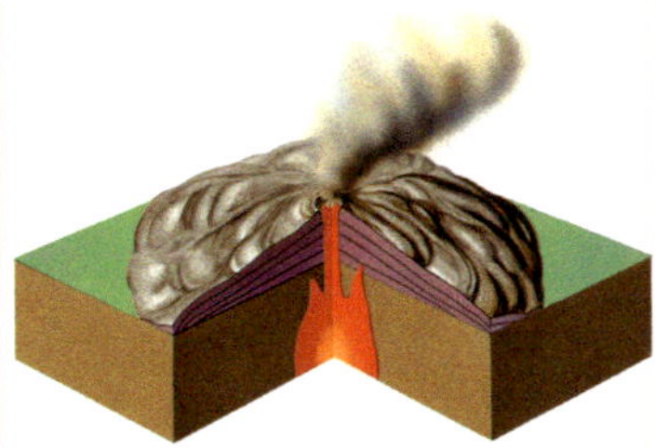

Caldera

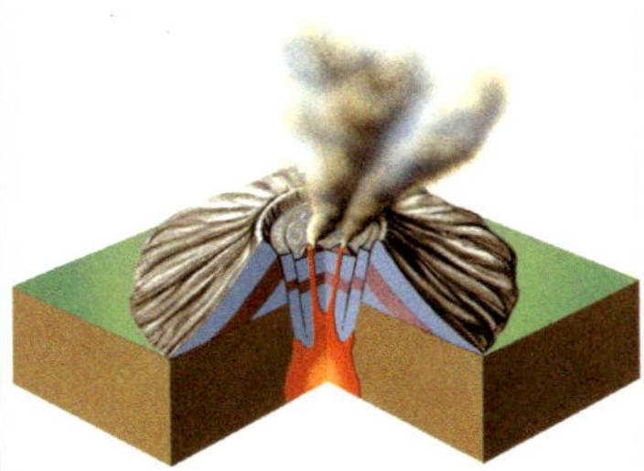

Vulkane der Erde

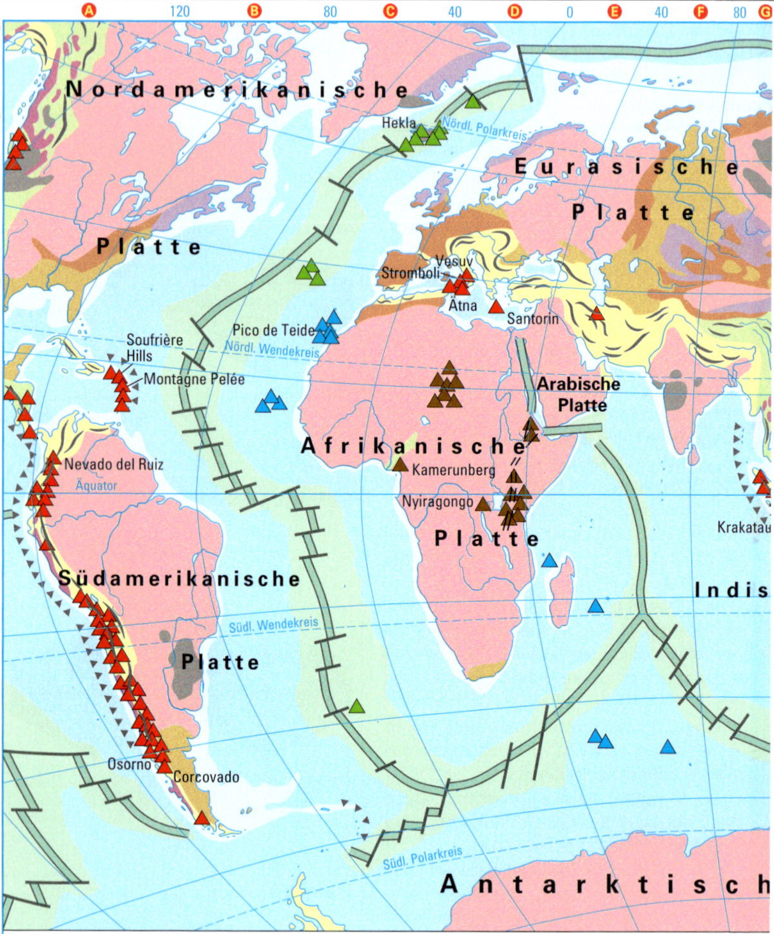

Kontinentaler Bereich

Bruchzone, Graben

Alpidisch gefaltete Gebiete

Alpidische Faltenstrukturen

Verlauf der Faltenstränge

Mesozoisch gefaltete Gebiete

Mesozoische Faltenstrukturen

Verlauf der Faltenstränge

Paläozoisch gefaltete Gebiete

Bedeckte kaledonische und variskische Faltenstrukturen

Variskische Faltenstrukturen

Kaledonische Faltenstrukturen

Plateaubasalte

Granitplutone

Präkambrisch gefaltete Gebiete

Präkambrische „Kontinentalkerne" (Schilde u. präkambrische Tafeln)

Ozeanischer Bereich

Kontinentale Lithosphäre

- Schelfbereich mit Fortsetzung kontinentaler Strukturen

Ozeanische Lithosphäre

- Mittelozeanische Rücken
- Tiefseebecken
- Ozeanische Riftzone
- Subduktionszone
- Transformstörung

Verbreitung des Vulkanismus auf der Erde

- Tätige Vulkane auf Inseln im Bereich der Mittelozeanischen Rücken
- Tätige Vulkane vom Typ des ozeanischen Intraplattenvulkanismus auf Inseln
- Tätige Vulkane im Bereich von Subduktionszonen
- Tätige Vulkane vom Typ des kontinentalen Riftvulkanismus

Hekla bedeutender Vulkan

Schwarze Raucher

Die blaue Farbe der Meere auf den Landkarten trügt. Sie egalisiert die Erdoberfläche an den Stellen, wo unsere Erde mehr oder weniger zufällig mit Wasser gefüllt ist.

In den 1960er Jahren war die Sensation perfekt: Durch die intensive Erforschung der Ozeanböden mit 700 Tiefseebohrungen in allen großen Ozeanen (das Forschungsschiff **Glomar Challenger** schrieb Geschichte in der Meereserkundung!) entpuppte sich der Ozeanboden als ein stark strukturiertes Element unserer Erdkruste. In den Zentren der Ozeane entdeckten die Forscher lang gestreckte Höhenrücken mit tiefen Einsenkungen in den Gipfelregionen.

Robert Ballard beschreibt diese Entdeckung sehr eindrucksvoll: „Noch nie hatten Vulkanforscher mit eigenen Augen einen Prozess beobachten können, dem der größte Teil der Erdoberfläche seine Entstehung verdankt. ... Je weiter die Alvin nach Osten fuhr, umso älter wurde das Vulkangelände, ... wurde es von immer breiteren Dehnungsrissen durchzogen. Diese Risse boten ausgezeichnete Einblicke in die Lavaströme ...“. Diese Ströme sind das Zentrum eines bis dahin unbekannten Vulkanismus. Magma steigt hier auf und schiebt das erkaltete frische Gestein zur Seite, der Ozeanboden vergrößert sich zu beiden Seiten dieser Spalten (→ **Rifts**). Magmatisches Gestein und basaltische Lava bilden einen neuen Ozeanboden.

Auf diesem Wege gelangt auch seit Jahrmillionen Wärme aus diesem aufsteigenden Magma an die Oberfläche des Meeresbodens. Hier entsteht eine Wechselwirkung der aufsteigenden Wärmeströme mit dem kalten Wasser. Mehr noch: Das Wasser der Weltmeere dringt über die aufreißenden Spalten im Meeresboden in die tieferen Bereiche ein, das nahe Magma (etwa 2 – 3 km unter der Meeresbodenfläche) erhitzt das Wasser. Das hat sich unterdessen mit metallischen und nichtmetallischen chemischen Verbindungen aus dem Magma angereichert und steigt nach oben. Das war nun wohl die aufregendste Beobachtung, die Meeresforscher in ihren Tauchbooten machten, als sie erstmals den Meeresboden erreichten.

In der Nähe dieser **heißen Quellen** hatten sich große Mengen von **Sulfiden** und Schwefelverbindungen angereichert. Kupfererze, Eisenverbindungen, Blei und Zink haben sich sozusagen zu frischen **Erzlagerstätten** angesammelt. Endlich bekam man eine Vorstellung davon, wie große **Ozeanbecken** auch in der Vergangenheit zur Entstehung von Erzlagerstätten beigetragen haben.

Doch die ganz große Überraschung waren bis zu 10 m hohe, schornsteinartige Röhren, **schwarze Schlote** aus denen zunächst undefinierbare, 35 °C heiße Flüssigkeiten quollen, die sich mit dem kalten Meereswasser vermengten. Aus diesem Gemenge schieden die sulfidischen Chemikalien aus und bildeten die dichten metallischen Ablagerungen. Die Schlote selbst bestehen aus abgeschiedenen Metallverbindungen. Nach einer Reihe von Jahren fallen sie unter ihrem eigenen Gewicht in sich zusammen und neue Schlote entstehen. Um sie herum sammelt sich gewissermaßen ein Trümmerfeld alter Schlote an, schließlich eine weitere Anreicherung von metallischen Sedimenten, die später eine neue Lagerstätte bilden.

Der Vulkanismus der Meeresrücken ist also auch die Quelle neuer Lagerstätten. Möglicherweise waren die großen Kupferlagerstätten auf der Insel Zypern wohl auch auf solche früheren **„Schwarze Raucher!“** zurückzuführen und ein Hinweis auf ein altes Rift in einem sehr alten, längst geschlossenen Ozean, der hier vor knapp 100 Mio. Jahren bestanden hat.

Wieder war es ein Forschungsschiff, das mit seiner Besatzung die Geschichte der vulkanischen Erscheinungen mitgeschrieben hat. Das Tauchboot „Alvin“, an

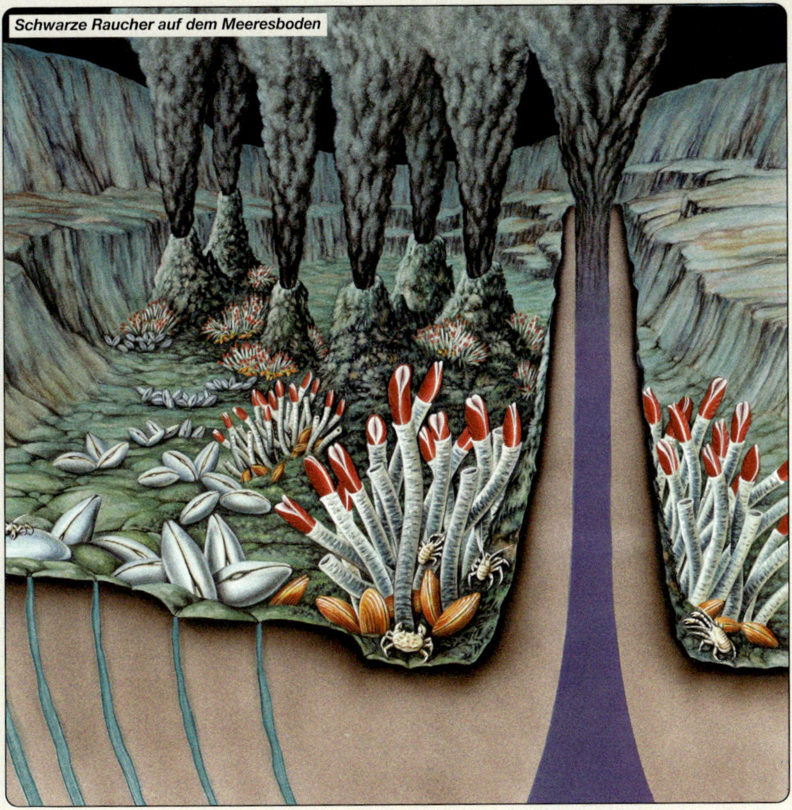

Bord der Geologe Robert Ballard vom Woods-Hole-Meeresforschungsinstitut in den USA, unternahm die sensationellen Tauchgänge auf den Meeresboden im Mittelatlantik und im Galápagos-Graben vor der südamerikanischen Küste und konnte die Erkenntnisse immer wieder bestätigen. Die vulkanischen Erscheinungen und ihre Wirkungen auf den Meeresboden lieferten einen neuen Schlüssel zur Erkenntnis von den Abläufen auf unserer Erde. Allerdings haben sich die Träume von der **Nutzung** dieser frisch entstehenden **Bodenschätze** aus den unterseeischen Vulkanen bisher nicht erfüllt. Die wirtschaftlichen Aufwendungen für die Gewinnung und Nutzung dieser Schätze waren bei aller Euphorie nicht bedacht. Erfüllt haben sich aber die Hoffnungen auf neue Erkenntnisse über die Entstehung des Lebens und der Lebensprozesse, die außerhalb unseres Vorstellungsvermögens abliefen. „So sehen wir“, schreibt der Geophysiker Andreas Vogel, „dass die Entwicklung der Erde und des Lebens … ein Produkt der von den Gesetzmäßigkeiten thermischer Konvektion gesteuerten gewaltigen Materialumwälzungen im Inneren unserer Erde ist. Die Erde wäre sonst, wüst und leer …“.

Hitze als Lebensspender

Der Zerfall von radioaktiven Elementen und der Aufprall von fremder Materie aus dem Weltall haben dazu geführt, dass sich unsere Erde zusammengeballt hat. Durch diese Energien hat sich die Materie aufgeheizt und die entstehende Schmelze differenziert. Es entstand das beschriebene Bild vom **Aufbau des Erdkörpers** (vgl. S. 10f.). Es wird schwer möglich sein, vielleicht sogar gänzlich unmöglich, den Erdkern auf direkte Weise zu erkunden.

Allein seismische und geophysikalische Methoden ermöglichen uns ein halbwegs genaues Bild vom Erdkern zu erhalten. Der Mittelpunkt der Erde liegt bei 6370 km und der **Erdkern** beginnt in einer Tiefe von 2900 km. Der äußere Kern ist flüssig, der innere Kern bis 1200 km Radius ist fest. Auskunft über diese Dimensionen haben uns seismische Messungen ergeben. Der Druck im Erdinneren ist millionenfach stärker als der athmospärische Druck auf der Erdoberfläche. Davon abhängig betragen die Temperaturen bis zu 5000°C.

Der innere kugelförmige Kern besteht vorwiegend aus Eisen und Silikaten. Es ist immer noch unklar, woher die Hitze kommt, die die Wechselwirkungen zwischen dem Kern und dem Erdmantel in Gang hält. Als Antrieb für die Strömungen gibt es zwei Möglichkeiten: 1. Der noch warme Erdkern erhitzt den flüssigen äußeren Erdkern. Dadurch beginnt das Magma zu strömen. Oder 2. Zwischen dem festen und dem flüssigen Erdkern entmischt sich dichte und weniger dichte Materie. Die Energiequelle müsste sich bei der Entstehung der Erde bereits herausgebildet haben. Zunächst könnte sich die Erde aus vielen Bestandteilen des Sonnensystems zusammengeballt haben. Später haben sich die Elemente zu einem Kern zusammengefügt und dann differenziert.

Bei der Trennung von Kern und **Erdmantel** ist sehr viel Energie frei geworden. Von dieser Energie wurde viel in den Weltraum abgestrahlt und nur ein Teil davon hat die Entwicklung der Erde mitbestimmt. Andernfalls gäbe es keinen Erdmantel und keine Erdkruste. Unsere Erde wäre nach wie vor ein glühender, gasförmiger Himmelskörper vergleichbar mit dem Jupiter oder dem Saturn. Über die Bewegungen des Erdkerns gibt es bisher nur indirekte Beobachtungen.

Im Erdmantel entstehen zusätzlich beträchtliche Temperaturen durch radioaktiven Zerfall. Radioaktives Strontium hat daran einen großen Anteil. Die hier ablaufenden Strömungsprozesse bilden sich auf der Erdoberfläche ab. Ozeanische und kontinentale Platten folgen der Konvektion. Daraus leitet man die Erkenntis ab, dass sich im Erdmantel große Zellen von aufsteigendem heißen Material, horizontal fließendem Magma und vertikal absinkenden und abgekühltem Material befinden. Diese Strömungszellen können bis zu 1000 km horizontale und 750 km vertikale Ausdehnung hinnehmen. Hier werden die wichtigsten Wärmemengen transportiert, die die vulkanischen Gesteine entstehen lassen, wobei Temperaturen von 700 bis 1500°C herrschen. Das ist gerade noch heiß genug, um die Aufschmelzprozesse in Gang zu halten.

Die nachvulkanischen Erscheinungen beziehen ihren Wärmebedarf aus dem noch warmen Magma und den nahen Magmakammern im Untergrund der Vulkanbauten.

Alle gestaltenden Prozesse auf der Erdoberfläche werden durch die **Urwärme des Erdkerns** und die radioaktiven Zerfallsprozesse angetrieben. Zahlreiche Wärmekreisläufe greifen ineinander und gestalten dynamisch das Antlitz unserer Erde.

Wie kommunizieren diese Kreisläufe? Warum strömt das Mantelmaterial in einzelnen „Zellen"? Sind Unebenheiten des Erdkerns die Ursache? Vielleicht bewegen sich die Materialströme wie die Flüssigkeiten in einer riesigen hydraulischen Kupplung und übertragen so die Energien vom inneren Erdkern bis auf die Erdkruste?

Nicht nur die zufälligen Veränderungen der Lebewesen, von den ersten Einzellern bis zu den hoch entwickelten Organismen, haben schließlich die Vielfalt der Arten hervorgebracht, sondern die ständige Veränderung der Erdoberfläche wie die Drift der Kontinente, Hebungen und Senkungen, haben dazu beigetragen, dass sich eine so vielfältige Lebenswelt auf der Erde entwickeln konnte. Die **Kontinentaldrift** hat Lebensräume getrennt und an anderer Stelle zusammengeführt.

Auch das Aufbrechen der Ozeanböden hat dazu geführt, dass sich Lebensformen an den Hitzequellen auf dem Meeresboden bilden und eine **exotische Lebensweise** ohne Sauerstoff entwickelte. Sie vertragen die Hitze weit besser, als wir es bisher angenommen haben, Sauerstoff und niedrigere Temperaturen würden geradezu ihren Tod bedeuten. Auch spielt der hohe Druck unter dem sich das Leben der Tiefsee abspielt eine wichtige Rolle. Dabei kommen offenbar chemische Reaktionen zustande, die nicht durch die Wärme der Sonne, sondern durch die Wärmezufuhr aus der Erde angeregt und möglich werden. Auch findet das Wasser der Erdoberfläche durch die Klüfte im Meeresboden Zugang zu den tiefen Wärmequellen und wird im erwärmten Zustand ein ideales Transportmittel für Schwefel, Eisen und andere Elemente, die für einen uns fremd erscheinenden Stoffwechsel die Voraussetzung sind.

All diese Erkenntnisse sprechen nicht gegen eine Entstehung der Arten, wie sie CHARLES DARWIN postulierte und nachwies. Sie macht diese Betrachtungsweise der Entwicklung des Lebens nur viel differenzierter und genauer (vgl. S. 166f.). Doch irgendwann machte das Leben aus der Tiefe den Sprung auf das Festland.

Morning Glory Pool im Yellowstone-Nationalpark

Vulkane – Quellen des Lebens

Erste Lebensspuren

Wann begann das Leben auf unserer Erde? Wo kam das Leben her? Aus den Tiefen des Weltalls, aus Meteoriten, die auf unseren Planeten einprasselten? Oder waren die vulkanischen Gase und die ersten Buchten und Eintiefungen in den entstehenden Kontinentalplatten Heimat der ersten Lebewesen?

Das Leben auf unserer Erde spielt sich im engen Rahmen der **Biosphäre** ab. Sie umfasst alle Bereiche der festen Kruste, des Wassers und der Atmosphäre und darüber hinausreichende Schichten, in denen Leben möglich ist. Ständig müssen Biologen diesen Begriff dem Fortschritt der Erkenntnisse über das Leben anpassen. Gehören etwa die lebensfeindlichen Vulkane auch zum Lebensraum, zur Biosphäre? Vor mehr als 4 Mrd. Jahren haben sich erste Lebensformen ihren eigenen Lebensraum geschaffen und ihn durch Vermehrung und Stoffwechsel stets erweitert.

Den **Archaebakterien** folgten die **Algen**, die niederen Pflanzen, die sich auf den Kontinenten breit machten. Sie lieferten schließlich den Sauerstoff für die Atmosphäre, die den Tieren auf dem Lande und im Wasser das Leben möglich machte. Heute weiß man, dass frühe Lebensformen noch ohne Sauerstoff und ohne Luft ausgekommen sind.

Die Einblicke in die Lebensprozesse haben sich stets präzisiert und unsere Erkenntnisse vergrößert. Die Anfangsstunden lebender Verbindungen und ihre Lebensbedingungen verschoben sich immer weiter zurück, mussten ständig neu bestimmt und einer Revision unterzogen werden.

Die Rollen des Wassers, der Gase, der herrschenden Druck- und Temperaturbedingungen wurden immer wieder neu überdacht. Auch der Begriff der Biosphäre bekam eine immer größere Bedeutung in Zeit und Raum. Sie erwies sich als der wichtigste Unterschied zu allen anderen Planeten unseres Sonnensystems. In ihrem Ursprung sind sich die Himmelskörper alle ähnlich, selbst Mond oder Mars haben eine innere Verwandtschaft. Kern und Kruste – im Falle von Mars und Venus gibt es sogar eine Atmosphäre – ermöglichten die Gestaltung der Oberfläche durch → **endogene, gebirgsbildende Prozesse** und → **exogene Verwitterung**, bei denen ein bewegtes Relief der Oberfläche entstehen kann.

Die Entstehungsbedingungen für das Leben blieben nur einzigartig auf unserem Planeten Erde beschränkt. Der Ursprung einer ersten ganz kleinen Ur-Biosphäre muss in der Zeit angesetzt werden, als sich erste chemische Verbindungen unter bestimmten physikalischen Druck- und Temperaturbedingungen bildeten, die uns heute nicht vertraut sind. Die viel stärker wirkenden vulkanischen Vorgänge werden andersartige Prozesse ausgelöst haben, ohne dass sie anderen Naturgesetzen unterlagen.

Durch die Aktivität des Magmas sind die wichtigen **chemischen Baustoffe** des Lebens freigesetzt worden, u.a. Chlor, Schwefel, Kohlenstoff, Eisen, Mangan, Sauerstoff und Wasserstoff sowie Silikate. Die ältesten Lebensspuren sind längst nicht der wirkliche Anfang des Lebens und einer Biosphäre. Diese Zeitmarke in der Erdgeschichte wird sicher noch öfter zurückdatiert, in eine Zeit wo die sich bildende Erdkruste erste „ruhige“ Nischen, also Buchten für die Lebensentwicklung schuf. Die zarten Reste der anfänglichen Lebensformen sind durch nachfolgende Verwitterung und Verwesung zerstört worden. Für die ersten Perioden des Lebens vor mehr als 4 Mrd. Jahren wird man also keine „fossilen“ Zellstrukturen mehr finden können.

Die Suche nach **frühen Lebensformen** ist nur in uralten Sedimenten und deren Umlagerungsprodukten erfolgreich. Sie fand man in 3,4 Mrd. Jahre alten Gesteinen Australiens. Vermutlich Reste von Bakterien, einer Vorstufe von Algen, gibt es auch in Grönland. Von einer liebgewordenen Vorstellung trennten sich die Geologen und Biologen: Luft und Licht waren zum Leben nicht erforderlich, auch die Temperaturen, in denen primitive Lebensformen gedeihen, liegen offenbar deutlich über 100°C. In der Nachbarschaft **heißer vulkanischer Quellen** leben sie munter und fröhlich vor sich hin. Bakterien fand man im kochenden Schwefelschlamm, am Sitz des römischen Gottes der Unterwelt, auf der Insel Vulcano ebenso wie im Yellowstone-Gebiet in den USA.

Entdeckt man heutzutage diese Bakterien in den unterschiedlichsten heißen Zonen, dann müssen ihre Lebensbedingungen zum Anbeginn des Lebens auf der Erde vor 3,5 Mrd. Jahren an sehr vielen Punkten der noch jungen Erde nahezu ideal gewesen sein.

Überraschenderweise fanden Geologen in vielen tausend Metern Meerestiefe, entlang der Mittelozeanischen Rücken, in heißen Quellgebieten abseits von Licht und Sauerstoff eine Fülle von Bakterien und primitiven Lebewesen. Die Schlussfolgerung lag nahe, dass Vulkane auf den frühen Meeresböden Lebensspender gewesen sind. Nach den ersten Entdeckungen dieser Kleinstlebewesen nahe den heißen Quellen berichteten die Forscher Schlag auf Schlag immer häufiger über eine eigene Lebenswelt in der Tiefsee, entdeckte man an den heißen Schwefelquellen die hitzebeständigen Bakterien, die so genannten **„Feuerzwerge“**. Sie hat es dort schon immer gegeben, aber man hatte sie nicht vermutet und gesucht in dieser bis dahin „lebensfeindlichen“ Welt, weil man annahm, dass Temperaturen über 100°C Tod allen Lebens seien. Ein großer Irrtum, wie sich herausstellen sollte.

Neue Forschungsansätze und moderne Hilfsmittel erschließen bisher unbekannte Lebensräume. Wir werden weitere Überraschungen erleben. Geben die Erkenntnisse auch Hinweise für Lebensspuren auf dem Mars?

Pflanzen überlebten Vulkanausbruch auf Samoa

Vulkane und Menschen

Spuren in der Asche

Heute empfinden wir es gar nicht mehr außergewöhnlich, dass sich in vulkanischer Asche und unter Lavaströmen prähistorische Siedlungen befinden. Doch welch eine Überraschung für Anthropologen, als sie in Tansania in der Asche eines längst nicht mehr tätigen Vulkans die Spuren zweier vertraut nebeneinander herlaufenden Menschen entdeckten – Mutter und Kind? Über das Alter der Spuren ist man sich einig, vor 3,7 Mio. Jahren war offenbar ein Vulkan die heimatliche Umgebung dieser frühen Menschen. Nicht nur dass sie durch die Asche spazierten: Offenbar bot ihnen die vulkanische Umgebung auch Material für ihre Werkzeuge z. B. scharfkantiger → **Obsidian**. Leicht zu bearbeitende Porphyre wurden benutzt um Messer und primitive Waffen herzustellen.

Die vulkanische Asche mit den **konservierten Schritten** unserer ersten Vorfahren beschreibt das Umfeld dieser Menschen: fruchtbares Land am Fuße eines Vulkans, der die ersten Siedlungsräume hergab: Hier sammelten sich Tiere, wuchsen Pflanzen, fand man geeignetes Rohmaterial für Waffen und Werkzeuge. Vulkane waren nicht nur lebensspendende Urgewalt, sondern auch Lebensraum für den sich herausbildenden Menschen. **„Lucy“**, dass vermutlich erste bekannt gewordene weibliche, menschenähnliche Wesen (Australopithecus afarensis), wurde mit zahlreichen Artgenossen in Äthiopien entdeckt. Das Klima begünstigte die Ausbreitung des Menschen in Afrika. In dieser Zeit wechselten sich Kalt- und Warmzeiten in Nordeuropa ab – Auswirkungen waren auch in diesem Teil Afrikas zu spüren: Es war mit Sicherheit ausgeglichener, als es heute in dieser Region ist.

An verschiedenen Vulkanen, in Mexiko, Japan oder am Fuße der Anden, sind weltweit menschliche Siedlungen entstanden, deren Reste Hinweise auf die jeweiligen Lebensumstände und die Datierung des Ausbruchs geben, was ein Beweis dafür ist, wie Menschen die Nähe der Vulkane suchten. Vermutlich sind es die Vulkane zwischen den Kontinenten und der Inselketten gewesen, die dazu beigetragen haben, dass sich die Menschen aus ihren **Entwicklungszentren** an den neu entstehenden Landmassen und fruchtbaren Landschaften „entlanggehangelt“ und sich so die anderen Kontinente erschlossen haben.

Über diese Siedlungsreste hinaus haben die Vulkane ihre Spuren in der menschlichen Erlebniswelt hinterlassen. Die zunächst unerklärlichen und unbegreiflichen Vorgänge manifestierten sich in Mythen und religiösen Vorstellungen. So kann man sicher sein, dass der Begriff der Hölle aus der Welt des Vulkanismus stammt: Biblische Berichte von der Zerstörung von Sodom und Gomorrha, zweier vorgeschichtlicher Städte am Toten Meer, dürften auf Beobachtungen vulkanischer Erscheinungen im Nahen Osten zurückgehen. Die Erzählungen des irischen Abts Brendan von Clonfort aus der ersten Hälfte des 5. Jahrhunderts über seine Begegnung mit Feuervögeln und Schmiedefeuern im Raum von Island, sind frühe Berichte über junge Vulkaninseln, wie sie noch heute südlich von Island entstehen. Die **Vulkangöttin Pele** hatte vor tausenden Jahren ihre Heimat verloren, heißt es in einer alten Legende von den Hawaii-Inseln. Sie konnte nur dort leben, wo die Erde noch heiß und in Bewegung sei. Deshalb habe sie sich die Hawaii-Inseln zur Heimat gewählt, und immer dort ihre Wohnstatt aufgeschlagen, wo sich die Vulkane zeigten. Nun hat sie im Haus des Feuers am Krater Halemaumau auf der Hauptinsel ihr Quartier aufgeschlagen. Gelegentlich schüttelt und kämmt sie ihr Haar: Ein feines Gespinst von Fäden aus erstarrter Lava nach einem Vulkanausbruch bezeugten ihre Anwesenheit.

Zunächst hat die Asche und die Lava die Spuren der ersten Menschen konserviert – umgekehrt haben sich nun viele Spuren vulkanischer Aktivität in den Mythen und Sagen der Menschen festgesetzt.

Fußspuren von Hominiden und Tierfährten in vulkanischer Asche

Das Ende von Atlantis

Durch die Menschheitsgeschichte ziehen sich Mythen und Geschichten, die die schicksalhafte Verbindung unseres Lebens mit dem Vulkanismus verdeutlichen. Dazu gehört das Ende von Atlantis. Eine sichere Quelle zum Thema sind die „Dialoge des Kritias", des griechischen Philosophen PLATON. Er beschreibt darin, dass der reiche Inselstaat Atlantis „während eines schlimmen Tages und einer schlimmen Nacht" vom Erdboden verschlungen worden sei. Abenteurer haben immer wieder Standorte für das vermeintliche Atlantis gesucht.

Der Hinweis auf den plötzlichen Untergang und die genannten Umstände lässt eine vulkanische Katastrophe ahnen. Die Suche nach Atlantis sollte folgerichtig zu Standorten vulkanischer Großereignisse führen. Die **„Säulen des Herakles"** – gemeint sind die beiderseitigen Felsmassive der Straße von Gibraltar – geben einen Hinweis auf einen möglichen Ort dieses gewaltigen Ereignisses. Auch die zeitlichen Bezüge PLATONS weisen darauf hin, dass sich der **Untergang von Atlantis** und das dazugehörige geologische Ereignis vor rund 3500 Jahren zugetragen haben muss.

Diese beiden Umstände führen uns in das Mittelmeer nördlich der Insel **Kreta**. Hier ragen die Reste einer einst ringförmigen Caldera aus dem Meer, die zum Teil intensiv besiedelt sind, teils aber auch aus unbesiedelten Bruchstücken dieses Vulkanbaus bestehen. In der Mitte dieser Caldera erheben sich seit einigen Jahrhunderten zwei kleine vulkanische Inseln mit jüngeren Lavakomplexen. Die **Inselgruppe Santorin** besteht aus der Hauptinsel Thíra, der ebenfalls besiedelten Insel Therassia und dem unbewohnten Inselblock Aspronisi. Im Zentrum des angedeuteten Ringes erheben sich die jungen Vulkaninseln Nea Kameni und Palea Kameni. Die Inseln, außer den beiden jungen, sind deutlich durch Ablagerungen von mehr als 12 m dicken Bimssteinlagen gekennzeichnet. Sie lassen ein gewaltiges geologisches Ereignis ahnen, das lange vor der Errichtung der heutigen Siedlungen eingetreten sein muss.

Dem griechischen Archäologen Professor MARINATOS ist es zu verdanken, dass an einem südlich gelegenen Inselteil von Thíra bei dem Dorf **Akrotiri** unter der 11 m dicken Bimssteinmasse die Reste einer großen und kultivierten Siedlung erkundet und gesichert wurden. Die Fundumstände und die Siedlung lassen sich durchaus mit Pompeji am Fuße des Vesuv vergleichen. Mehretagige Häuser, Hausrat, Gassen und Handelsplätze wurden ausgemacht und bei der Beseitigung des Bimsstein sind wunderbare Fresken mit Abbildungen des Lebens in dieser Siedlung sichtbar geworden. Ein Umstand schafft einen deutlichen Unterschied zu Pompeji – und gibt Rätsel auf: In Akrotiri wurden keinerlei Spuren der Bewohner von vor nunmehr 3500 Jahren gefunden. Die Einwohner müssen die Insel rechtzeitig vor den entscheidenden vulkanischen Ereignissen verlassen haben. Durch gewisse Vorwarnungen am Ort sind sie den todbringenden Ausbrüchen des Vulkans entgangen und haben auf den entfernteren Inseln bzw. auf Kreta ein neues sicheres Zuhause gefunden. Allerdings müssen die geologischen Ereignisse in irgendeiner Form die geflohenen Insulaner doch betroffen haben.

An den Küsten des östlichen Mittelmeeres, in den nördlichen Küstenregionen Kretas und auf dem Meeresboden sind die **Ascheablagerungen** des Santorin-Ausbruches kartiert worden. Noch sind sich die Archäologen nicht schlüssig, ob diese Katastrophe die **griechisch-minoische Kultur** zerstört hat, oder ob die natürlichen Bedingungen dieser Region durch die vulkanischen Ereignisse derart verändert wurden, dass die minoischen Bewohner Kretas und die Überlebenden von Santorin erst in einer späteren Generation durch die indirekten Auswirkungen des Vulkanausbruchs (verseuchte Böden, kli-

Caldera von Santorin – Ist hier Atlantis versunken?

matische Änderungen) geschwächt wurden und später hier eindringenden Völkern aus dem Norden keinen Widerstand entgegenbringen konnten. Wie dieser Streit auch ausgehen wird, der Ausbruch des Santorin vor rund 3 500 Jahren dürfte dazu geführt haben, dass eine ganze Kultur vernichtet wurde. Dieser Umstand spielt in der **Geschichte von Atlantis** eine wesentliche Rolle. Die wichtigsten Spuren dieses Mythos führen nach Santorin und zu einem gigantischen geologischen Ereignis in der Menschheitsgeschichte.

Ein Vulkankegel mit einer Gipfelhöhe von nahezu 2 000 m Höhe explodierte und verwüstete ganze Landstriche. Der einzigartige Blick vom Kraterrand in der Stadt Fira verschafft uns einen eindrucksvollen Einblick in ein aktuelles Kapitel des Vulkanismus. Vulkane sind fruchtbare und gefährliche Lebensräume.

Die etwa 100 km südlich von Santorin liegende Insel Kreta wurde auch von dieser Vulkanexplosion betroffen. Der berühmte **Palast von Knossos** und zahlreiche Paläste und Villen wurden ausgegraben und zeigten Zerstörungsspuren. Professor MARINATOS beschrieb die Funde in diesen zerstörten Gebäuden: „In der Küche stand noch der Topf auf dem Herd, und in der Werkstatt lag noch der Hammer auf dem Amboss: so plötzlich brach die Katastrophe herein.“ Anders als auf Santorin in Akrotiri müssen die Bewohner auf Kreta von der Katastrophe überrascht worden sein. Eine Flutwelle hat die Häuser auf Kreta zum Einsturz gebracht, Fassadenteile wurden viele Meter von den Häusern entfernt gefunden.

Die Minoer wurden also nicht nur von der explodierenden Insel vertrieben. Zweifel werden an der Atlantis-Sage laut, denn die ägyptischen Quellen, die PLATON benutzt hatte, waren über 1 000 Jahre alt und Zeit vergoldet manches Gebäude und manche Geschichte.

Vulkane vor der Haustür

In der europäischen Öffentlichkeit werden Vulkanausbrüche in Asien, Amerika oder anderen entfernten Gegenden mit großer Anteilnahme registriert und kommentiert. Gelegentlich machen der **Ätna** und der **Stromboli** im Süden Europas auf sich aufmerksam, ohne wesentliche Schäden und menschliche Opfer zu fordern. Allerdings verdeutlichen diese Ereignisse, dass wir mitten in Europa, gewissermaßen vor unserer Haustür im Norden und im Süden tätige Vulkane haben.

Bei genauerem Hinsehen stellt sich heraus, dass wir auch in Mitteleuropa und im Südwesten alte Vulkangebiete haben, die nach neueren Erfahrungen mit dem Wesen des Vulkanismus durchaus ernst genommen werden müssen. So gehört die Eifel, besonders die Westeifel mit dem **Laacher See** (vgl. S. 54), zu den Regionen, deren vulkanische Geschichte den mitteleuropäischen Raum nachweislich durch Aschefälle und starke Bimssteinbedeckungen im Rhein-Main-Gebiet beeinflusst haben. Nach neuesten Untersuchungen und Erkenntnissen ist diese Tätigkeit noch nicht beendet, obwohl eine akute Gefährdung nicht vermutet wird. Ähnlich muss man auch den Vulkanismus der **Auvergne** (vgl. S. 58f.) im französischen Zentralmassiv beurteilen.

Neben eindrucksvollen touristisch erschlossenen Vulkanruinen werden letzte Ausbrüche vor etwa 1000 Jahren im Raum **Clermont-Ferrand** vermutet. An anderem Ort in Europa sind in jüngster Zeit (1973) im Raum Island Vulkane aktiviert worden, deren letzte Tätigkeitsperiode seit etwa 9 000 Jahren beendet schien!

Derartige Ereignisse haben daher den Blick für die Aktivität der Vulkane sehr geschärft. Untersuchungen an den Hinterlassenschaften des **Vesuv-Ausbruchs** aus dem Jahre 79 n. Chr. haben wichtige Aussagen über den Charakter dieses Vulkans ergeben, und ihn zu einem der gefährlichsten Mitteleuropas werden lassen, obwohl er sich derzeit ruhig verhält und seitens der bauwütigen Neapolitaner dieser Gefährdung keinerlei Rechnung getragen wird: Die Besiedlung wächst in immer höhere Kraterregionen und das Gefährdungspotential erhöht sich ständig.

Postkarte für die Bahnen auf den Vesuv 1912/13

Modellrechnungen haben in jüngerer Zeit ergeben, dass ein pyroklastischer Ausbruch, wie er seinerzeit die Stadt Pompeji betroffen hat, unter heutigen Bedingungen ein Vielfaches der Schäden anrichten und die Zahl der Opfer ebenfalls um Potenzen höher liegen würde. Die längere Ruhephase des Vulkans lässt sogar den Schluss zu, dass eine neuerliche Explosion die Ereignisse vom August 1944 weit übertreffen würde.

Gefahrvoll sind auch die Vulkane auf Island: Das Beispiel des Vulkans **Hekla** im Februar 2000, bei dessen Explosion eine Aschewolke in wenigen Minuten fast 6 000 m Höhe erreicht hat, erinnerte daran, dass dieser Vulkan in mehreren Fällen mit seinen Eruptionen unmittelbar das europäische Festland betraf: Ascheregen über Norwegen und Finnland waren die Folge der Eruptionen. Eine sichtbare Beeinflussung der Atmosphäre führte in den Jahren 1948/49 zu klimatischen Veränderungen über Mecklenburg-Vorpommern.

Ätna und Stromboli liegen im geologischen Sinne vor unserer Haustür. Der vermehrte Tourismus in die südlichen Regionen und die oft spektakuläre Berichterstattung über die Aktivitäten dieser Vulkane führt zu einem großen Interesse der breiten Öffentlichkeit am Geschehen in den Gebieten und animiert zahlreiche Touristen trotz ausgesprochener Warnungen zu Abenteuerreisen nach Süditalien.

Die griechischen Vulkane sind als solche weniger im Bewusstsein der Öffentlichkeit, weil sie in letzter Zeit kaum sichtbare Ausbrüche oder Veränderungen erkennen ließen. Allein am Inselvulkan **Nísyros** hat man wiederholt deutliche Temperaturveränderungen registriert, was zu einer Sperrung des Vulkanterritoriums geführt hat, so dass vorerst keine Touristenbesuche gestattet werden.

Ähnliche Vorkehrungen hat der italienische Zivilschutz für die Insel Stromboli getroffen. Man will mit diesen Maßnahmen, die sich auch auf die Gipfelregion des Ätna bezogen haben, erreichen, dass sich der Abenteuertourismus einerseits in Grenzen hält, andererseits im Falle von Notsituationen zunächst die Anwohner dieser Gebiete in Sicherheit gebracht werden können.

Ernten am Vulkan

Verheerende Vulkanausbrüche vertreiben die Einwohner der betroffenen Regionen. Angst um Leben und Gefährdungen sind die Ursachen. Doch kaum ist die sichtbare Gefahr vorbei, kehren die meisten Menschen in die verwüsteten Gebiete zurück. Die allseits bekannte Geschichte von Pompeji wiederholt sich nahezu in Jahresfrist an den unterschiedlichsten Punkten der Erde mit einer mehr oder weniger großen Anzahl von Opfern, aber immer mit Schaden an Hab und Gut.

Dennoch kehren die Menschen – auch in Pompeji – wieder an die Unglücksorte zurück. Der Hintergrund dieses Verhaltens: Eng besiedelte Vulkangebiete befinden sich zumeist in klimatisch günstigen Regionen. Ein Vulkanausbruch wird in der Regel vom Niedergang der vulkanischen Asche begleitet, die sich wie ein Schleier über die Landschaft ausbreitet. Bald darauf einsetzende Niederschläge führen dazu, dass die **nährstoffreichen Aschen** aufbereitet werden und schnell die Böden regenerieren. Zudem binden die porösen Gesteinspartikel auch die Feuchtigkeit.

Nach Vulkanausbrüchen kommt es zunächst zu einer mechanischen Zerstörung des Pflanzenwuchses (Abdecken der Nutzflächen; Zerbrechen von Gehölzen durch die Aschelast). Wenige Jahre danach gedeihen auf den betroffenen Feldern wieder die ursprünglichen Kulturen. Am **Ätna** – auch von den Urlaubern zu erkennen – sind bei den jüngsten Ausbrüchen zunächst auf Orangen- und Zitronenplantagen die Früchte mit einer dicken Aschehaube bedeckt und der Reifeprozess dadurch erheblich gestört worden. Den kurzfristigen Ernteeinbußen folgt dann aber die langfristige Verbesserung der Böden durch den Ascheauftrag. Die Region am Fuße des Ätna gehört zu den landwirtschaftlich besonders gut entwickelten Zonen der Insel Sizilien. Sinngemäß lässt sich diese Abfolge der Ereignisse auf die Vulkane in den subtropischen und tropischen Zonen übertragen.

Besonders in diesen Regionen ist es verblüffend zu sehen und zu erleben, wie schnell die Narben und Spuren vulkanischer Tätigkeit durch Verwitterungsprozesse und jungen Pflanzenbewuchs verschwinden. Je trockener die Klimate werden, je kälter die Breiten sind, in denen sich der Vulkanismus abspielt, umso länger dauert allerdings der Prozess der Rekonvaleszenz der Böden. Oft gelingt es in diesen Gebieten allerdings auch mit Hilfe menschlicher Eingriffe, die Leistungsfähigkeit vulkanischer Böden zu stimulieren. Am Beispiel des **Weinbaus** auf der trockenen und vulkanischen Insel **Lanzarote** ist das ebenso üblich wie auf den Azoren: In ausgehobenen Gruben werden in der Vulkanasche einzelne Weinstöcke vor Wind und Erosion geschützt herangezüchtet, der nächtliche Tau in der Asche gebunden, der dann mit den frei gesetzten Nährstoffen den Aufwuchs der Reben sichert. Ebenfalls auf den Kanarischen Inseln ist zu beobachten, dass durch kleinere Aschekegel verwüstete Geländeteile oft schon kurz nach dem Ausbruch mit Bulldozern eingeebnet und für **Bananenplantagen** hergerichtet werden. Nährstoffreichtum und Wasserspeicherungsvermögen begünstigen die Bananenkulturen.

Ausgedehnte **Teeplantagen** und **Terrassenkulturen** für den Reisanbau profitieren ebenfalls von den Aschefällen der Vulkanausbrüche. Selbst nach großen aschereichen Ausbrüchen wie am Pinatubo auf den Philippinen 1991 (vgl. S. 94f.) haben sich die landwirtschaftlichen Nutzflächen bald wieder erholt. Die Katastrophe am Mount Saint Helens in den USA 1980 (vgl. S. 144f.) hat erhebliche Verwüstungen in den Waldkulturen und auf landwirtschaftlich genutzten Flächen hinterlassen. Dennoch sind heute, 25 Jahre danach, deutliche Spuren pflanzlicher und tierischer Besiedlung der betroffenen Flächen zu sehen. Auf der zu den Westmännerinseln vor Island gehörenden Insel **Heimaey** wurde am Fuß des Vulkankegels Helgafell künstlicher Rasen angelegt. Auf diese Weise gewann der junge Schlackekegel von 1973 ein weniger bedrohliches Aussehen für die Stadtansicht. Die hohe Luftfeuchtigkeit und der Charakter des Gesteinsmaterials begünstigte diese schnelle Wiederbegrünung von Stadtlandschaft und Vulkan.

Vollkommen anders und erheblich länger verläuft der **Prozess der Wiederbesiedlung** durch Pflanzen auf Lavaströmen. Es dauert häufig einige Jahrhunderte bis Lavaströme durch Pflanzen besiedelt sind. Oft ist der Grad der Besiedlung durch Pflanzen und bestimmte Pflanzengesellschaften auf Lavaströmen ein Indiz für deren relatives Alter. In Vulkanlandschaften lassen sich alte Lavaströme an ihrem Verwitterungsgrad und Pflanzenwuchs nachverfolgen. Die verschiedenen Kulturregionen am Ätna sind der Beleg dafür, wie ein Vulkan, der immer wieder durch seine Aktivität in die Schlagzeilen gerät, trotzdem zu einem Zentrum der landwirtschaftlichen Kultur werden kann und gleichzeitig dem Forscher ausreichend Anschauungsmaterial für die Besiedlung der vulkanischen Gesteinsmassen liefert.

Die intensive **Kulturregion** bis zur Höhe von etwa 1 400 m ist von jüngeren Vulkanausbrüchen relativ selten betroffen. Hier gedeihen Wein, Oliven, Orangen und Weizen. Die Siedlungen und Städte in dieser Region leben von der ertragreichen Landwirtschaft. Die **Waldregion** bis in etwa 2 200 m nehmen Kulturen von Kastanien, Eichen, Buchen und Kiefern ein. Die Kulturen dieser Region werden zunehmend von Lavaströmen beeinflusst. Die Obergrenze wird gelegentlich noch als Hochweide genutzt. Eine dritte besonders markante Zone am Ätna ist die **Wüstenregion** ab etwa 3 000 m Höhe. An die Trockenheit angepasste Pflanzen und weithin völlig vegetationslose Asche- und Lavawüsten bestimmen die Gipfelregion. Der Ätna demonstriert beispielhaft die landwirtschaftliche Nutzung eines hohen Stratovulkans.

Weinbau in Aschetrichtern auf Lanzarote

Tabakplantage in Indonesien

Schadensbilanz

Vulkane haben vielfältige Einflüsse auf die umgebenden Zivilisationszentren in Geschichte und Gegenwart. Durch die größere Besiedlungsdichte und wachsenden Ansprüche an die Umwelt verändern sich die Schadwirkungen vulkanischer Ausbrüche. Vulkanausbrüche unterscheiden sich deutlich von Erdbeben, da sie an Ausbruchszentren in der Landschaft gebunden sind. Die potentiell Betroffenen kennen mögliche Ausgangspunkte des Geschehens. Zeit, örtliche Reliefbedingungen sowie Witterungsverhältnisse sind bei Vulkanausbrüchen unbekannte Faktoren für eine Vorherbestimmung der Schäden.

Vulkanausbrüche ereignen sich in mehr oder weniger regelmäßigen Abständen und annähernd gleichen Regionen. Die Anwohner haben daher durch Generationen Erfahrungen über Wirkung und Folgen eines Ausbruches gesammelt. Das aufsteigende Magma schmilzt das umliegende Gestein auf. In Abhängigkeit vom umgebenden Gesteinsmaterial ändern sich seine chemischen Zusammensetzungen und Viskosität, d.h. seine Beweglichkeit. Dieser Magmaaufstieg wird durch tektonische Bewegungen in der oberen Erdkruste begünstigt und macht sich in seismischen Wellen bemerkbar. Einem Ausbruch können **vulkanisch induzierte Erdbeben** vorausgehen. Auch der größere Raumbedarf für das sich ausdehnende flüssige Gestein kann zu leichten seismischen Bewegungen und leichten Schäden im Umfeld von Vulkanen führen.

Eine weitaus gefährlichere Bedrohung stellen die einleitenden – initialen – **Explosionen** eines Vulkans dar. Je nach Entfernung des ausbrechenden Kraters von Siedlungsgebieten können durch die bei der Explosion freigesetzten Gesteinsbruchstücke in der näheren Umgebung Schäden verursacht werden. Personen werden von herabstürzenden heißen oder erkalteten Lavafetzen verletzt oder getötet, Umstände, von denen häufiger Touristen im Umkreis tätiger Vulkane betroffen sind. Selten werden durch explodierende Vulkane vorüber fliegende Flugzeuge getroffen, ebenso selten, wie der bekannt gewordene Fall eines Schiffes, das durch glühende Gesteinsbrocken in Brand geraten ist. Neben den größeren Auswürflingen eines Kraters spielen **Aschewolken** (sie erreichen bis zu 30 km Höhe) bei der Gefährdung der zivilen und militärischen Luftfahrt eine große Rolle. Fluglinien in Alaska wurden zeitweilig aus diesen Gründen gesperrt. Während Aschepartikel in großen Höhen in den heißen Triebwerken wieder aufschmelzen und so diese verkleben und unbrauchbar machen, setzen mineralische Partikel abgestellte Flugzeuge außer Betrieb. Flugplätze und militärische Stützpunkte waren mehrfach von Vulkanausbrüchen betroffen: 1944 Neapel/Vesuv, 1991 Manila/Pinatubo, 2002 Catania/Ätna und sind in der unmittelbaren Folge stillgelegt worden. Zu den Wirkungen vulkanischer Ausbrüche gehören die bereits beschriebenen Aschefälle auf landwirtschaftlichen Flächen. Große Schäden werden an Gebäuden angerichtet, indem Dächer durch Überlastung einstürzen bzw. Straßen und Bahnlinien von Asche in unterschiedlichen Höhen bedeckt werden (Minoische Siedlungen von Akrotiri auf Santorin, Pompeji oder im Umfeld des Pinatubo).

Pyroklastische Wolken (→ **Glutwolken**) sind eine unterschätzte Gefahr bei Vulkanen wie dem Vesuv, den karibischen Vulkane oder dem japanischen Unzen. Der Schwerkraft folgend wälzen sich mit zunehmender Geschwindigkeit überhitzte Gas-Gesteinsgemische zu Tal und vernichten durch Hitze und mitgeführtes Material alle Hindernisse und Lebewesen. Zahlreiche Beispiele belegen das: Zerstörung der Stadt Saint Pierre durch den **Montagne Pelée** auf Martinique 1902 (vgl. S. 158f.). Bei einem solchen Ausbruch am Unzen (Japan 1991) kam das bekannte Vulkanologenehepaar Krafft ums Leben (vgl. S. 86f.).

Gasausbrüche sind besonders heimtückisch. Bei Kohlendioxidausbrüchen in

Kamerun sind zahlreiche Menschen und Tiere getötet worden (Nyos-See 1986, vgl. S. 124 ff.). Der Lava entströmende Fluorgase fielen 1784 in Island etwa 10 000 Einwohner zum Opfer! Seltener werden Menschen und Tiere direkt von **Lavaströmen** betroffen, da sie der vorrückenden Lavafront entfliehen können. In Einzelfällen schnitten Lavaströme die Betroffenen von der ungefährdeten Umgebung ab. In jüngster Zeit wurde ein Lavaausbruch am afrikanischen Vulkan Nyamlagira beobachtet, dessen dünnflüssige Lava in wenigen Stunden die 30 km entfernte Stadt Lome überflutet hatte. Die Einwohner retteten sich in umliegende höher gelegene Stadtteile. Das wurde durch **Lahars** (Schlammströme) verursacht, einem Gemisch aus vulkanischer Asche und heißem Wasser, das sich in Kraterseen gesammelt hatte. Vermischen sich Niederschläge und Vulkanasche, können sich Lahars bilden. Diese Schlammströme haben gewaltige Zerstörungskraft. Ein Beispiel dieser Art lieferte 1985 der Eis bedeckte **Nevado del Ruiz** in Südamerika. Nach einem relativ kleinen Vulkanausbruch kam es Stunden später zu einer Schlammflut. Die in einem Tal liegende Stadt Armero wurde innerhalb von wenigen Minuten überflutet. Rund 26 000 Opfer waren zu beklagen (vgl. S. 170 f.).

Eisbedeckung führt ebenfalls in Island zu Gletscherläufen (Hlaups). Unter einer mehrere hundert Meter dicken Eisdecke verursachen Vulkanausbrüche Eisschmelzen. Das Wasser sammelt sich in subglazialen Becken an, die sich danach entleeren. Lange nach derartigen Ausbrüchen bahnen sich Wassermassen unterhalb der Gletscher ihren Weg und zerstören im Gletschervorland wichtige Infrastrukturelemente und landwirtschaftliche Gebiete. Die relativ lange Vorwarnzeit ermöglicht eine wirksame Vorbereitung auf diese Umstände und die Vermeidung von Opfern unter den Anwohnern dieser Gebiete.

Von Lava umflossenes und zerstörtes Haus

Die **direkten** und **indirekten Wirkungen** von Vulkanausbrüchen auf Leben und Umwelt der Menschen werden durch die dichtere Besiedlung größer. Das belegen Zahlen und Versicherungen, die sich mit Schadwirkungen beschäftigen. In rund 400 Jahren, von 1500 bis 1914 kamen ca. 200 000 Menschen durch Vulkanausbrüche um, in knapp 100 Jahren, von 1914 bis 2002 waren ca. 40 000 Tote zu beklagen.

Die Zahl der Getöteten und Verletzten hat sich deutlich verringert, die **materiellen Schäden** sind in den letzten Jahrzehnten dagegen gestiegen. Das hängt einerseits mit einer besseren Infrastruktur der Alarmierungswege, andererseits mit der größeren Siedlungsdichte in Vulkangebieten zusammen. Eine Veränderung der Siedlungsstruktur ist allenfalls an kleinen begrenzten Orten möglich. Inselbewohner könnten vor vulkanischen Eruptionen umgesiedelt werden und auf diese Weise aus der Gefahrenzone entkommen.

Da aber Vulkangebiete in der Regel zu den fruchtbaren und dicht besiedelten Regionen gehören (vgl. S. 36 f.), wird diese Form des Ausweichens vor Schadwirkungen nur unbedeutenden Erfolg haben. Ein Versuch, 1784 nach dem Ausbruch des Laki-Vulkans auf Island, die Bevölkerung nach Dänemark umzusiedeln, konnte z. B. aus politischen Gründen nicht verwirklicht werden. Selbst der Versuch kleinere Ansiedlungen im Gefahrenbereich von Parasitärkratern am Ätna umzusiedeln ist gescheitert. Ausufernde Besiedlung beispielsweise am Vesuv, expandierender Tourismus in Vulkanregionen wie die der Kanaren, der Azoren oder der Philippinen und Japan machen solche Überlegungen überflüssig.

Vielmehr muss in zunehmendem Maße ein Warnsystem entwickelt und umgesetzt werden, mit dem frühe Anzeichen vulkanischer Aktivitäten zuverlässig aufgespürt und schnelle und richtige Information der Betroffenen gesichert werden. Im weitesten Sinne gilt das auch für den Flugverkehr, der z. B. in der Arktis (Kamtschatka, Alaska, Kurilen) deutlich zunimmt. Für die Zivilschutzverantwortlichen gilt, entsprechende Vorkehrungen zu treffen, um ggf. Flugrouten oder Touristenströme aus den Gefahrenzonen zu leiten. Evakuierungsmaßnahmen für Bewohner müssen zum richtigen Zeitpunkt veranlasst und Vorkehrungen gegen Schäden eingeleitet werden (Bereitstellung von schwerem Gerät für den Aufbau von Barrieren gegen Lavaströme, Räumfahrzeuge, Löschmittel, Atemschutzgeräte, Isolierbekleidung für Mannschaften, Ausweisung von Fluchtwegen, Sicherheitsräumen). Dazu gehört auch eine rechtzeitige und richtige Information über das Verhalten in der Nähe von Vulkanen.

Vulkanobservatorien

Eines der ältesten Observatorien wurde 1841 am Hang des Vesuvs errichtet. Derartige Beobachtungsstationen existieren auf Hawaii, am Ätna, Stromboli und an anderen tätigen Vulkanen oder sind für ganze Vulkangebiete tätig. Diese Observatorien sammelten anfänglich die seismischen Signale, die der Vulkan während Ruheperioden oder im Vorfeld jüngerer Aktivitäten ausgesendet hat. Heute sind seismische Messnetze installiert, die sehr genau alle Aktivitäten erfassen. Diese seismischen Daten sind die wichtigsten Informationsquellen über das Verhalten eines Vulkans. Charakteristische Erdbeben geben Auskunft über bestimmte Zustände im Vorfeld eines Vulkanausbruches, über die Explosion und über das Abklingen des Ausbruches. Außerdem werden ständig genaue Analysen der austretenden Gase angefertigt. Sie verändern ihre Zusammensetzung im Vorfeld eines Vulkanausbruches, besonders auffällig sind der Gehalt an Schwefelwasserstoff und Fluorverbindungen.

Vulkanausbrüche sind von aufsteigendem Magma und seiner Bewegung abhängig, das bedeutet, dass sich vor einem Vulkanausbruch der Wärmegradient eines Vulkans messbar verändert. Die Gestalt eines Vulkans ändert sich durch das aufsteigende Magma, wie es am Mount Saint Helens im Vorfeld der Explosion sichtbar wurde. Daher sind Beobachtungen des Wärmeverhaltens und der Gestalt des Vulkans sehr wichtig für Prognosen. All diese Daten können heute bereits telemetrisch übertragen und ausgewertet werden. Eine Überwachung von Vulkanen durch Satelliten ist ebenfalls im Aufbau.

Das europäische **Geowarn-Programm** erfasst an einer definierten Reihe von Vulkanen, z. B. am Nísyros und Vesuv unterschiedlichste Daten, organisiert und untersucht deren technische Verbreitung zur Prognose von geologisch bedingten Ereignissen. Die Arbeiten dienen einer weltweiten zuverlässigen Vorhersage. Noch ist die Prognose von Vulkanausbrüchen relativ unsicher, die Verbreitung von Programmen für die Überwachung und den Schutz bedrohter Siedlungen weltweit noch ungenügend. Wichtig für eine Prognose von Vulkanausbrüchen ist ein hoher Grad von Zuverlässigkeit, um Fehlalarmierungen von großen Bevölkerungsgruppen zu vermeiden. Dadurch würde die Arbeit der Wissenschaftler unglaubwürdig und künftige Prognosen ignoriert werden. An diesem Projekt der Europäischen Kommission sind Wissenschaftliche Institutionen aus Griechenland, Italien, Deutschland und der Schweiz beteiligt.

Wirtschaftliche Nutzung der Vesuvlandschaft

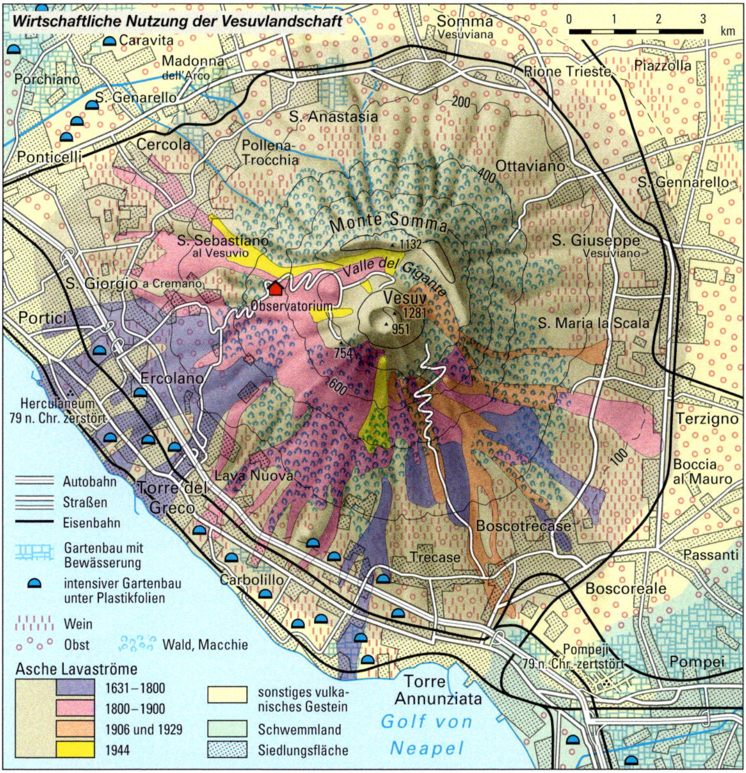

Gipsabguss eines Vesuvopfers

0 250 500 750 1000 km
1 : 30 000 000
Jan Mayen (norw.)
Dänemarkstraße
Nordpo
Europäische
Nordmeer
Reykjavík
ISLAND
Hekla
1491
ATLANTISCHER OZEAN
Färöer (dän.)
Rockall
Britische Inseln
Hebriden
Orkney-In.
Shetland-In.
Ben Nevis 1343
GROSS-BRITANNIEN
Nordsee
Skagerrak
Kattegat
DÄNEMARK
KOPENHAGEN
IRLAND
Dublin
1041
1085
BIRMINGHAM
LONDON
Land's End
Kanal
Kanal-In.
NIEDER-LANDE
Amsterdam
HAMBURG
BERLIN
BELGIEN
Brüssel
DEUTSCHLAND
LUX.
Laacher See
270
PARIS
Seine
Maas
Rhein
Elbe
Donau
MÜNCHEN
Loire
Golf von Biscaya
FRANKREICH
Bern
SCHWEIZ
Mont Blanc 4807
ÖSTERREICH
3798 Großglockner
MAILAND
Laibach
SLOW.
Kap Finisterre
SPANIEN
PORTUGAL
Ebro
3404 Aneto
AND.
MON.
Ligurisches Meer
2592
Lissabon
Tajo
MADRID
BARCELONA
Korsika
2706
ITALIEN
S.M.
VAT.
ROM
NEAPEL
Vesuv
Kap São Vicente
Balearen
Menorca
Mallorca
Ibiza
Sardinien
1834
Tyrrhenisches Meer
Madeira (Port.)
Str. v. Gibraltar
Mulhacén 3481
Mittelmeer
Stromboli 926
3350
Ätna
Sizilien
Str. v. Sizilien
C. Bon
CASABLANCA
RABAT
2465
ALGIER
La Palma
Kanarische In.
Pico de Teide (Spanien)
Teneriffa
3718
Gran Canaria
Fuerteventura
3737
MAROKKO
4165 Toubkal
2328
Tunis
TUNESIEN
MALTA
-30
Djerba
El-Aaiún
Westsahara
ALGERIEN
TRIPOLIS
2286
2469
Galdhøpiggen
Oslo
NORWEGEN

Barentssee
Weißes Meer
RUSSLAND
FINNLAND
SCHWEDEN
ESTLAND
LETTLAND
LITAUEN
WEISSRUSSLAND
POLEN
UKRAINE
KASACHSTAN
SLOWAKEI
UNGARN
RUMÄNIEN
MOLDAU
KROATIEN
BOSNIEN U. HERZEGOW.
SERBIEN
MONTENEGRO
BULGARIEN
ALBANIEN
MAZED.
GRIECHENLAND
TÜRKEI
GEORGIEN
ARMENIEN
ASERBAIDSCHAN
IRAN
IRAK
SYRIEN
LIBANON
ISRAEL
JORDANIEN
SAUDI-ARABIEN
KUWAIT
TURKMENISTAN
ZYPERN
Schwarzes Meer
Kaspisches Meer
Mittelmeer
Ionisches Meer
Ägäisches Meer
Nordkap
Kolgujew
Kebnekaise 2111
Helsinki
Stockholm
St. Petersburg
Tallinn
Riga
Vilnius
Minsk
Warschau
Kiew
Charkiw
Dnipropetrowsk
Donezk
Rostow
Chişinău
Odessa
Moskau
Nishni Nowgorod
Kasan
Samara
Perm
Jekaterinburg
Tscheljabinsk
Ufa
Jamantau 1640
Narodnaja 1895
Wien
Preßburg
Budapest
Zagreb
Belgrad
Bukarest
Sarajevo
Sofia
Skopje
Tirana
Istanbul
Ankara
Bursa
İzmir
Adana
Aleppo
Damaskus
Beirut
Amman
Jerusalem
Bagdad
Teheran
Täbris
Baku
Tiflis
Eriwan
Athen
Alexandria
Prag
Königsberg (Russland)
Ladogasee
Onegasee
Peipussee
Inarisee
Rybinsker Stausee
Bottnischer Meerb.
Finn. Meerb.
Asowsches Meer
Bosporus
Wolga
Don
Dnepr
Dnister
Bug
Donau
Kama
Ural
Ob
Irtysch
Petschora
Nördl. Dwina
Weichsel (Wisła)
Oder
Theiß
Kura
Aras
Kızılırmak
Euphrat
Tigris
Urmiasee
Vansee
Totes Meer
Pers. Golf
Elbrus 5642
Kasbek 5033
Ararat 5165
Santorin
Rhodos
Kreta
Ídi 2456
Olymp 2917
Athos 2033
Musala 2925
Zard Kūh 4548
Große Syrte
Saaremaa
Gotland
Öland
Bornholm

In Deutschland und den südöstlich angrenzenden Gebieten **Böhmens** sind zahlreiche geologische Phänomene zu beobachten, die eng mit dem Vulkanismus verbunden sind. Sowohl in älteren (tertiären) Vulkangebieten Sachsens – in der **Sächsischen Schweiz** und im **Erzgebirge** – als auch in den tschechischen Nachbargebieten sind alte Vulkanbauten erhalten, die hervorragende Einblicke in den Ablauf vulkanischer Prozesse gewähren.

Nach dem Prinzip des „Aktualismus" lassen sich an diesen alten Formen durchaus auch Abläufe bei rezenten, d.h. gegenwärtigen vulkanischen Aktivitäten beurteilen und erklären. Insofern ist ein Besuch dieser touristisch gut erschlossenen Vulkangebiete nützlich, um wichtige Grundlagenerkenntnisse zusammentragen zu können.

Darüber hinaus bieten etwa zehn größere Vulkangebiete im Südwesten und Westen Deutschlands, in unmittelbarer Nachbarschaft des **Rheintalgrabens**, Einblicke in einen noch tertiären bis sehr jungen Vulkanismus. Er bestimmte bis an das Ende des Pleistozäns die Formenvielfalt und den Gesteinsbestand dieser Landschaften.

Der **Kaiserstuhl** sowie der **Vogelsberg** verdeutlichen sehr eindrucksvoll vulkanische Prozesse vor etwa 15 Mio. Jahren bis vor 500 000 Jahren. Auf Seite 52 werden die Verteilung der Vulkane auf der Schwäbischen Alb und deren vulkanische Aktivitäten von vor etwa 20 Mio. bis ca. 15 Mio. Jahren, also ebenfalls recht alte Vorgänge in dieser Region, demonstriert. Die Gebiete der **Ost-** sowie der **Westeifel** machen jüngeren Vulkanismus sichtbar, der vor etwa 400 000 Jahren einsetzte und schon fast bis in unsere Zeiten wirkte. Möglicherweise endete er erst im Holozän vor rund 10 000 Jahren, zu einer Zeit, als es im Vorderen Orient bereits befestigte Städte gegeben hat. Es gibt Hinweise darauf, dass die in diesen Vulkangebieten lebenden Menschen bereits Kontakt mit den aktiven Vulkanen gehabt haben müssen.

Die Vulkantätigkeit im Raum des **Laacher Sees** reicht von vor knapp 600 000 Jahren bis in eine Zeit vor etwa 10 000 Jahren. Der letzte große Ausbruch des Laacher-See-Vulkans ist sowohl in seinen unmittelbaren Auswirkungen als auch in seinen Wirkungen auf entferntere Regionen in Deutschland sehr gut untersucht worden. Explosiver Vulkanismus ist für ihn kennzeichnend, die Auswurfprodukte (Bimsstein, Aschen) sind bis in die Schweiz, den Westerwald und Moorgebiete Brandenburgs zu beobachten. Neuere Forschungen über die Ursachen des einstigen Vulkanismus und den Mechanismus lassen den Schluss zu, dass der Vulkanismus in dieser Region noch längst nicht abgeschlossen ist.

Unter dem Laacher See wurde ein → **Plum** ausgemacht. Diese Magmakammer kann durchaus für weitere Ausbrüche in einem überschaubaren Zeitraum (in ca. 15 000 – 20 000 Jahren) verantwortlich sein. Die Bimssteinlagen und vulkanischen Bildungen im Umfeld des Laacher Sees sind gut aufgeschlossen und für Besucher an einer eigens eingerichteten Tourenlinie, der „Vulkanstraße", erschlossen.

Die **Maare** der Westeifel (vgl. S. 55) sind bemerkenswerte Anschauungsobjekte für jüngere vulkanische Prozesse, die vor oder gerade am Ende der Eiszeit (vor 12 000 – 10 000 Jahren) abliefen. Insbesondere für die Entstehung von Explosionskratern und den inneren Aufbau von Stratovulkanen, die z.T. als ideale Vorkommen von Baustoffen genutzt werden, sind diese Gebiete beispielhaft. Die dabei aufgeschlossenen vulkanischen Besonderheiten bieten sehr eindrucksvolle Anschauungsmaterialien für den Vulkanismus schlechthin.

Exkursionen durch die deutschen Vulkangebiete geben Aufschluss über die Kontinuität des Vulkanismus durch die letzten Formationen der Erdgeschichte. Außerdem bieten sich ideale Einblicke in Vulkane, die an der Grenze zur rezenten, d.h. gegenwärtigen Tätigkeit von Vulkanen in Europa entstanden sind.

ca. 1 : 6 000 000
0 50 100 150 km
DÄNEMARK
SCHWEDEN
POLEN
TSCHECHISCHE REPUBLIK
NIEDERLANDE
BELGIEN
LUXEMBURG
FRANKREICH
SCHWEIZ
ÖSTERREICH
DEUTSCHLAND
Nordsee
Ostsee
Deutsche Bucht
Pommersche Bucht
Nordfriesische In.
Ostfriesische In.
Westfriesische Inseln
Rømø
Sylt
Alsen
Fünen
Seeland
Langeland
Lolland
Falster
Møn
Bornholm
Fehmarn
Rügen
Kap Arkona
Usedom
Wollin
Helgoland
(zu Hamburg)
ODENSE
Flensburg
Schleswig-Holstein
Nord-Ostsee-Kanal
KIEL
Stralsund
Greifswald
ROSTOCK
LÜBECK
Mecklenburg-Vorpommern
SCHWERIN
Neubrandenburg
SZCZECIN (STETTIN)
Müritz
Wilhelmshaven
Emden
BREMERHAVEN (zu Bremen)
HAMBURG
Lüneburg
BREMEN
OLDENBURG
GRONINGEN
Lüneburger Heide
Niedersachsen
Celle
Aller
Weser
Elbe
Havel
Oder
Ems
HANNOVER
WOLFSBURG
Brandenburg
BERLIN
POTSDAM
Frankfurt
ZWOLLE
APELDOORN
ENSCHEDE
ARNHEM
NIJMEGEN
OSNABRÜCK
BIELEFELD
Detmold
MÜNSTER
BRAUNSCHWEIG
HILDESHEIM
Sachsen-Anhalt
MAGDEBURG
Brocken
Harz
Dessau
COTTBUS
Spree
Nordrhein-Westfalen
RECKLINGHAUSEN
HAMM
PADERBORN
GÖTTINGEN
HALLE
LEIPZIG
Hoyerswerda
Maas
DUISBURG
BOCHUM
DORTMUND
KREFELD
ESSEN
HAGEN
WUPPERTAL
Ruhr
KASSEL
Werra
Saale
Sachsen
Görlitz
MÖNCHENGLADBACH
NEUSS
DÜSSELDORF
Eder
Fulda
Thüringer Wald
ERFURT
Weimar
Jena
GERA
Thüringen
Burg Stolpen
DRESDEN
Landeskrone
Großer Winterberg
AACHEN
KÖLN
BONN
SIEGEN
Sieg
Marburg
Lahn
Öchsen
Wasserkuppe
Vogelsberg
Rhön
CHEMNITZ
ZWICKAU
Scheibenberg
Plauen
Vogtland
Erzgebirge
Fichtelberg
Eger
Ústí n. L. (Aussig)
Prachen
Panská skála
Laacher See
Eifel
KOBLENZ
Hessen
Schalkenmehrener Maar
Pulvermaar
FRANKFURT
WIESBADEN
MAINZ
Hanau
Main
Schweinfurt
Kammerbühl (Komorní hůrka)
Cheb (Eger)
Karlovy Vary (Karlsbad)
Eisenbühl (Železná hůrka)
PRAHA (PRAG)
Rheinland-Pfalz
Mosel
Rhein
Trier
DARMSTADT
WÜRZBURG
Bamberg
ERLANGEN
PLZEŇ (PILSEN)
Luxembourg (Luxemburg)
KAISERSLAUTERN
Worms
LUDWIGSHAFEN
MANNHEIM
Neckar
FÜRTH
NÜRNBERG
Böhmerwald
Moldau
Saarland
SAARBRÜCKEN
HEIDELBERG
HEILBRONN
METZ
KARLSRUHE
Baden-Baden
PFORZHEIM
Baden-Württemberg
STUTTGART
Bayern
Gr. Arber
REGENSBURG
Č. Budějovice (Budweis)
NANCY
STRASBOURG (STRASSBURG)
Tübingen
REUTLINGEN
Schwäbische Alb
Urach
ULM
INGOLSTADT
Landshut
Passau
Donau
LINZ
Wels
Oberösterreich
Offenburg
Schwarzwald
Vogesen
Elsass
Totenkopf
Colmar
FREIBURG
Feldberg
Hegau
Hohentwiel
MULHOUSE (MÜLHAUSEN)
Belfort
Konstanz
Bodensee
AUGSBURG
MÜNCHEN
Isar
Inn
Lech
Chiemsee
Rosenheim
SALZBURG
Enns
Kempten
Bayer. Alpen
Zugspitze
INNSBRUCK
Tirol
Vorarlberg
LIECHT.
Alpen
Tauern
Großglockner
Steiermark
BASEL
Aare
Doubs
St.Gallen
ZÜRICH
BERN

Am Ende des Tertiärs hob sich die Böhmische Masse und einzelne Schollen brachen auseinander. An den dabei entstandenen Bruchzonen stiegen an der Grenze zwischen Oligozän und Pliozän die **Basalte** auf und bestimmten die Oberfläche dieser Region. Die Vulkane im Egergraben sind jüngeren Alters und erst an der Grenze zum Holozän, also vor über 10 000 Jahren, entstanden.

Man muss sich nicht in das Umfeld gefährlicher Vulkanausbrüche begeben, um wichtige Details vulkanischer Tätigkeit kennen zu lernen. Das böhmisch-sächsische Grenzgebiet ermöglicht es, viele Beispiele des tertiären und frühholozänen Vulkanismus zu bewundern. Im Gebiet der Böhmischen Masse befinden sich viele junge Vulkanfelder. Daraus ergibt sich eine enge Verwandtschaft und Ähnlichkeit der Vulkanfelder beiderseits der deutsch-tschechischen Grenze. Hier werden vor allem Gänge, Schlote und Basaltkuppen voneinander unterschieden. Unterhalb von ausgeflossenen Basalten wurden Pflanzenreste gefunden, die eine genaue Altersbestimmung der Vulkanausbrüche ermöglichen. Sehr schöne **Basaltsäulen**, die etwa 30 Mio. Jahre alt sind, bilden die Panská skála bei Ustí (Aussig).

In der **Burg Stolpen** bei Dresden wurden die dort anstehenden Basaltsäulen an Ort und Stelle auch als Baumaterial verwendet. Eindrucksvolle Gebäude wie der Coselturm oder die Burgmauern sind daraus entstanden. Die im Burgkeller sehr schön erhaltenen Basaltsäulen interpretierte CONRAD GESSNER im 16. Jahrhundert als Kristalle. Er schloss deren vulkanische Entstehung aus. Bemerkenswert ist an dieser Stelle, dass die Brunnenbaumeister bei der Abtäufung genau den Schlot des aufquellenden Basaltvulkans getroffen haben.

Die sächsisch-böhmischen Vulkane sind zugleich wissenschaftsgeschichtliche Standorte, an denen JOHANN WOLFGANG VON GOETHE wichtige Einsichten zur

Mufette mit CO_2-Austritt

Basaltentstehung gesammelt hat. Der **Kammerbühl** (Komorní hůrka), in der Nähe von Eger, ist ein holozäner Vulkanbau, den ALEXANDER VON HUMBOLDT und GOETHE mehrfach besucht und hier vulkanische Prozesse studiert sowie ihre unterschiedlichen Auffassungen über das Wesen diskutiert haben. Auch der deutlich ältere **Eisenbühl** gehört zu dieser reizvollen Vulkanlandschaft im Egergraben.

Die sehenswerte Vulkanruine **Landeskrone** liegt in der Nähe von Görlitz. Eine Basaltkuppe überlagert eine Granitfläche. Durch die Abtragung des Basaltes während des Quartärs hat sich das Relief dieses Vulkans umgekehrt. Der harte Schlot bildet die Vulkanspitze, die umliegenden Gesteinspartien sind abgetragen worden.

Bei Schlettau in Sachsen befindet sich der **Scheibenberg**, eine Basaltkuppe die sich am Ende des Tertiärs über Flusstalsanden ausgebreitet hat. Ein klassischer und beeindruckender Aufschluss gibt einen Einblick in die Säulenstruktur des erkalteten Basalts.

Das sächsisch-böhmische Vulkangebiet gehört zu den gut erschlossenen **Erholungsgebieten** in Deutschland. An den jeweiligen Aufschlüssen befinden sich ausführliche Informationstafeln.

Burg Stolpen bei Dresden

Basaltsäulen von Panská skalá in Böhmen

Das Alter des **Vogelsbergmassivs** liegt zwischen 12 und 20 Mio. Jahren. Von einigen Geologen wird unterstellt, dass das Vogelsbergmassiv Ergebnis eines → **Hot Spots** ist, der sich eine Zeit lang im Untergrund einer sich bewegenden Platte befunden hat, dessen jüngeres Ergebnis der Vulkanismus der Eifel jenseits des Rheintalgrabens gewesen sei.

Die vulkanischen Gesteine vom Vogelsberg haben eine besonders **poröse Struktur**. Dadurch sind sie als Baustoff begehrt und beliebt. Sie finden sich in zahlreichen Profan- und Kirchenbauten. Prominentestes Beispiel dafür ist der Kölner Dom.

Kölner Dom

Die eindrucksvolle Landschaft des Vogelsbergs repräsentiert einen **Riftvulkanismus** im Zusammenhang mit dem Rheintalgraben. Lavaströme und Tuffschichten wechseln häufig miteinander und bauen auf diese Weise ein **„Vulkangebirge“** von 2 500 km² Grundfläche auf. Das Vogelsbergmassiv könnte so gesehen der bedeutendste Vulkanbau in Mitteleuropa sein. Die vulkanischen Gesteine die einerseits als Baustoff so begehrt sind, haben andererseits für den Weinanbau in diesem Gebiet große Bedeutung. Weinkenner schätzen die würzige Note der **„Vulkanweine“** vom Vogelsberg. Die Lava des Vogelsbergs ist silikatarm und hat eigenartigerweise mehr Ähnlichkeit mit Gesteinen mittelozeanischer Rücken als mit denen der Eifel.

Basaltkuppe am Vogelsberg

Der **Oberrheingraben** tritt im Landschaftsbild deutlich als geomorphologisches Element hervor, das sich von Norden nach Süden erstreckt und über mehrere hundert Kilometer ein breites Tal bildet. An den Flanken dieses Tals hat sich ein intensiver Vulkanismus herausgebildet. Dadurch wird die junge geologische Geschichte des Oberrheingrabens unterstrichen. Ein darunter befindlicher **Hot Spot** ist vermutlich dafür verantwortlich, dass das Gesteinspaket zerrüttet wurde und magmatische Verbindungen zur Oberfläche entstanden. Möglicherweise entsteht hier ein Rift und der Kaiserstuhl ist ein Ausdruck dieser Riftbildung.

Der **Totenkopf** mit 557 m ist die höchste Erhebung des Kaiserstuhls. Fast 150 km^2 umfasst dieser miozäne Vulkanberg. Das Massiv setzt sich aus einzelnen Stratovulkanen und basaltischen Kuppen zusammen. Mit den vulkanischen Förderprodukten sind aus tieferen Zonen verschiedene Gesteinsmaterialien an die Oberfläche gekommen, die Auskunft über den Untergrund des Vulkankomplexes geben. Bestandteile aus dem Perm und der Trias sowie aus einem 1 500 m tief liegenden Granitmassiv sind bisher gefunden worden. Die ersten vulkanischen Gesteine stammen aus dem Miozän, die letzten Vulkanausbrüche dürften im Zentrum des Kaiserstuhls vor ungefähr 15 Mio. Jahren stattgefunden haben.

Der **Kaiserstuhl** zeigte während der Eiszeit keinerlei Aktivität. Er ist von einer dicken Schicht Löß bedeckt, der die vulkanischen Besonderheiten des Reliefs verhüllt.

Viele **Thermalquellen** machen die vulkanische Abkunft dieses Gebietes deutlich. Den besten Zugang zum Kaiserstuhl bekommt man von Freiburg im Breisgau.

Weinanbau am Kaiserstuhl

Der Vulkanismus der **Schwäbischen Alb** steht im Zusammenhang mit der Entstehung der Alpen und den damit parallel liegenden Schwächezonen der Gesteine des Jura und der Trias. Sie ermöglichten den Aufstieg des Magmas in zahlreichen Aufstiegskanälen. In seltenen Fällen haben sich an der Oberfläche Vulkankörper gebildet. Rund um den Ort **Urach** in der Schwäbischen Alb haben zahlreiche **Vulkanschlote** die Erdoberfläche erreicht, ohne dass hier außergewöhnlich große Vulkanbauten entstanden sind. Es handelt sich um basaltisches Material mit vielen Bruchstücken aus den durchschlagenen Sedimenten. Äußerlich werden die Vulkanschlote nur an einigen Stellen sichtbar. Der **Calverbühl** ist ein solcher Schlot, der die Landschaft überragt.

Das **Randecker Maar** ist mit 1,2 km Durchmesser der dickste Schlot bei Urach. Dieses Randecker Maar wurde 1971 zum **Naturschutzgebiet** erklärt, weil es eine wichtige Fundstätte von Fossilien ist. Die **Limburg** bei Weilheim erhebt sich auf einem Schlot und ist ein wichtiger Zeuge des Vulkanismus in der Schwäbischen Alb. Ein bedeutendes Relikt des Alb-Vulkanismus ist das **Schopflocher Moor**. Die Altersbestimmung der vulkanischen Tätigkeit wird durch Sedimente in den Maaren begünstigt. Die ältesten Fossilfunde in den Ablagerungen der Maare bezeugen das Ende der vulkanischen Tätigkeit. Auf diese Weise hat man berechnet, dass der Vulkanismus hier 6 Mio. Jahre zurückliegt.

Die vielen Thermalquellen und Erholungsorte in dieser Region verdanken ihre Existenzgrundlage diesem lange zurückliegenden Vulkanismus. In Urach werden bereits in rund 700 m Tiefe Temperaturen von über 60 °C erreicht, ein Hinweis auf den deutlich höheren Temperaturgradienten, der hier die Störungen im Untergrund verdeutlicht.

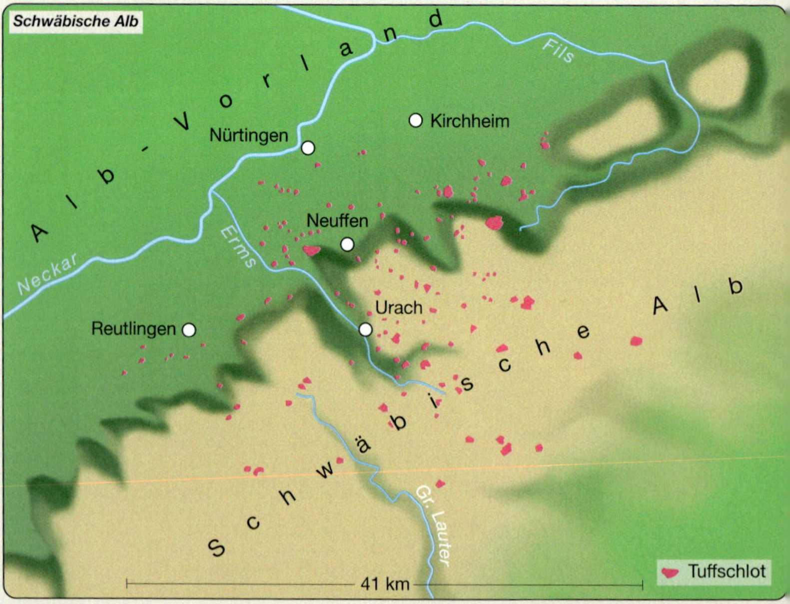

Besucht man Kalibergwerke in der **Rhön**, wird man sehr oft auf vulkanische Schlote und Gänge aufmerksam gemacht, die die mächtigen Salzlagerstätten des Zechsteins durchschlagen. Tertiärer Vulkanismus ist für diese störenden Gänge und Schlote verantwortlich. Im äußeren Landschaftsbild treten große Basaltkuppen hervor. Bemerkenswert ist die **Wasserkuppe** mit 950 m Höhe sowie der **Öchsen** mit einer Höhe von 627 m. Hier bilden Basaltschlote und Blockmeere die Landschaft und gewähren Einblick in Strukturen der ehemaligen Vulkane. Von der regen vulkanischen Tätigkeit zeugen zahlreiche kleine Kuppen mit ihren Verwitterungsprodukten, so genannte **Blockmeere** aus Basalt. Die Landschaft trägt deshalb den bezeichnenden Beinamen **„Kuppenrhön"**.

An vielen Stellen sind die typischen Basaltsäulen angewittert und in ihrer polygonen Struktur erkennbar. Ein besonders auffälliges Vorkommen von horizontal angeordneten Säulen ist der **Gangolfsberg** bei Oberelsbach.

Der **Lindenstumpf** ist ein Basaltbruch, in dem Baustoffe für Bahn- und Autobahnbau gewonnen wurden. Dabei sind sehr interessante Basaltstrukturen freigelegt und zum Naturdenkmal erklärt worden.

Die Rhön war schon immer ein Gebiet, in dem intensiv Baustoffe gewonnen und verarbeitet wurden. Die Erhaltung geologischer Denkmäler und des typischen Landschaftsbildes wird durch die industrielle Nutzung der Basalte stark beeinträchtigt.

Es müssen immer wieder Kompromisse zwischen diesen beiden Interessensgebieten gefunden werden. Das **Biosphärenreservat Rhön** ist von Fulda, Bad Brückenau und Bad Salzungen sehr gut zugänglich und ist ein ebenso schönes wie interessantes Ausflugsgebiet.

Öchsen

Die Vulkane der **Osteifel** zwischen Koblenz, Mayen und Burgbrohl breiten sich um den **Laacher See** aus, der weite Teile einer Caldera ausfüllt und das Zentrum dieser Region bildet.

Der holozäne Vulkanismus ist an den **Rheintalgraben** gebunden und im Nordwesten vom Brohltal begrenzt. Mehr als 50 Ausbruchszentren befinden sich in dieser Gegend. Die vulkanischen Gesteine sind ein willkommener Baustoff in dieser Region. So werden z. B. Basalte für Gebäude und als Industriestein verwendet, Bimsstein als Schleifmittel und Zuschlagstoff. Die Vulkane waren bereits vor der ersten Eiszeit, also vor 600 000 Jahren, tätig.

Vermutlich ist der Laacher See das Produkt einer gewaltigen Eruption vor etwa 11 000 Jahren. Dazwischen gibt es eine Reihe von vulkanischen Ereignissen. Schlackekegel, Basaltkegel und Stratovulkane entstanden vor etwa 300 000 Jahren. Die Ausbrüche in dieser Region erreichten mit ihrer Asche und ihren Tuffen den Raum von Frankfurt/Main und Gießen. Die **Explosionen des Laacher Vulkans** mit dem geförderten Bimsstein wurden in Teilen des Schwarzwaldes, am Bodensee und abhängig von der Windrichtung auch in Gebieten von Brandenburg gefunden.

Jüngere Untersuchungen in einem groß angelegten Forschungsprojekt sind darauf orientiert einen → **Plum** auszumachen, der für den früheren Vulkanismus zuständig war und möglicherweise auch in der Zukunft noch für vulkanische Überraschungen sorgen könnte.

Thermische Anomalien wurden in über 50 km Tiefe ausgemacht. Kohlensäureaustritte am Laacher See und in dessen Umgebung sind der äußere Ausdruck für ein möglicherweise noch aktives Vulkangebiet. In absehbarer Zeit ist aber mit vulkanischen Eruptionen nicht zu rechnen.

Laacher See

Bad Bertrich, Gerolstein und Daun sind wichtige und bekannte Orte in diesem reizvollen Vulkangebiet.

Stratovulkane und Maare bestimmen das Landschaftsbild. Die wassergefüllten **Maare** sind das Ergebnis von Gasausbrüchen bei denen zugleich große Aschemengen ausgeworfen wurden. Das Zusammenwirken von Wasser und vulkanischem Gestein hat zu den Explosionen geführt. Die oft kreisrunden Maare sind von flachen Wällen umgeben, die sich aus dem Material einer einmaligen Explosion zusammensetzen. Die Auswurfprodukte enthalten Gesteinsbruchstücke aus den darunter liegenden Gesteinsfolgen. Das **Schalkenmehrener Maar** und das **Pulvermaar** sind besonders geeignete Ausflugsziele um sich die geologischen Ereignisse vorzustellen.

Die vulkanische Tätigkeit in dieser Region begann vor etwa 400 000 Jahren und endete vor etwa 10 000 Jahren, also zu einer Zeit in der mit großer Sicherheit Menschen bereits Zeugen dieser Vulkanausbrüche geworden sind.

Die Stratovulkane **Hardt** und **Hoher List** sind durch Steinbrüche erschlossen. Sie geben einen interessanten Einblick in die Struktur dieser Berge. Die in diesem Gebiet vorhandenen **Mineralquellen** zeugen von dem abklingenden Vulkanismus und ermöglichten die Gründung von Bade- und Kurorten sowie der Produktion von Mineralwasser. Die Baustoffproduktion hat an vielen Stellen der Westeifel Aufschlüsse geschaffen. Dabei sind auch eindrucksvolle „**Lavabomben**“ freigelegt und beispielsweise bei Strohn für die Besucher zur Schau gestellt worden.

In diesem Teil der Eifel sind vulkanische Prozesse und Gesteine sehr gut zu studieren. Es besteht aber auch hier die Gefahr, dass das Landschaftsbild durch menschliche Eingriffe drastisch verändert wird.

Lavabombe bei Strohn

Basaltfächer, abgekühlter Basaltstrom im Erzgebirge

Vulkanbauten u. a. in Böhmen erregten bei Johann Wolfgang von Goethe großes Interesse. In der Nähe von Karlsbad studierte er neben den Thermalwässern dieser Region auch die Vulkane. In seiner Zeit stritten sich **Neptunisten**, Gelehrte, die eine Entstehung auch der Basalte „im Wasser" vermuteten, und **Plutonisten**, jene Wissenschaftler, die den vulkanisch erklärbaren Gesteinscharakter erkannten. Goethe untersuchte den Kammerbühl und den Eisenbühl (in der heutigen Tschechischen Republik), um etwas über den Bau dieser Vulkane zu erfahren. Er ließ Stollen

Vulkan	Höhe [in m]	Land/Region	Beobachtung älteste	Beobachtung jüngste
Eisenbühl/Železna hůrka	522	CZ/Böhmen		Tert./Quart.
Großer Winterberg	556	D/Sachsen, Sächs. Schweiz		
Hohentwiel	686	D/Baden-Würt., Hegau		Miozän
Kammerbühl/Komorní hůrka	(500)	CZ/Böhmen		altes Tertiär
Laacher See	270	D/Rheinland-Pfalz, Eifel		Holozän
Landeskrone	419	D/Sachsen, Lausitz		
Öchsen	627	D/Hessen, Rhön		
Panská skála	580	CZ		Tertiär
Pulvermaar	470	D/Rheinland-Pfalz, Eifel		Quartär
Schalkenmehrener Maar	495	D/Rheinland-Pfalz, Eifel		Quartär
Scheibenberg	643	D/Sachsen, Erzgebirge		Miozän
Stolpen	356	D/Sachs., Elbsandsteingeb.		Miozän
Totenkopf	557	D/Baden-Würt., Kaiserstuhl		Miozän
Urach		D/Bad.-Würt., Schwäb. Alb		Miozän
Wasserkuppe	950	D/Hessen, Rhön		20 Mio. J.

anlegen, um über den inneren Aufbau des Vulkans Auskunft zu bekommen.

Später hat JOHANN WOLFGANG VON GOETHE seine Studien an Vulkanen in Italien fortgesetzt und sich auch mit dem Vulkangebiet der Eifel beschäftigt. Seine Beobachtungen sollten Aufschluss über die Herkunft der Wärme geben, die für die beobachteten Prozesse verantwortlich war.

Auch auf den Spuren GOETHES kann man heutzutage unter modernen wissenschaftlichen Gesichtspunkten anschauliche Aufschlüsse in vulkanischen Gesteinen finden.

Bemerkungen
jüngster Vulkan in Böhmen, sehr schönes Querprofil, leider derzeit unzugänglich, von GOETHE beschrieben
Basaltkuppe, durch Buchenbewaldung deutlich vom Sandstein abgegrenzt, Sandsteinsäulen, durch Basaltkontakt entstanden
Phonolithkuppe in ausgedehntem Vulkangebiet, parallel zur Bruchzone des Rheintalgrabens
auf Veranlassung GOETHES wurde 1834 ein Erkundungsstollen in den Vulkan getrieben
explosiver Ausbruch: Asche, Bimsstein, Auswürfe gelangten bis weit nach Norden
Vulkanruine, tertiärer Stratovulkan, dessen Flanken abgetragen sind, Schlot bildet Gipfel
Basaltkuppe, durch Basaltabbau beinflusstes Landschaftsbild, Basaltaufschlüsse sichtbar, Aufstiegsschlote
sehr gut ausgebildete Basaltsäulen in großem Aufschluss sichtbar, Naturschutzgebiet
ausgeprägter Explosionskrater, Auswurfprodukte lagern wallartig um wassergefüllten Krater
wassergefüllter Explosionskrater, in der Nähe von Schalkenmehren
basaltische Lava, in außerordentlichen Säulen erkaltet
Basalthügel mit besonders sehenswerten Basaltsäulen und Brunnen im Basaltschlot
Vulkankomplex von knapp 100 km^2 bei Freiburg im Breisgau: Phonolithkuppen, Stratovulkane
Gebiet mit knapp 300 Basaltschloten, die das Kalksteinplateau durchschlagen haben
höchste Basaltkuppe in der Rhön, Biosphärenreservat

Das **Französische Zentralmassiv** gehört zu den mitteleuropäischen tertiären Vulkangebieten, die sich noch immer langsam anheben und weiträumige Landschaften prägen. Die Vulkane sind innerhalb konsolidierter Platten tätig geworden. Ihnen werden im Untergrund Plums zugeordnet, heiße Zonen, in denen sich gewaltige Magmenkammern gebildet haben und die sich aus wenigstens 50 km Tiefe einen Weg an die Oberfläche „geschmolzen" haben. Man vermutet den gleichen Mechanismus in den Vulkangebieten der Eifel und Böhmens. Besonders eindrucksvoll überragt der **Puy de Dome** die **Vulkanlandschaft der Auvergne**. Vom Gipfelplateau, das man bequem zu Fuß oder per Auto von Clermont-Ferrand erreichen kann, überblickt man eine einzigartige, vielfältige Landschaft, die den Eindruck erweckt, als könne hier jederzeit ein neuer Vulkanausbruch stattfinden. Die Formen erscheinen noch sehr frisch und unverwittert, ein Eindruck, der nicht falsch ist: Vermutet werden noch vor rund 1 000 Jahren kleinere Eruptionen in diesem Gebiet, die möglicherweise den Raum von Clermont-Ferrand erreicht haben. Sicher ist auf Grund zahlreicher radioaktiver Altersbestimmungen, dass die Vulkane der Auvergne vor mehr als 6 000 Jahren sehr aktiv gewesen sind.

Ende des 18. Jahrhunderts war klar, dass sich hier ein aktives Vulkanfeld befunden hat, in dessen Nähe bereits Menschen gesiedelt hatten. Unabhängig von diesem Wissen ergriffen spätere Kulturen bereits Besitz von den warmen Quellen und dem mineralisierten Wasser, dass in der Vulkanzone entsprang und heute auch die Basis einer ertragreichen Mineralwasserindustrie ist. Die Auvergne ist auch ein wichtiges Untersuchungsgebiet für Wissenschaftler gewesen, die sich über den Charakter vulkanischer Gesteine Gedanken gemacht haben. Hier entschied sich der Streit darüber ob die Gesteine durch Mineralisation oder durch vulkanische Prozesse entstanden sind. Alle Basalte wurden hier als vulkanische Gesteine erkannt.

Ein Gang durch **Steinbrüche und Abbaugruben** von Baustoffen zeigt aufregende Schnitte durch unterschiedlichste Vulkanbauten. Die Vulkantätigkeit in dieser Region reicht vom Tertiär vor etwa 40 Mio. Jahren bis ins Holozän und die Neuzeit. Die Vulkanlandschaft der **Chaîne des Puys** ist in jüngerer Zeit (vor 100 000 Jahren bis in die Gegenwart) besonders durch Lavaströme und vereinzelt durch eine leicht explosive Tätigkeit gestaltet worden, bei der zahlreiche Aschekegel und einzelne Maare entstanden. Sie bilden die Grundlage für eine intensive Baustoffgewinnung und die Entwicklung einer Erholungslandschaft. Viele Orte der Auvergne sind aus vulkanischen Gesteinen, insbesondere aus den dunklen Basalten errichtet worden.

Ansicht Puy de Dome

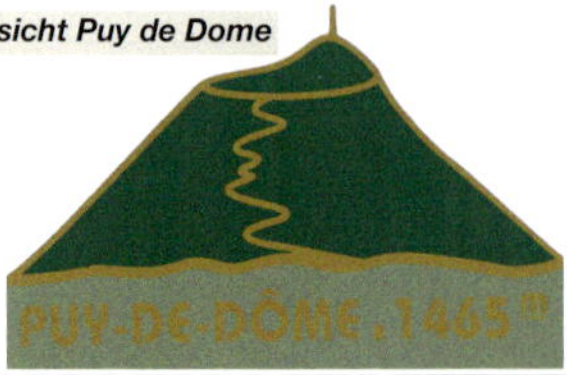

Vulkan	Höhe [in m]	Land/Region	Beobachtung älteste	Beobachtung jüngste
Lac de Pavin		Frankreich/Auvergne		vor 6 750 J.
Montcineyre	1 571	Frankreich/Auvergne		vor 5 800 J.
Mont Dore	1 886	Frankreich/Auvergne		1 Mio. J.
Puy Chopin	1 134	Frankreich/Auvergne		vor 8 500 J.
Puy de Dome	1 465	Frankreich/Auvergne		vor 8 400 J.
Puy de la Nugere	994	Frankreich/Auvergne		
Puy de Pariou	1 210	Frankreich/Auvergne		
Puy de Sarconuny	1 147	Frankreich/Auvergne		

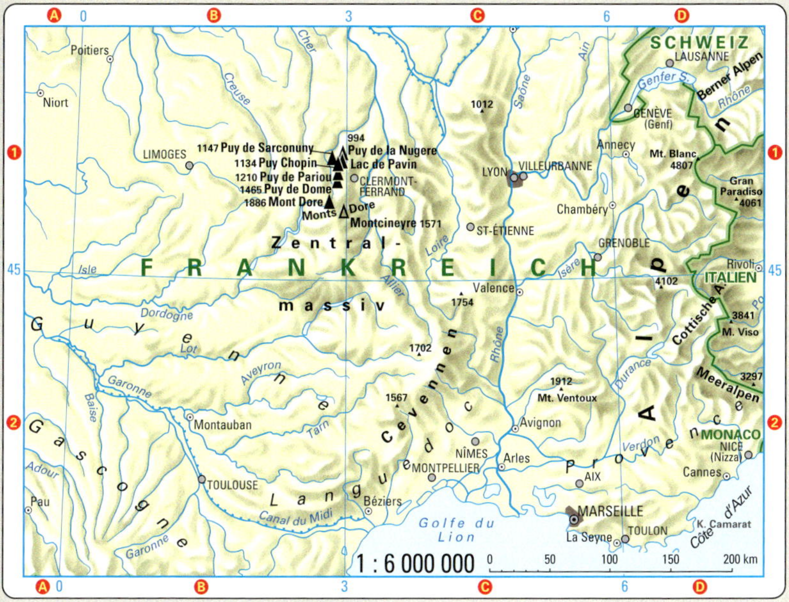

Chaîne de Puys

Zentralmassiv

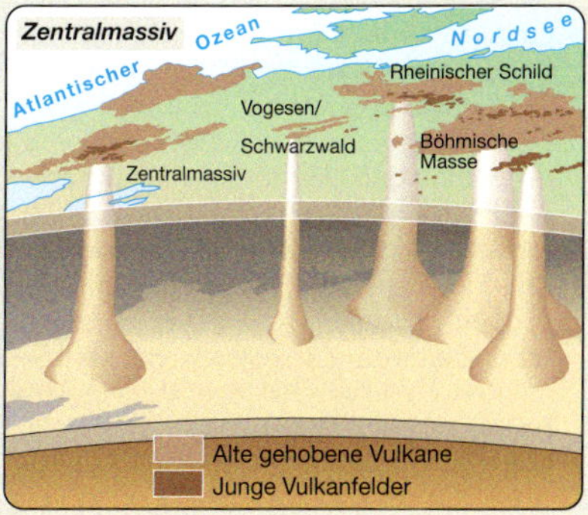

Bemerkungen
typisches Maar der Auvergne mit Beteiligung von Wasser, explodierter Vulkan, landschaftlich besonders sehenswert
komplexe Vulkanlandschaft, Lavaströme, Aschekegel, Maare
Thermalquellen, zahlreiche Nebenkrater, stark erodierte Vulkanlandschaft
in einen Stratovulkan aufgedrungene Staukuppe
landschaftbeherrschender Vulkankegel in der Auvergne, mit zahlreichen Nebenkratern
bedeutendes Beispiel des Vulkanismus der Auvergne: Mineralwasserförderung, Abfüllung, Naturpark
typisches Beispiel für Vulkankegel mit strombolianischer Aktivität
mehrere ineinander verschachtelte Krater mit Sedimenten von Glutwolken

Die Vulkane Griechenlands erstrecken sich in einem weiten Bogen zwischen der Halbinsel **Peloponnes** und dem Raum Bodrum in der Türkei. Sie markieren einen Inselbogen, der typisch für abtauchende Plattenteile unter stabilere Kontinentalplatten ist. Diese dynamische Entwicklung beim Zusammenstoß der Afrikanischen und Eurasischen Platte führt sowohl zur Anhäufung von Erdbebenherden in bis zu 200 km Tiefe als auch zu ausgeprägten Vulkanbauten.

Von West nach Ost reihen sich die Vulkangebiete von Methana, Mílos, Santorin (Thíra), Nísyros bis zur griechischen Insel Kos aneinander. Der auffälligste tätige Vulkan wird von der Caldera der Inselgruppe Thíra gebildet. Ringförmig umschließen einzelne Inselbruchstücke den wassergefüllten Krater von etwa 9 x 6 km Durchmesser und einer Tiefe zwischen 250 und 350 m. Im Zentrum befindet sich die junge Gruppe der Kameni-Inseln. Die vulkanischen Produkte füllen die Caldera des **Santorin** langsam wieder auf. Es wird vermutet (vgl. S. 32 f.), dass vor rund 3 500 Jahren ein gewaltiger Ausbruch des Santorin einen Vulkankegel von mehr als 2 000 m Höhe gesprengt hat. Dabei ist die wesentliche Form der heutigen Inselgruppe entstanden. Reste einer minoischen Stadt sind von einer mehr als 11 m dicken Bimssteinschicht überdeckt und bei Akrotiri im westlichen Teil der Insel Thíra zugänglich gemacht worden. Auswurfprodukte dieser Explosion wurden im gesamten östlichen Teil des Mittelmeeres nachgewiesen. Um das Jahr 200 v. Chr. begann im Zentrum des Kraters die junge vulkanische Aktivität, die 1941 bisher letztmalig mit Lavaströmen die Insel Nea Kameni vergrößerte.

Die **Insel Nísyros** erhebt sich 689 m über dem Meeresspiegel. Sie gehört zu den ständig kontrollierten Vulkaninseln, die innerhalb des europäischen Geowarn-Projekts eine wichtige Rolle spielen. Der zentrale Krater ist letztmals 1888 mit Dampf und Ascheeruptionen aktiv gewesen. Andauernde Gasaustritte haben vorhandene vulkanische Gesteine zersetzt. Dadurch entstand eine farbintensive, sehr erosionsanfällige Landschaft, die sich zu einem touristischen Anziehungspunkt entwickelt hat. Sonden erkunden die Temperatur und Gaszusammensetzung. Vorarbeiten zur Erdwärmegewinnung für elektrische Energie haben bereits begonnen.

Die benachbarte **Insel Yali** besteht aus einer mächtigen Bimssteinformation, die bergmännisch abgebaut wird. Die ursprüngliche Gestalt der Insel hat darunter stark gelitten. Die Quelle, aus der der Bimsstein gefördert wurde, ist vermutlich ein Schlot im Raum der **Insel Kos**. Unterhalb der jüngsten Bimssteindecke wurden neolithische Zivilisationsreste gefunden. Die malerische Insel ist aber für Touristen nicht zugänglich. Dennoch kann man mit gutem Zureden den einen oder anderen Fischer davon überzeugen, eine Exkursion auf die Insel zu unternehmen. Das Baden an dem schneeweißen Strand ist ein zusätzliches Erlebnis nach einem Rundgang durch die weißen Bimssteinbrüche. Die Nutzung dieses Rohstoffes wird in absehbarer Zeit das Relief der Insel drastisch verändern.

Vulkan	Höhe [in m]	Land/Region	Beobachtung älteste	Beobachtung jüngste
Kos	430	Griechenland	unbekannt	solfatarisch
Methana/Metone	760	Griechenland/Festland	unbekannt	285 v. Chr.
Mílos/Profítis Ilías	751	Griechenland	unbekannt	unklar
Nea Kameni		Griechenland	1570	1941
Nísyros/Níssyros	689	Griechenland	1422	1888
Palea Kameni		Griechenland	197 v. Chr.	726
Santorin/Thíra, Neakameni	566	Griechenland	1 500 v. Chr.	1950
Yali	176	Griechenland	unbekannt	unbekannt

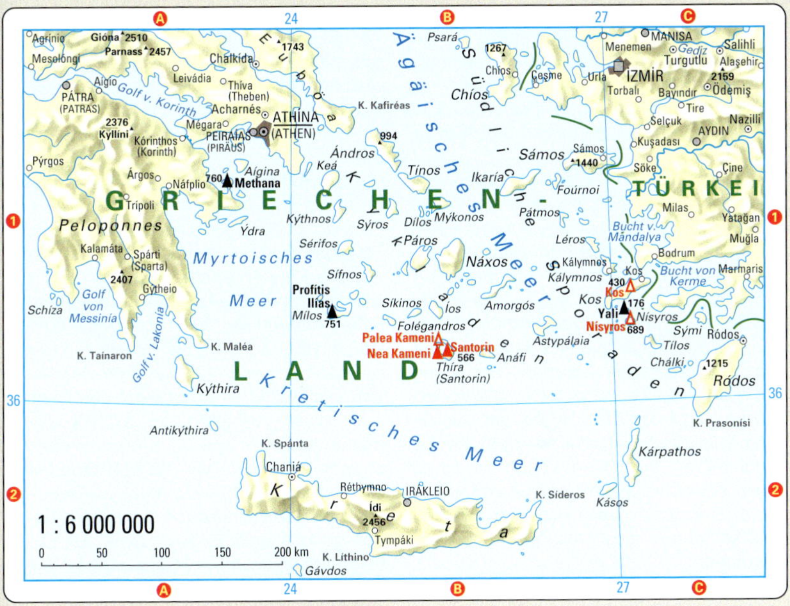

Hauptkrater Stefanos, Nísyros

Vulkaninsel Nea Kameni

Bemerkungen

Teil einer Caldera, der Südrand wird durch die 20 km entfernte Bimssteininsel Yali markiert
basaltischer Lavadom, Lavaströme erstrecken sich vom Gipfel bis zur Küste

zahlreiche Ausbruchsstellen von rezentem Vulkanismus, Laven aus den Jahren 1707, 1866, 1925, 1941 sichtbar
durch intensive solfatarische Tätigkeit sind die frischen Laven zersetzt worden

durch Explosion des Kraters vermutlich Zerstörung der Zivilisation (Platon: Atlantis)
Bimssteininsel, im Abbau befindlich, Nísyros vorgelagert, Bimsstein lagert über Neolithikum

Vordergründig ist die Türkei nicht als Vulkanland bekannt. Die meisten Touristengebiete befinden sich außerhalb des Bereichs vulkanischer Gesteine. Eine Ausnahme bildet die Landschaft **Kappadokiens.**

Die mächtigen Tufflagen berichten von einem intensiven Vulkanismus im Tertiär. Die Erosion in diesem Gebiet hat die Tuffe zum Teil zerschnitten und Voraussetzungen dafür geschaffen, dass die hier lebenden Völker, ab 700 v. Chr. bis in die Gegenwart hinein, ausgedehnte Wohn- und Siedlungsanlagen in das weiche Tuffgestein schlagen konnten. Begünstigt wurde diese Bauweise durch unterschiedliche Härte und Struktur der geschichteten vulkanischen Auswurfmassen. Kappadokien ist auf diese Weise zu einem bemerkenswerten Anschauungsobjekt für das Zusammenleben der Menschen mit vulkanischen Erscheinungsformen geworden.

Darüber hinaus bietet die Türkei auch wichtige Sehenswürdigkeiten und markante Beispiele für den holozänen Vulkanismus. Ursache dafür ist die Kollision kontinentaler Platten, die hier im Tertiär ein frühes Meer geschlossen haben. Ararat und Kappadokien sind die Ergebnisse dieses **Kollisionsvulkanismus**, der sich bis in die Gegenwart fortgesetzt hat.

Bereits im Altertum werden Ausbrüche des über 5 000 m hohen **Ararat** im östlichen Grenzgebiet zu Armenien berichtet. Über die vulkanische Tätigkeit hinaus ist der Ararat ein nationales Symbol für die Türkei. Weitere Vulkane wie der **Erciyeş Daği** (Argaeus) sind in ihrer Gestalt nicht so offensichtlich wie der Ararat als Vulkankegel zu erkennen. Dennoch gibt es einige Punkte im Süden und Südosten der Türkei (vgl. Tabelle) an denen in jüngerer geschichtlicher Zeit Ascheeruptionen beobachtet worden sind. An einigen Stellen wurden hier bronzezeitliche Siedlungsreste unter vulkanischen Produkten gefunden.

Die **weißen Sinterterrassen** von **Pamukkale** machen eine weltweit verbreitete Erscheinung nachvulkanischer Tätigkeit sichtbar. Warmes Wasser steigt aus der Tiefe an Spaltensystemen an die Oberfläche und setzt dort unterschiedliche Mineralien bei nachlassendem Druck und Abkühlung ab. Unweit von hier befinden sich auch **braune Sinterterrassen**, die durch das Abscheiden von Eisen ihre Färbung erhalten haben. Nahe den Vulkangebieten und an Störungszonen steigen eine Fülle von **heißen Quellen** auf, deren Wärmepotential für die Beheizung von Gewächshäusern und Wohnungen genutzt wird. Bohrungen in den Untergrund erschließen Heißdampf für die Erzeugung elektrischer Energie (vgl. S. 238 ff.).

Es bestand die Gefahr, dass der alltägliche Tourismus diesem einzigartigen Naturschauspiel in Europa extrem schadet. Hotels und Badeanlagen beuteten die heißen Quellen aus, so dass das natürliche Warmwasser zu versiegen drohte. Drastische Maßnahmen, der für den Umweltschutz und den Naturschutz verantwortlichen Behörden, haben die weitere Entnahme von Warmwasser aus den Quellen untersagt.

Einige Hotel- und Badeanlagen sind bereits deswegen abgerissen worden. Es besteht Hoffnung, dass die schon arg lädierten Sinterterrassen demnächst wieder in voller Schönheit besichtigt werden können.

Vulkan	Höhe [in m]	Land/Region	Beobachtung	
			älteste	jüngste
Ararat	5 165	Türkei	Altertum	02.06.1840
Erciyeş Daği/Argaeus	3 916	Türkei	4. Jh.	März 1880
Nemrut Daği/Nimrud, Nemrat	2 949	Türkei/Vansee	1441	1692
Tendürük/Tanturlu, Khor	3 584	Türkei/Grenze Türkei, Iran	vor 2 500 J.	1862

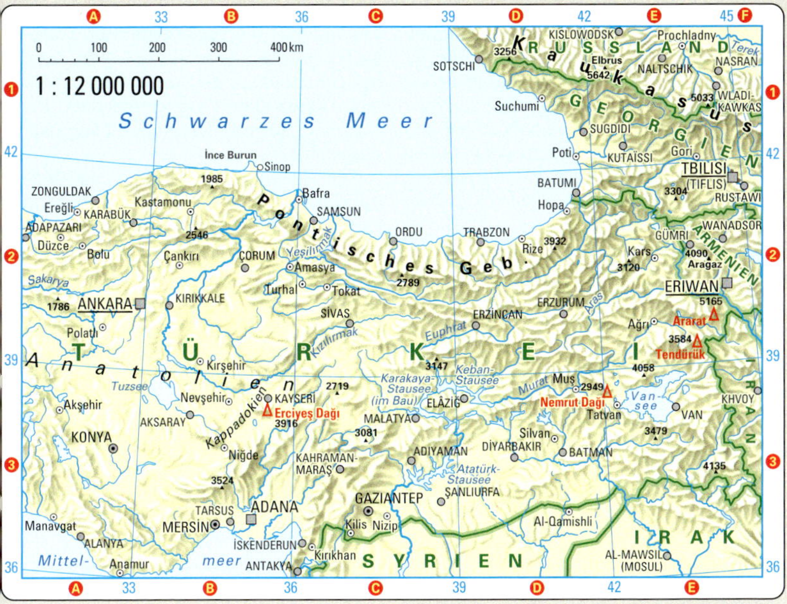

Sinterterrassen von Pamukkale

Sinterterrassen von Pamukkale

Bemerkungen

Beobachtungen diffuser Laven, die bronzezeitliche Artefakte überfluteten
in der Caldera Stratovulkanbau, Tätigkeit von Strabo (63 v. Chr. – 23 n. Chr.) erwähnt
die Vansee-Sedimente lassen zahlreiche Ascheeruptionen erkennen
drei Gipfelkrater, wird im 19. Jahrhundert als „ständig im Feuer“ beschrieben

Italien gilt als das klassische **Vulkanland**. Die Zugänglichkeit der Vulkane und ihr unterschiedlicher Charakter haben schon frühzeitig das Interesse wissbegieriger Naturfreunde aus Philosophie, Kunst und Literatur erweckt sowie zu einer frühen wissenschaftlichen Erkundung geführt und Beschreibungen vulkanischer Phänomene hervorgebracht.

Der klassische Bericht PLINIUS des Jüngeren an den römischen Geschichtsschreiber TACITUS, in dem er über den Tod seines Onkels in **Pompeji** während des Vesuvausbruches (79 n. Chr.) berichtet, gilt als eine der ersten wissenschaftlichen Beschreibungen eines vulkanischen Ereignisses. Bei diesem Ausbruch wurden die Städte Pompeji und Herculaneum, am Fuße des Vesuv, durch pyroklastische Ströme, Ascheregen und Schlammströme (Herculaneum) zerstört. Viele Einwohner wurden dabei Opfer dieser Katastrophe. Der Bericht fand Eingang in die wissenschaftliche Literatur. Einige Termini werden heute noch benutzt. So wird die von PLINIUS beobachtete und beschriebene Explosion als **„plinianische Explosion"** beispielhaft benannt.

Der **Vesuv** wurde zum Synonym für Vulkan. Die „Solfatara" in den benachbarten **Phlegräischen Feldern** ist begriffsbestimmend für eine nachvulkanische Phase, die international mit **„solfatarischer Tätigkeit"** eindeutig beschrieben wird. Auch der Stromboli ist ein „locus typicus" für eine regelmäßige Eruptionstätigkeit, die man mit **„strombolianischer Tätigkeit"** bezeichnet.

Vesuv

Schließlich ist der Krater der Insel **Vulcano** von den Römern als die mythische Heimat des Feuergottes Vulkanus angesehen. Nach diesem sind auf der ganzen Erde „Vulkane" bezeichnet. Ein besonders typisches, auf **Lipari** vorkommendes Gestein, aus einem durch Gasblasen strukturierten Obsidian, bezeichnet man als „Liparit". Der Philosoph EMPEDOKLES soll sich der Sage nach aus Verzweiflung über die unzulängliche Erkenntnis in einem Krater des Ätna das Leben genommen haben. Sir WILLIAM HAMILTON, englischer Diplomat am neapolitanischen Hof, hat während seiner Gesandtschaft sehr intensive Forschungen am Vesuv unternommen und sich so einen Namen als „Geologe" gemacht. Seinen Beobachtungen und Zeichnungen hat die Fachwelt hohe Anerkennung gezollt.

JOHANN WOLFGANG VON GOETHE ist der prominenteste Literat, der dem Vesuv in seiner „Italienischen Reise" intensive Beschreibungen widmete. Im Jahre 1913 hat GINORI CONTI als Erster den bis heute erfolgreichen Versuch unternommen, in einem alten Vulkanfeld der Toskana mit natürlichem Heißdampf elektrische Energie zu erzeugen. Italien wird mit einem Vulkanismus, der durch das Aufeinandertreffen der Afrikanischen und der Eurasischen Kontinentalplatten bedingt ist, als das Land angesehen, in dem die **Wurzeln der Vulkanologie** als Wissenschaft gelegt worden sind.

Bis in die Gegenwart wird der ständige Kampf der Menschen mit den vulkanischen Naturgewalten deutlich: Vom Versuch DIEGO PAPPALARDOS 1669, einen Lavastrom des Ätna umzulenken, um Gärten von vorrückender Lava zu schützen, bis zum Einsatz schwerer Bautechnik sowie aus dem Flugzeug abgeworfene Betonquader, um die Lavaströme zu be-

A
B
C
D
12
15
18
42
39
1
2
3
Rab
Cres
Lošinj
Pag
Velebit
1758
Bihać
Klekovača
1961
KROATIEN
Dinarisches Gebirge
BOSNIEN UND HERZEGOWINA
TUZLA
ZENICA
SARAJEVO
Neretva
Mostar
1867
2226
Ugljan
Zadar
Dugi Otok
Pašman
Kornat
Dalmatien
1509
SPLIT
Šolta
Brač
Vis
Hvar
Pelješac
Korčula
Lastovo
Mljet
Palagruža
Pianosa
Tremiti-In.
Adriatisches Meer
BOLOGNA
RAVENNA
Reno
Imola
Faenza
FORLI
Cesena
RIMINI
Pesaro
Fano
PRATO
FIRENZE
(Florenz)
SAN MARINO
Arno
Arezzo
Siena
Tiber
Trasimenischer See
PERUGIA
Ancona
Apennin
1738
Foligno
Ascoli Piceno
Grosseto
Bolsenasee
Gran Sasso d'Italia
2912
Teramo
TERNI
Abruzzen
635
Viterbo
L'Aquila
PESCARA
Pescara
Chieti
Giannutri
Latium
Civitavecchia
ROMA
(ROM)
2793
VATIKANSTADT
Albano
949
Fiumicino
1536
Liri
LATINA
Campobasso
San Severo
1056
Testa del Gargano
Manfredonia
Golf von Manfredonia
FOGGIA
Cerignola
Barletta
Molfetta
BARI
K. Circeo
Benevento
Ofanto
Andria
Apulien
Pontinische In.
NAPOLI
(NEAPEL)
Caserta
Kampanien
Pozzuoli
Vesuv
1281
Avellino
Epomeo
789
SALERNO
Altamura
Bradano
Matera
TARANTO
(TARENT)
Brindisi
Solfatara von Pozzuoli
192
Monte Nuovo
140
Capri
Potenza
Lecce
Golf von Tarent
2271
K. Santa Maria di Leuca
Tyrrhenisches Meer
Kalabrien
Cosenza
Crotone
Lamezia
Catanzaro
K. Rizzuto
Stromboli
926
Ustica
Liparische In.
Salina
Lipari 730
Vulcanello
126
Vulcano
500
K. San Vito
PALERMO
Ägadische In.
Trapani
1956
REGGIO DI CAL.
Str. v. Messina
K. Spartivento
Marsala
1979
3350
Ätna
Sizilien
Monti Silvestri
Mazara del Vallo
Caltanissetta
CATANIA
Str. von Sizilien
Agrigento
SIRACUSA
(SYRAKUS)
Ionisches Meer
Gela
986
Pantelleria
Vittoria
Ragusa
Modica
1 : 6 000 000
K. Passero
0
50
100
150
200 km

hindern und Orte wie Zafferana, Nicolosi oder Belpasso vor Verwüstungen zu schützen. Die meist unkontrollierte Ausdehnung der Stadt **Neapel** und ihrer Vororte auf die reizvollen Hänge des Vesuv, beunruhigt die Zivilschutzbehörden und Versicherungen gleichermaßen. Gerade der Vesuv mit seiner explosiven Vorgeschichte – vorerst letzter Ausbruch im August 1944 – gehört zu den unberechenbaren Vulkanen auf dem europäischen Kontinent. Heute sind die Vulkane Italiens attraktive Reiseziele.

Außer den klassischen Ausflugszentren Herculaneum und Pompeji, und des Gipfels des Vesuv, spielt die Region um den Vesuv auch eine wichtige Rolle in der Landwirtschaft. Eine Fahrt mit der Circumvesuviana, einer den Vesuv umfahrenden Eisenbahn, erschließt diesen Eindruck.

Fumarole auf Vulcano

Die außergewöhnlich guten klimatischen Bedingungen haben zu einer **intensiven Agrikultur** geführt und eine dichte Besiedlung auch des ländlichen Raumes verursacht. Die Verwitterungsböden, die aus den jungen Auswurfprodukten des Vesuv, der Lava und der Asche hervorgegangen sind, sichern hohe Erträge im industrialisierten Gartenbau und in der Feldwirtschaft. Nicht zu unterschätzen ist der Wein- und Obstanbau in dieser Region.

Der bereits erwähnte englische Gesandte am Hof von Neapel, Sir William Hamilton beschrieb die Mentalität der Vesuv-Bauern bewundernd: „Jeder ... hat die ... Hoffnung, dass ein Ausbruch des Vesuvs nicht zu seiner Zeit stattfinden wird, oder wenn doch, ein Schutzengel die zerstörerische Lava von seinem Boden fernhält.“ (vgl. S. 41).

Der Vulkan **Stromboli** ist vom Grund des Mittelmeeres bis zu seinem Gipfel ein mehr als 3 500 m hoher Inselvulkan, der seit Menschengedenken tätig ist und durch seine regelmäßige Aktivität auch den Beinamen „Leuchtturm des tyrrhenischen Meeres“ erhalten hat. Die allgemeine Präsenz der vulkanischen Tätigkeit hat ihn auch sehr früh zu einem Exkursionsziel für Vulkanologen aus ganz Europa gemacht. Allerdings ist er darüber hinaus zu einem beliebten Touristenziel geworden.

Vulkan	Höhe [in m]	Land/Region	Beobachtung: älteste	Beobachtung: jüngste
Ätna/Etna	3 350	Italien/Insel Sizilien	Altertum	2002
Albano/Albaner Berge	949	Italien	1 000 v. Chr.	113 v. Chr.
Epomeo	789	Italien/Insel Ischia	500 v. Chr.	1302
Lipari	730	Italien/Liparische Inseln	unbekannt	
Monte Nuovo/Campi Flegrei	140	Italien	1538	
Monti Silvestri		Italien	1892	
Solfatara von Pozzuoli/Campi Flegrei	192	Italien/Festland	1198	16. Jh.
Stromboli	926	Italien/Liparische Inseln	Altertum	2002
Vesuv	1 281	Italien/Festland	24.08.79	Aug. 1944
Vulcanello	126	Italien/Liparische Inseln	126 v. Chr.	16. Jh.
Vulcano	500	Italien/Liparische Inseln	330 v. Chr.	1906

Lava wird für Souvenirs am Ätna entnommen

Eruption Stromboli

In größeren Abständen wird die Insel von umfangreichen Eruptionen heimgesucht, die Opfer unter den Inselbewohnern und Touristen fordern. Diese heftigeren Ausbrüche lösen immer wieder größere **Erdrutsche** im Nordosten der Insel aus, ohne die Inseldörfer direkt zu gefährden. Allerdings verursachen diese Erdrutsche auch bedeutende Flutwellen, die insbesondere küstennahe Einrichtungen wie das Dieselkraftwerk oder strandnahe Hotelanlagen beschädigen können. Die Zivilschutzbehörden sehen sich immer häufiger genötigt, die Insel für den Touristenverkehr zu sperren. Maßnahmen, die bei der Inselbevölkerung nicht nur auf Zustimmung stoßen.

Das gespaltene Verhältnis der Inselbewohner zu ihrem Vulkan drückt die Eigenart aus, die zum Vulkan gerichtete Hausfassade nicht durch Fenster oder wenn, dann nur durch kleinere Öffnungen zu unterbrechen, damit man den Berg nicht ständig zu Gesicht bekommt. Die Region der **Liparischen Inseln** ist noch immer ein sich entwickelndes Vulkangebiet. Unlängst wurde hier ein submariner Vulkankegel entdeckt, der etwa den Dimensionen des Stromboli entspricht. Im Seegebiet der bisher als längst beruhigt geltenden Insel Panarea wurden **submarine Aktivitäten** beobachtet, die sich zunächst nur durch heftige Gasausbrüche unter dem Meeresspiegel bemerkbar gemacht haben.

Bemerkungen
es gab mehrere Versuche, die Lava umzulenken - unter anderem 1669 durch Pappalardo, 1996: 18 000 Opfer
in der altrömischen Literatur wird von Ascheregen aus dem Albano berichtet
Vulkan mit sehr langen Ruhephasen, in römischer Zeit häufig tätig und beschrieben
Liparite: typisches vulkanisches Glas mit Gasblasen, ausgeprägte Obsidianströme, Bimssteinlager
1538 unter den Augen der Anwohner entstanden
Parasitärkrater des Ätna, wichtige Kraterlandschaft auf dem Südhang des Ätna
namensgebend für „solfatarische Tätigkeit“
namensgebend für „strombolianische Tätigkeit“, Touristenziel, einzelne Opfer
klassische Beobachtung vulkanischer Ausbrüche, Zerstörung von Pompeji und Herculaneum, zahlreiche Opfer
Krater nördlich von Vulcano, untermeerisch entstanden, durch weitere Ausbrüche „angeschweißt“
namensgebender Vulkan für „Vulcane“, 1888 letzter Ausbruch, Schwefelabbau im Krater, zahlreiche Opfer

Die 103 000 km² große Inselrepublik ist durch ihren ausgeprägten Vulkanismus und die Nutzung vulkanischer Energiereserven weltweit bekannt geworden.

Geologie und Morphologie

Den geologischen Rahmen der jungen und gegenwärtigen vulkanischen Entwicklung bilden tertiäre **Basalthochflächen**, die mehrere 100 km Breite erreichen und von gewaltigen Fjorden durchfurcht werden, die während der Eiszeiten von den Gletschern ausgekolkt und überprägt wurden. Teilweise sind in den **Fjorden** mehr als 50 einzelne Basaltlagen zu unterscheiden, welche durch verschiedene Schichten bestehend aus vulkanischen Lockermaterialien getrennt sind. Diese mächtigen Plateaubasalte aus dem Miozän (ca. 20 Mio. Jahre) bestimmen das Landschaftsbild im Nordwesten und Südosten. Sie entstammen einer alten Struktur zwischen Schottland und Grönland und werden von einem Grabensystem, das etwa parallel zum **Mittelatlantischen Rücken** verläuft, gekreuzt.

Dieser **Zentralisländische Graben**, ausgeprägt erkennbar im Nationalpark Þingvellir, trennt diese Plateaus und ist Ursache für die Anhäufung zahlreicher Vulkangebiete und deren ständiger Aktivität. Die Höhenlage der Plateaus und die geographische Position der Insel Island zwischen dem nördlichen Polarkreis und dem 63. Breitengrad haben dazu beigetragen, dass das Land während der jüngsten Eiszeiten mit wechselnder Ausdehnung bis in die Gegenwart von Inlandeisgletschern bedeckt wurde. Das führte zu einer eindrucksvollen Landschaft mit einer erkennbaren Wechselwirkung von Vulkanen und den sie bedeckenden Eismassen (Tafelberge).

Almanagja-Schlucht

Durch subglaziale Vulkanausbrüche sind die besonders typischen Gesteine der **„Mobergformation"** entstanden. Schmelzprozesse bei Vulkanausbrüchen unter dem Eis, („Gletscherläufe", isl.: Hlaups genannt) bei denen gewaltige Wassermassen frei werden – wie im Jahre 1997 – haben in der Morphologie des Landes ihre Spuren hinterlassen.

Die vulkanischen Erscheinungen

Über die regionale Bedeutung hinaus, reicht der Einfluss etlicher isländischer Vulkane gelegentlich bis auf das europäische Festland.

Die meist explosiven Ausbrüche des Vulkans **Hekla** erzeugten Aschewolken, deren Aschefälle und Gasfahnen in den Jahren 1104, 1845 und 1947 bis auf die Inselgruppe der Färöer, nach Norwegen, Finnland, Nordwesteuropa und Deutschland reichten. Darüber hinaus führen Spalteneruptionen und subglaziale Eruptionen zu gefahrvollen Situationen für die Bevölkerung der Insel.

Bei der **Laki-Eruption** 1783 wurden vermutlich 10 000 Menschen durch mittelbare und unmittelbare Folgen des Ausbruchs von ca. 10 km³ Lava getötet. Die dänische Regierung erwog seinerzeit – Island gehörte bis 1944 zu Dänemark – die Evakuierung aller Isländer nach Jütland.

Im Jahre 1997 wurde die Welt durch das Fernsehen Zeuge eines gewaltigen Gletscherlaufes am **Grimsvötn**, der große Teile der Verkehrsinfrastruktur des Landes zerstörte. In südwestlicher, submariner Fortsetzung des Zentralisländischen Grabens ist es immer wieder zu spektakulären Inselbildungen, z. B. 1879 die Insel Nyö und im

Insel Surtsey

Jahr 1963 Surtsey, und Zerstörungen (Heimaey 1973) gekommen. Dieses Grabensystem ist außerdem ein wahrnehmbarer Ausdruck der Kontinentaldrift, die durch das ständige Aufsteigen basaltischer Laven aus dem Erdmantel angetrieben wird. In Island wird beiderseits des Grabensystems eine Driftrate von 2 bis 5 cm pro Jahr zwischen der Amerikanischen und der Europäischen Platte gemessen. Die Drift gibt ständig neue Impulse für vulkanische Aktivitäten.

Die große Nähe vulkanischer Herde unter der Erdoberfläche – bei einer Heißwasserbohrung im Gebiet der Krafla entstieg dem Bohrloch flüssige Lava – bedingen eine sehr niedrige **geothermische Tiefenstufe**, so dass sich Oberflächenwasser in diesen Regionen schnell erwärmt. Es wird zu einer sich stets erneuernden Energieressource. → **Geysire** (namensgebend für alle heißen Springquellen auf der Erde), Schlammvulkane und frei zu Tage tretendes Warmwasser sowie in Bohrungen erschlossenes Heißwasser sind typisch für die Insel.

Island ist führend in der Nutzung dieser natürlichen Ressourcen. Vorrangig wird das heiße Wasser für die Wärmeversorgung von Landwirtschaft, Industrie und Haushalten sowie zur elektrischen Energieerzeugung benutzt (vgl. S. 238 ff.). Zahlreiche (ca. 200) beheizte Schwimmbäder im ganzen Land tragen zum Wohlbefinden der Bevölkerung bei.

Ein gut organisierter **Zivilschutz** und eine sorgfältige Aufklärung über die Gefahren des Vulkanismus hilft in jüngerer Zeit Katastrophen für die Bevölkerung zu vermeiden. Die geologischen Phänomene des Landes sind für Touristen gut erschlossen (vgl. S. 242 ff.).

Vulkan	Höhe [in m]	Land/Region	Beobachtung älteste	jüngste
Askja/Dyngifell	1516	Island	1875?	1960
Bjarnaflag	650	Island	1728	
Brennisteinsfjöll	226	Island	1340	unbekannt
Dalfjall	650	Island/Ostisland	1728	
Eldborg	98	Island/Snæfelsness	950	unbekannt
Eldgja	1512	Island/Südisland	930–950	
Eyjafjallajökull	1823	Island	1612	1832
Grimsvötn	1725	Island/Südisland	1332	1997
Hekla	1491	Island/Südisland	Mittelalter	27.02.2000
Helgafell/Eldfell	227	Island/Insel Heimaey		23.01.1973
Hrossadalur	650	Island	1728	
Katla	1512	Island		1918
Krafla	828	Island/Ostisland	1724	18.09.1984
Laki/Lakki	818	Island/Südisland		1783
Leirhnúkur	650	Island/Ostisland		1728
Mánáreyjar		Island/Nordostisland	1868	
Namafjell	543	Island/Myvatn		08.09.1977
Nyö	80	Island	1783	1879
Ögmundarhraun		Island	1340	
Öræfajökull	2119	Island	1341	1727
Raudukambar		Island	1343	
Snæfellsjökull	1446	Island/Westisland	Pleistozän	
Surtlingur	9	Island/Westmänner Inseln	Dez. 1963	
Surtsey	179	Island/Westmänner Inseln	14.11.1963	
Sveinagja	1516	Island/Ostisland	1875	
Trölladyngja	1516	Island	12. Jh.	14. Jh.
Beerenberg/Jan Mayen	2277	Norwegen/In. Jan Mayen	1818	Jan. 1985

Bemerkungen
Fluorgaskonzentration löste im Herbst 1960 Dachanstriche von Häusern in Akureyri
nur bei SAPPER 1914 erwähnt
Geysire entstanden, Eruptionsspalte
kreisrunder Vulkankrater, einmalig tätig
30 km lange Ausbruchsspalte
Vulkan unter 400 m Eisbedeckung, verursacht Gletscherschmelzen u. a. 1903, 1934, 1996
Spaltenvulkan mit Explosionen und extremen Aschewolken bis Nordeuropa
Ausbruch mit Aschen und Laven, 1973 Evakuierung von 5 000 Einwohnern, Lava durch Abkühlung gestoppt
Explosionskrater (Maar) Viti
extreme Spalteneruption mit giftigen Gasaustritten, Klimaveränderungen, 10 000 Opfer
Spalteneruptionen
Inselbildung, seit der Entstehung kam es zu keinen neuen Ausbrüchen
Lavaausbruch aus Sonde bei Heißdampferkundungen
Inselbildung
typischer Spaltenerguss
Vulkanspitze eisbedeckt, Stratovulkan
einmalig erwähnt
JULES VERNE ließ hier die „Expedition zum Mittelpunkt" der Erde starten (Lavatunnel)
Vulkaninsel, die durch Erosion abgetragen wurde, gegebenenfalls Nebenkrater von Surtsey-Ausbruch
spektakuläre Neubildung einer Vulkaninsel, strenges Naturschutzgebiet
ca. 23 km langer Lavastrom mit 300 Mio. m³ Materialaustritt
1972 erstmalige Beobachtung des Beerenbergs als aktiver Vulkan durch Satelliten

Die **Azoren** sind eine Inselgruppe und mehr als 1 000 km vom europäischen Festland entfernt. Ihre formale Zugehörigkeit zu Europa/Portugal wird ausschließlich politisch definiert. Geologisch gesehen gehören die Inseln zu ganz verschiedenen Provinzen, die durch den **Mittelatlantischen Rücken** getrennt werden. Die östliche Inselgruppe der Azoren, die Inseln Santa Maria, São Miguel und Terceira, befindet sich auf dem zu Europa treibenden Teil des Atlantikbodens, während die westlichen Inseln, getrennt durch den eigentlichen Mittelatlantischen Rücken, dem Teil des Meeresbodens aufsitzen, der Richtung Amerika driftet.

Die Gruppe der zehn atlantischen Inseln zeigt genetisch deutliche Unterschiede. Der hier vorherrschende und gestaltende Vulkanismus wird durch den Mittelatlantischen Rücken einerseits und durch eine Reihe von **Transformstörungen** begünstigt, deren Kräfte senkrecht zum Rift wirken. Die Inseln São Miguel, Santa Maria, Terceira, Graciosa, São Jorge, Faial und Pico gehören zu dem aktiven, Richtung Osten driftenden Teil des Plattensystems im Nordatlantik, dessen Störungslinie in West-Ost-Richtung von den Azoren Richtung Nordafrika verläuft. Diese Störungslinie bildet die Plattengrenze zwischen der Afrikanischen Platte im Süden und der Eurasischen Platte mit ihren Randplatten im Norden (vgl. S. 16). Ihre Einmündung in den Mittelatlantischen Rücken begünstigt nach wie vor den Aufstieg von Magmen und die Bildung von Vulkanen. Die auf der Westseite des Systems liegenden Inseln Flores und Corvo haben ihre vulkanische Geschichte insofern hinter sich, als dass der Ozeanboden über den Hot Spot – ähnlich wie auf den älteren Hawaii-Inseln – hinweggedriftet ist.

Die östliche Inselgruppe wird durch die nahe liegenden vulkanischen Herde gestaltet: Junge Vulkane, die noch in jüngster geschichtlicher Zeit aktiv waren, bilden das Relief der Inseln und auch die Grundlage der jüngsten wirtschaftlichen Entwicklung. Die großen Krater der Insel São Miguel, Sete Cidades, Lagoa del Fogo und Caldera Furnas unterstreichen eindrucksvoll die Wirkung der Verwitterung. Selbst nur wenige Jahrhunderte zurückliegende Eruptionen sind weitgehend der Verwitterung anheimgefallen. Nur starke solfatarische Tätigkeit an einigen Stellen von São Miguel und Lavazungen des Vulkanausbruchs von 1811 an der Küste am Nordrand von Sete Cidades sowie die Lavaströme des Pico de Bagacina auf Terceira machen die jungen vulkanischen Vorgänge deutlich.

Auf der Insel Faial entstand mit dem Inselvulkan **Capelinhos** ein für die Vulkanologie typischer Standort, als sich unter den Augen einer weltweiten Öffentlichkeit am 14. November 1957 aus dem Meer ein Aschekegel erhob, der sich im Laufe seiner Entwicklung mit der Insel Faial vereinte. Der inaktive Vulkan der Inselgruppe, **Pico** (2 352 m) auf der gleichnamigen Insel, ist zugleich der höchste Berg Portugals. In jüngerer Zeit wurden geothermische Kraftwerke errichtet und die geothermischen Potentiale der Inseln genauer bestimmt.

Vulkan	Höhe [in m]	Land/Region	Beobachtung	
			älteste	jüngste
Caldera Furnas/São Miguel	805	P/Azoren, *In.* São Miguel	02.09.1630	solfatarisch
Capelinhos/Faial	150	P/Azoren, *In.* Faial	14.11.1957	1959
Faial	1 043	P/Azoren, *In.* Faial	24.04.1672	
Flores	915	P/Azoren, *In.* Flores		
Lagoa del Fogo/Agua de Pau	947	P/Azoren, *In.* São Miguel	02.07.1563	
Pico Alto/Terceira	808	P/Azoren, *In.* Terceira		
Pico de Bagacina/Terceira	638	P/Azoren, *In.* Terceira	unbekannt	1761
São Jorge	1 053	P/Azoren, *In.* São Jorge	1580	Mai 1808
Sete Cidades/São Miguel	856	P/Azoren, *In.* São Miguel	1444	1811

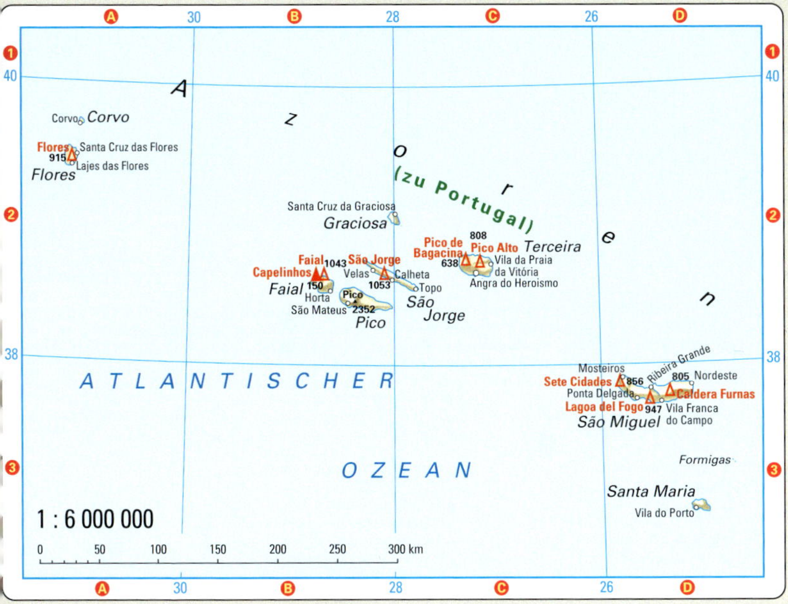

Fossile Lavabombe in Ascheschichten

Heiße Quelle in Furnas

Bemerkungen

Furnas heute wichtiges balneologisches Zentrum der Azoren, 191 Opfer

1957 unter großer öffentlicher Aufmerksamkeit entstanden

Vulkaninsel mit tertiären und pleistozänen Vulkanbauten, 1957 Vulkanausbruch (s. a. Capelinhos)

Lavastrom und Bimsstein, Aschematerial gelangte bis zum europäischen Festland, Kratersee

Lavaförderung nach Norden, Bildung neuer Küstenlinien von Terceira

Bildung des Inselvulkans Sabrina, später durch Erosion abgetragen

ATLANTISCHER OZEAN
Baffin Bay
Grönland (dän.)
Dänemarkstraße
Reykjavik
Hekla
ISLAND
Jan Mayen (norw.)
Svalbard und Longyearbyen
Bären-I. (norw.)
Nordkap
Nordostkap
K. Morris Jesup
Nordpolarmeer
Europäisches Nordmeer
Franz-Joseph-Land
Nowaja Semlja
Barentssee
Karasee
Sewernaja Semlja
K. Tscheljuskin
Lapteewsee
Neusibirische Inseln
Ostsibirische See
Wrangel-I.
K. Barrow
Tschuktschensee
K. Deschnjow
Beringstr.
K. Prince of Wales
Beringmeer
Beaufortsee
Banks-I.
Parry-In.
Queen-Elizabeth-In.
Sverdrup-In.
Ellesmere-I.
Devon-I.
KANADA
Alaska
VEREINIGTE STAATEN
Anchorage
Mt. McKinley
Golf von Alaska
Kodiak
Katmai
Petropawlowsk-Kamtschatski
Ochotskisches Meer
Sachalin
Hokkaido
SAPPORO
Wladiwostok
Japanisches Meer
Honshu
TOKYO
Fuji
Kurilen
RUSSLAND
Lena
Kolyma
Indigirka
Aldan
Amur
Jenissej
Untere Tunguska
Angara
Ob
Irtysch
Baikalsee
HARBIN
CHANGCHUN
SHENYANG
QIQIHAR
Ulan-Bator
MONGOLEI
NOWOSIBIRSK
OMSK
Belucha
Astana
KASACHSTAN
Balchaschsee
Syr-Darja
Aralsee
TSCHELJABINSK
JEKATERINBURG
PERM
KASAN
UFA
SAMARA
NISHNI NOWGOROD
MOSKAU
Narodnaja
Wolga
Ural
ST. PETERSBURG
Helsinki
FINNLAND
SCHWEDEN
NORWEGEN
Stockholm
Oslo
Murmansk
Weißes M.
Ostsee
KOPENHAGEN
BERLIN
DEUTSCHLAND
HAMBURG
LONDON
GROSSBRITANNIEN
IRLAND
Dublin
Britische In.
Nordsee
Färöer (dän.)
PARIS
WARSCHAU
MINSK
KIEW
UKRAINE
CHARKIW
DONEZK
ROSTOW
ODESSA
Dnepr
BUKAREST
SOFIA
BELGRAD
BUDAPEST
WIEN
PRAG
MÜNCHEN
Donau
Rhein
Schwarzes Meer
ISTANBUL
ANKARA
IZMIR
TÜRKEI
Ararat
Elbrus
TIFLIS
BAKU
TÄBRIS
DAMASKUS
SYRIEN
ZYPERN
Mittelmeer

INDISCHER OZEAN
Arabisches Meer
Golf von Bengalen
Golf von Aden
G. v. Oman
Persischer Golf
Südchinesisches Meer
Ostchinesisches Meer
Gelbes Meer
Javasee
Celebessee
Sulusee
Molukkensee
Bandasee
Andamanensee
Golf von Thailand
SAUDI-ARABIEN
RIAD
JIDDAH
JEMEN
SANAA
Aden
OMAN
Maskat
Ras al-Hadd
V. A. E.
Abu Dhabi
Kuwait
IRAK
BAGDAD
Tigris
Euphrat
IRAN
TEHERAN
ISFAHAN
SHIRAZ
MASHHAD
TURKMENISTAN
Aschgabat
Amu-Darja
AFGHANISTAN
KABUL
PAKISTAN
Islamabad
LAHORE
KARACHI
Indus
TADSCHIKISTAN
Duschanbe
TASCHKENT
KIRGISISTAN
ALMATY
URUMTSCHI
Tarim
Muztag
7723
Lop Nur
Yumen
INDIEN
DELHI
New Delhi
KANPUR
AHMADABAD
BHOPAL
NAGPUR
MUMBAI (BOMBAY)
PUNE
HYDERABAD
BANGALORE
CHENNAI (MADRAS)
KOLKATA (KALKUTTA)
Ganges
Brahmaputra
NEPAL
Kathmandu
BH.
Mt. Everest
8850
BANGLADESH
DHAKA
SRI LANKA
Ceylon
Colombo
Kap Comorin
Lakkadiven
MALEDIVEN
Andamanen (Indien)
Nikobaren
MYANMAR
RANGUN
Salween
THAILAND
BANGKOK
KAMBODSCHA
PHNOM PENH
VIETNAM
HANOI
HO CHI MINH
Mekong
Vientiane
Kap Ca Mau
CHINA
PEKING
TIENTSIN
TAIYUAN
JINAN
TSINGTAU
ZHENGZHOU
XI'AN
NANJING
SHANGHAI
HANGZHOU
WUHAN
NANCHANG
CHANGSHA
FUZHOU
LANZHOU
CHENGDU
CHONGQING
GUIYANG
KUNMING
KANTON
HONGKONG
Macau
Lhasa
Huang He
Jangtsekiang
Hainan
Paracel-In. (China)
LÜDA
SEOUL
PUSAN
KITAKYUSHU
OSAKA
Kyushu
Shikoku
Ryukyu-In.
Daito-In. (Jap.)
TAIPEH
TAIWAN
PHILIPPINEN
MANILA
Luzon
Pinatubo
1486
Taal
400
Mindoro
Samar
Panay
Negros
Palawan
Mindanao
MALAYSIA
KUALA LUMPUR
SINGAPUR
Kinabalu
4101
BRUNEI
Borneo (Kalimantan)
INDONESIEN
JAKARTA
SURABAYA
PALEMBANG
MEDAN
Sumatra
Java
Bali
Flores
Sumba
Timor
Dili
OST-TIMOR
Celebes (Sulawesi)
UJUNG PANDANG
Makassarstr.
Molukken
Sangihe-In.
Tambora
2850
Krakatau
813
Weihnachts-I. (austr.)
Kokos-In. (austr.)
Ashmore- und Cartier-In. (austr.)
AUSTRALIEN
SEYCHELLEN
Brit. Territorium im Indischen Ozean
Tschagos-In.
Diego Garcia
MADAGASKAR
Maromokotro
2876
SOMALIA
ÄTH.
Sokotra
Kap Guardafui
0
500
1000
1500
2000 km
1 : 60 000 000

Der aktuelle Vulkanismus Asiens ist sehr vielgestaltig. Er wird im Wesentlichen durch **Subduktionszonen** bestimmt, die im Westen durch das Aufeinandertreffen der Pazifischen Platte auf Randplatten Eurasiens entstehen. **Kamtschatka** und der Inselbogen der **Kurilen** verdanken ihre Entstehung dem schnellen Abtauchen (8 cm pro Jahr) unter die Ochotskische Platte; der Japanische Inselbogen und Teile der Ryukyu-Inseln dem Aufeinandertreffen der Pazifischen mit der Philippinischen Platte, die ihrerseits mit viel Energie unter die Chinesische Platte abtaucht und abgeschoben wird. Dadurch entsteht die Inselgruppe der Philippinen, die fast ausschließlich aus vulkanischem Material besteht. Die verschiedenen Plattenbewegungen umrahmen den stark gegliederten Teil Südostasiens (vgl. S. 16f.).

Die Inseln von Indonesien markieren die Subduktion der Indisch-Australischen Platte, die mit großer Geschwindigkeit aus südwestlicher Richtung abtaucht und für den sehr aktiven Vulkanismus Indonesiens verantwortlich ist. **Vulkanexplosionen** wie die des Krakataus oder in jüngerer Zeit die des Pinatubo sind Ergebnisse dieser relativ schnellen Subduktion.

Ostasien und **Südostasien** mit ihren zahlreichen Inselbögen und Vulkanen unterstreichen die vielen Bewegungen der Platten, die schrittweise ein sich wandelndes Bild der Erde formen. Sollte in etwa 50 Mio. Jahren eine Bestandsaufnahme der Kontinente und Inseln gemacht werden, dann würde sich der australische Kontinent mit den Inselbögen vereint haben. Durch Australien zöge sich der Äquator. Aus den gegenwärtigen Geschwindigkeiten der unterschiedlichen Platten lässt sich dieses Bild vorausbestimmen.

Ein Puzzlespiel der Giganten!

Am östlichen Rande Asiens im Iran, im Kaukasusgebirge und in Kleinasien bezeugen die Vulkangebiete alte Plattenbewegungen, in deren Folge alte Ozeane geschlossen wurden und heute nicht mehr erkennbar sind. Lediglich die Hochgebirge sind der sichtbare Ausdruck für die alten Konfrontationen der unterschiedlichen Platten. Besonders deutlich wird das am Himalaya, der die Nahtstelle zwischen dem chinesischen Urkontinent und dem aufprallenden Indien markiert. Von den schwer erfassbaren Energiemengen die hier frei werden, geben heftige Erdbeben in dieser Region eine Vorstellung. In den 1950er Jahren hat sich das gesamte Himalayamassiv im Gefolge eines Erdbebens um ca. 10 m angehoben. Das erklärt zahlreiche thermische Anomalien in Nepal und Nordindien.

Wenn vom Vulkanismus in Asien zu berichten ist, dann muss auch über **Intraplattenvulkane** gesprochen werden, die sich im Nordosten Asiens im Bereich des nördlichen Wendekreises befinden.

Der Baikalsee deutet bereits die **Riftbildung** an, obwohl über die geologische Zukunft dieser Region noch viel Unsicherheit besteht. Im Gebiet der Indigirka und des Anjui-Flusses sind in jüngerer Zeit (1958) Vulkanmassive entdeckt worden, über deren jüngste Tätigkeit immer noch Unklarheit herrscht. Genaue Datierungen des Anjui-Vulkans und des Balaganmassivs stehen noch aus. Die zuletzt beschriebenen Vulkangebiete liegen in einem Bereich, der möglicherweise eine noch nicht genau erkundete Grenze zwischen Nordamerikanischer und Eurasischer Platte markiert. Eine eindeutige Zuordnung dieser Vulkane zum „Intraplattenvulkanismus“ muss deshalb offen bleiben. Markieren diese Vulkane vielleicht eine alte Nahtstelle zwischen Amerika und Russland?

Vulkan in Japan

Blockbild Kamtschatka

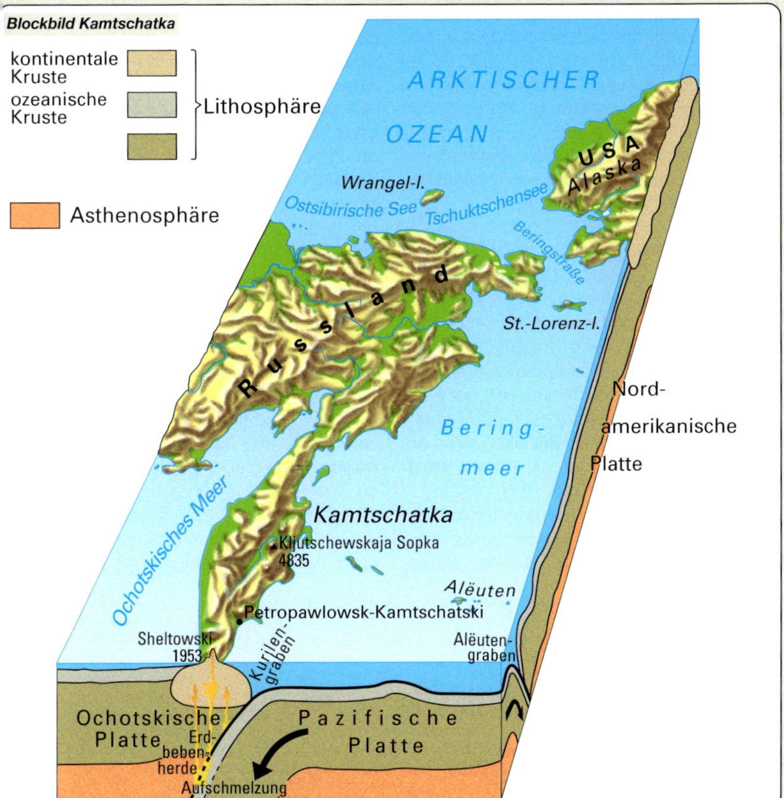

Kurileninsel Iturup

Die Vulkane in Russland gehören immer noch zu den Exoten auf der Welt, da sie relativ unzugänglich sind. Noch bis vor kurzem war es schwierig Informationen über ihre Koordinaten zu bekommen. Sie reihen sich auf der Halbinsel Kamtschatka sowie auf den Kurilen wie eine Perlenkette von Nord nach Süd aneinander.

Kamtschatka

Im 17. Jahrhundert wurden die Vulkane Kamtschatkas entdeckt, die die Reisenden in Vergangenheit und Gegenwart als eine Zierde Ostasiens empfunden haben. Es sind typische **Subduktionsvulkane**. An der Ostküste Kamtschatkas und der Kurilen taucht die Pazifische Platte ab und verursacht diesen intensiven Vulkanismus am nördlichen Ende des so genannten **„Pazifischen Feuerrings“** (vgl. Abb. S. 77).

Große **Stratovulkane** mit Höhen über 3 000 m sind ebenso verbreitet wie wassergefüllte **Calderen** und **Schildvulkane**. Bereits ALEXANDER VON HUMBOLDT beschrieb die oft symmetrisch gebauten Stratovulkane, die das Landschaftsbild hier bestimmen. Die Tätigkeit dieser Vulkane spielt sich in der Regel unbemerkt ab, da sie sehr unzugänglich sind und Kamtschatka sehr dünn besiedelt ist. Einzelne Vulkane in der Nähe von Städten und Industrieanlagen werden gelegentlich wahrgenommen, wie der Awatscha in der Nähe von Petropawlowsk-Kamtschatski.

Ein bekannter Vulkan ist der **Besymjanni.** Die in der Landschaft beobachteten Wirkungen einer starken Explosion 1956, wurde in der Fachliteratur mit der Explosion des Mount Saint Helens in den USA verglichen. Das **Tal der Geysire (Dolina Geiserow)** spielt in jüngerer Zeit eine größere Rolle, weil es zu einem internationalen Reisezentrum ausgebaut werden soll. Der Vulkan **Awatscha** ist regelmäßig tätig. Sehr hohe Explosionswolken und

Tjatja Kurileninsel Kunaschir

RUSSLAND
Tscherskigebirge
Kolymabergland
Jukagirenhochland
Anjuigebirge
Dshugdshur
Zentralgebirge
Ochotskisches Meer
Kamtschatka
Sachalin
JAPAN
Hokkaidō
Kurilen
PAZIFISCHER OZEAN
Schelichowbucht
Gishigabucht
Penshinabucht
Oljutorskibucht
Karaginskibucht
Sachalinbucht
Tatarensund
Nördl. Polarkreis
Werchojansk
Batagai
Deputatski
Belaja Gora
Drushina
Srednekolymsk
Ajon
Pewek
Ambartschik
Tscherski
Bilibino
Anjuivulkan
1050
Balagan Tas
993
Pobeda
3147
Ust-Nera
Syrjanka
Markowo
Tschandyga
Oimjakon
Sussuman
Jagodnoje
Sejmtschan
Merenga
Kamenskoje
Ledjanaja
Allach-Jun
Ewensk
Pachatschi
Brindakit
Korf
Kap Oljutorski
MAGADAN
Ochotsk
Motyklej
Kap Tolstoi
Palana
Ilpyrski
Karaginski
Kemkara
Ajan
Tigil
Ust-Kamtschatsk
Kirowski
PETROPAWLOWSK-KAMTSCHATSKI
Osernowski
Bering-I.
Kupfer-I.
Kommandeur-In.
Schantar-In.
Kap Jelisaweta
Ocha
Nikolajewsk-na-Amure
Lasarew
Pogibi
De-Kastri
Nogliki
Alexandrowsk-Sachalinski
Smirnych
Poronaisk
Makarow
Iljinski
Cholmsk
JUSHNO-SACHALINSK
Korsakow
K. Crillon
Wakkanai
ASAHIKAWA
OBIHIRO
KUSHIRO
Nemuro
Snegowoi (Ostryi)
Gornowo Instituta 2125
Kevenier
Schiwelutsch 3283
Ushowski 3943
Kljutschewskaja Sopka 4835
Tolbatschinskaja Sopka 3682
Besymjanni 2882
3621 Itschinskaja Sopka
Kronotski 3528
1965 Jushny Tscherpuk
Komarova 2070
Gamtschen 2576
2376 Kisimen
1617 Uson
Krasheninnikow 1856
Burljaschtschi 1100
Dolina Geiserow
Kichpinytsch 1552
Maly Semjatschik 1553
Karymskaja Sopka 1536
Shupanowskaja Sopka 2958
1567 Zawarizky
Dsensur 2155
3456 Korjakskaja Sopka
Awatscha 2741
1829 Goreli Chrebet
Wiljutschinskaja Sopka 2173
2322 Mutnowskaja Sopka
Asatscha 1910
Ksudatsch 1079
Sheltowski 1953
Iljinski 1578
1156 Ebeko
2339 Alaid
Paramuschir
1. Kurilen-Str.
1772 Fuss Pik
1816 Tschikuratschki
Wlodawza 1088
1345 Karpinski
Lomonossow 1681
1325 Tao-Rusyr-Cald.
1018 Nemo
Onekotan
724 Tschirinkotan
Sewergin 1145
891 Gariaschtschaja
Charimkotan
828 Kuntomintar
Schiaschkotan
551 Raikoke
Sinarka 934
Matua
Sarytchew 1496
1172 Pallas
Rasschua 956
Simuschir
Uschischir 401
624 Sawaritzki-Cald.
Prewo 1361
742 Chirpoi
Milna 1540
Tschernoud 624
Chirnoijima 719
991 Kudrjavi
Urup
Kolokol 1326
800 Matschecha
Iturup
Medweshi 1124
1205 Atsonopuri
Grosnyigruppe 1211
Baransky 1132
Kunaschir
Tjatja 1819
Mendelejew 887
Golowina 541
1 : 20 000 000
0 200 400 600 km

Tal der Geysire

starke Aschefälle beeinflussen in einem sehr pünktlich verlaufenden Explosionszyklus von 14 Jahren die besiedelte Umgebung.

Auf Kamtschatka ist man bemüht, die von den Vulkanen erzeugte Wärme in ausgedehnten Treibhausanlagen und **geothermischen Kraftwerken** zu nutzen.

Kurilen

Die Kette der Kamtschatka-Vulkane setzt sich südlich in den Kurilen fort. Zahlreiche prächtige **Inselvulkane** markieren die Fortsetzungen der beschriebenen Subduktionszone. Der Vulkan **Kolokol** hat wegen seines symmetrischen Aufbaus und der Ähnlichkeit mit dem japanischen Fuji, den Beinamen „Kurilen-Fuji“ von den Seeleuten erhalten. Der Alaid hat eine bemerkenswert lange Ausbruchsperiode von 1770 bis 1848 gehabt.

In **Nordostsibirien** an den Flüssen Indigirka und Kolyma sind einige Intraplattenvulkane in den 1950er Jahren entdeckt worden.

Höllentore in Sibirien?

In der nur von Urvölkern dieser Region bewohnten Wildnis wird eine Sage erzählt, die auf ihre Weise von einem Vulkan und dem Verhältnis der Menschen zu ihrer Natur berichtete:

Die Lamuten (Nomadenvolk in Nordostsibirien) lebten in Wohlstand durch die reichhaltige Tier- und Pflanzenwelt an der Indigirka. Dieser Reichtum hatte sie sorglos gemacht, sie verzehrten nur die wertvollsten Teile der Tiere, verunreinigten mit

Vulkan	Höhe [in m]	Land/Region	Beobachtung älteste	Beobachtung jüngste
Alaid	2339	RUS/Kurilen	1770	1996
Anjui-Vulkan/Anjuskii	1050	RUS/NO-Sibirien	1961	15./16. Jh.
Asatscha/Assatscha	1910	RUS/Kamtschatka	1923	1983
Atsonopuri	1205	RUS/Kurilen, In. Iturup	1912	1932
Awatscha/Awatschinski Gorelaja Sopka	2741	RUS/Kamtschatka	1737	2001
Balagan Tas	993	RUS/NO-Sibirien		1775?
Baransky	1132	RUS/Kurilen, In. Iturup	unbekannt	1951
Besymjanni/Besymjanny	2882	RUS/Kamtschatka	unbekannt	2002
Burljaschtschi	1100	RUS/Kamtschatka		
Chirnoijima/Snow Vulkan	719	RUS/Kurilen, In. Tschirpoi	1857	1879
Chirpoi	742	RUS/Kurilen	1770	1982
Dolina Geiserow/Dolina Geysernaja		RUS/Kamtschatka		
Dsensur	2155	RUS/Kamtschatka	unbekannt	1959/1989?
Ebeko/Sredni	1156	RUS/Kurilen	18. Jh.	1991
Fuss Pik	1772	RUS/Kurilen	1737	1933
Gamtschen/Jushni Gamtschen	2576	RUS/Kamtschatka	unbekannt	18.06.1996
Gariaschtschaja	891	RUS/Kurilen	1892	1914
Golowina	541	RUS/Kurilen	1848	solfatarisch

Aas die Flüsse und durch wilde Feuer schädigten sie die Wälder.

Darüber zürnte der für die Jahreszeiten und Fruchtbarkeit zuständige gute Geist im Himmel und rief seine Komparsen der Unterwelt zu Hilfe und forderte: „Jagt die Lamuten fort, sie haben die schönsten Flüsse verunreinigt und den Wald verdorben!"

Eines Nachts wurden die Lamuten daraufhin aus dem Schlaf gerissen. Es ertönte schrecklicher Donner, die Erde bebte, aus dem Berg schoss eine Feuersäule hervor. Es ergoss sich steinerner Regen, feurige Flüsse strömten durch die Täler, in den Flüssen kochte das Wasser. Menschen, Tiere und die Vögel flohen vor dem Tode.

Die Lamuten brachten den bösen Geistern viele Opfergaben und hofften auf Rückkehr in ihre reichen Jagdgründe. Aber die Geister sprachen mit den Schamanen der Stämme: „Kein lebendiger Mensch darf jemals wieder diese Gegend betreten, denn hier haben sich die Pforten in die Unterwelt geöffnet, und wer sich ihnen nähert, sieht die Sonne nie wieder und der Berg würde wieder Feuer speien, donnern und Rauch in den Himmel schicken, als Strafe für den leichtfertigen Umgang mit der Natur."

Awatscha und Korjakskaja Sopka

Das ist offenbar die sibirische Variante der „Höllendarstellung", die meist dort auftaucht, wo jüngerer Vulkanismus zur Erfahrungswelt der Völker gehört. Sie ist gepaart mit einem Tabu gegenüber den natürlichen Reichtümern der sibirischen Wälder.

Bemerkungen
längste bekannte Ausbruchsperiode: 1770–1848
späte Entdeckung durch Ustijev, pyroklastischer Konus aus plastischen, d.h. noch heißen Lavabrocken aufgeschüttet
Stratovulkan
strombolianisch tätiger Stratovulkan
1945: 6 000 m hohe Explosionswolke, bis dahin mit einem Zyklus von 14 Jahren, starker Aschefall
Hydrothermalgebiete werden erschlossen
zahlreiche Ausbrüche, besonders stark 1956, in der Literatur verglichen mit der Mount-Saint-Helens-Explosion
Fumarolen, ausgezeichnet durch typische, dort explizit beschriebene „Schlammvulkane"
in jüngerer Zeit Lockermassenauswürfe, Hebungen im Vulkanbereich, Schildvulkan
Caldera mit strombolianisch tätigem Zentralkrater
Fumarolen, zwischen zwei Flüssen gelegene Niederung mit vielen Heißwasservorkommen
ausgeprägter Stratovulkan mit „sehr jungen" Laven
enthält 20 m tiefen See im Krater, kleinere Explosionen im 18. Jahrhundert
Stratovulkan mit Basis in 2 800 m Meerestiefe
Unterscheidung in nördlichen und südlichen Gamtschen, südlicher Gamtschen mit Solfatarenfeldern
Stratovulkan
Gasausbrüche, Chlor- und Fluorgase am Golowina beobachtet

Vulkan	Höhe [in m]	Land/Region	Beobachtung älteste	Beobachtung jüngste
Goreli Chrebet	1829	RUS/Kamtschatka	unbekannt	1986
Gornowo Instituta	2125	RUS/Kamtschatka	unbekannt	19. Jh.
Grosnyi-Gruppe	1211	RUS/Kurilen	1968	1989
Iljinski/Iljinski-Vulkan	1578	RUS/Kamtschatka	unbekannt	1923
Itschinskaja Sopka	3621	RUS/Kamtschatka	unbekannt	
Jushni Tscherpuk	1965	RUS/Kamtschatka	unbekannt	14.11.1985
Karpinski	1345	RUS/Kurilen	unbekannt	1952
Karymskaja Sopka	1536	RUS/Kamtschatka	unbekannt	2002
Kevenier/Kebeney	1529	RUS/Kamtschatka	unbekannt	aktiv
Kichpinytsch	1552	RUS/Kamtschatka	1550	1941
Kisimen/Stschapinskaja Sopka	2376	RUS/Kamtschatka	1825	1928/29
Kljutschewskaja Sopka/Kljutschewskoi	4835	RUS/Kamtschatka	1737	2002
Kolokol/Urupjima	1326	RUS/Kurilen, In. Urup	1894	1973
Komarova	2070	RUS/Kamtschatka	unbekannt	
Korjakskaja Sopka/Korjaka	3456	RUS/Kamtschatka	1895	1957
Krashenninikow	1856	RUS/Kamtschatka	1550	solfatarisch
Kronotski	3528	RUS/Kamtschatka		1923
Ksudatsch	1079	RUS/Kamtschatka	1907	
Kudrjavi/Medweshi	991	RUS/Kurilen	unbekannt	1999
Kuntomintar	828	RUS/Kurilen	unbekannt	aktiv
Lomonossov	1681	RUS/Kurilen, In. Paramuschir	unbekannt	aktiv
Maly Semjatschik	1553	RUS/Kamtschatka	um 1800	03.09.1983
Matschecha/Grosnyi-Gruppe	800	RUS/Kurilen	unbekannt	nach 1979
Medweshi/Moyorodake	1124	RUS/Kurilen	18. Jh.	1999
Mendelejew/Kunashirijyma	887	RUS/Kurilen, In. Kunaschir	1843	1880
Milna/Gorjaschtschaja Sopka	1540	RUS/Kurilen, In. Simuschir	1849	1914
Mutnowskaja Sopka/Mutnovski	2322	RUS/Kamtschatka	1848	2000
Nemo	1018	RUS/Kurilen, In. Onekutan	unbekannt	unbekannt
Pallas/Ketoi, Ketoijima	1172	RUS/Kurilen	1843–1846	1960
Prewo/Pik Prewo	1361	RUS/Kurilen, In. Simuschir	1760	1825
Raikoke/Rajkoke, Raikokejima	551	RUS/Kurilen, In. Raikoke	1778	1924
Rasschua	956	RUS/Kurilen		
Sarytchev/Sarnicheff, auch Matua	1496	RUS/Kurilen, In. Matua	1812	1989
Sawaritzki-Cald.	624	RUS/Kurilen	1916	1957
Schiwelutsch/Schewelutsch	3283	RUS/Kamtschatka	1790	09.05.2001
Sewergin/Charimkotan	1145	RUS/Kurilen	18. Jh.	1933
Sheltowski	1953	RUS/Kamtschatka	25.05.1905	1923
Shupanowskaja Sopka	2958	RUS/Kamtschatka	unbekannt	1959
Sinarka/Saschikotanjima	934	RUS/Kurilen	1855	nach 1878
Snegowoi/Ostryi	2169	RUS/Kamtschatka	unbekannt	
Tao-Rusyr Cald.	1325	RUS/Kurilen		1952
Tjatja	1819	RUS/Kurilen, In. Kunaschir	1812	03.06.1905
Tolbatschinskaja Sopka/Ploski Tolbatschik	3682	RUS/Kamtschatka	1739	1976
Tschernoud/Tschernovo	624	RUS/Kurilen, In. Urupskaja	unbekannt	vor 1979
Tschikuratschki/Tatarinowa	1816	RUS/Kurilen	unbekannt	vor 1979
Tschirinkotan/Chirinkotan	724	RUS/Kurilen	1880	1986
Uschischir	401	RUS/Kurilen, In. Jaikitcha	1769	1884
Ushowski	3943	RUS/Kamtschatka	1890	
Uson	1617	RUS/Kamtschatka	prähistor.	1954
Wiljutschinskaja Sopka/Wiljutschinskij	2173	RUS/Kamtschatka	unbekannt	solfatarisch
Wlodawza/Wlodawez	1088	RUS/Kurilen	unbekannt	solfatarisch
Zawarizky/Sawarizka	1567	RUS/Kamtschatka	unbekannt	

Bemerkungen
rauchend angetroffen, weite Caldera
junge Basaltlaven, der Stratovulkan ist explosiv tätig
der Vulkanname erinnert an russischen Zaren „Ivan der Schreckliche" (russ.: Grosnyi = schrecklich)
Explosionen beobachtet, ein neuer Zentralkrater ist entstanden mit ca. 1 km Durchmesser
frische Krater im Zentralbereich
junger Krater, pyroklastisches Material
solfatarische Tätigkeit, flüssiger Schwefel, drei vulkanische Zentren
häufige Lockermassenausbrüche, letzter Lavaaustritt: 1998, strombolianisch tätig
undatierter junger Krater eines Schildvulkans
Stratovulkan, in unmittelbarer Nähe intensive Geysirtätigkeit
vornehmlich Lockermassenausbrüche, lange Ausbruchspausen (ca. 1000 J.)
Intervalle von 7 bis 10 Jahren, bedeutender Stratovulkan in Kamtschatka, stetige Aufschüttung (1987 über 110 m)
Hauptkrater mit starken Ausbrüchen, „Curud-Fuji", sehr symmetrischer Vulkan
Krater eines Stratovulkans auf holozänem Schild aufgebaut
Teil einer ausgedehnten Caldera von ca. 30 km Durchmesser
sehr symmetrisch aufgebauter Stratovulkan
Lockermassenausbrüche, weite Gebiete verödet (SAPPER: ohne Leben), Caldera mit Stratovulkan
Teil der holozänen Medweshi-Caldera mit ca. 8 km Durchmesser
rauchender Gipfel, hydrothermales Feld, liegt auf der Insel Schiaschkotan
im Krater Staukuppe
hohe Ascheförderung, Klimaschwankungen werden darauf zurückgeführt, Caldera
Teil der Grosnyi-Gruppe, tätiger Krater innerhalb eines Sommavulkans „Tebenkova" im südlichen Segment
im 18. und 19. Jahrhundert ständig tätig, 1883 wurden besonders starke Ausbrüche gemeldet
in jüngerer Zeit Entstehung weiterer Lavafelder seit 1914
1848 Lockermassen, in der Nähe befinden sich geothermale Kraftwerksanlagen (Baubeginn 1962)
Sommavulkan
türkis gefärbter Kratersee, Stratovulkan
Tätigkeit auf einen Krater mit 600 m Durchmesser beschränkt
im 18. Jahrhundert Inselbewohner vor dem Vulkan geflüchtet
explosive Tätigkeit
Caldera, 1931 Inselbildung in der Caldera
in jüngerer Zeit Gas und Ascheeruptionen in großer Höhe, erhöhte Aufschüttungen
zerstörerische Eruption 1933, löste Tsunami aus, der zwei Opfer forderte
Stratovulkan
explosiv tätig, Solfatarenfelder
Doppelkrater
Schildvulkan
Caldera mit Kratersee
Ascheeruptionen, gelegentlich kommt es zur Evakuierung von Anwohnern
ALEXANDER VON HUMBOLDT beschreibt den Schildvulkan als „heftig rauchend"
Vulkan zeigt starke Aktivität
1954 als „ständig rauchend" beschrieben
zahlreiche Fumarolen und heiße Quellen
Sommavulkan
Caldera von 12 km Durchmesser, im Explosionskrater von 1000 m Durchmesser, wassergefüllt, Maar
Stratovulkan
junge Laven, explosiv tätig

Japans Vulkane sind sehr vielgestaltig. In ihrer Entstehungsgeschichte sind sie mit denen Russlands verwandt. Sie bilden den großen Inselbogen zwischen Hokkaidō, Honshū, Shikoku und Kyūshū. Es sind also **Subduktionsvulkane.**

Der heilige Berg Fuji unweit von Tōkyō gilt als einer der attraktivsten Vulkane. Als nationales Symbol dürfte sein Anblick jedem geläufig sein. Er gehört zu den großen Touristenzielen im Lande. Schätzungsweise 5 Mio. Menschen pilgern jährlich zu diesem Berg und fast eine halbe Million Besucher erklimmen den 3 776 m hohen Gipfel.

Zahlreiche andere Vulkane des Landes sind für den Vulkanismus von größerer Bedeutung. Die anhaltende Krustenbewegung der sich verschiebenden Platten führt zu zahlreichen Erdbeben und häufigen Vulkanausbrüchen in dieser Region. Im 20. Jahrhundert sind wenigstens 22 Vulkane in Japan tätig gewesen. Die Aufzeichnungen über vulkanische Ereignisse sind in Japan sehr alt. Es gibt Berichte von rauchenden Kratern aus dem Jahre 2 200 v. Chr. Im ersten Jahrtausend n. Chr. wurde über den **Oshima** auf der Insel Mihara bei Yokohama berichtet. Mehrmals hat dieser Vulkan in den letzten Jahren die hier lebenden Menschen zur Flucht gezwungen und die fruchtbaren Felder verwüstet.

Auf den japanischen Inseln sind die Vulkane recht gleichmäßig verteilt. Ihre Entfernung untereinander beträgt 25 – 100 km. Diese **große Dichte** der Vulkane wird von Fachleuten auf die immer noch anhaltende Bewegung der Platten zurückgeführt. Ein bemerkenswerter Vulkan ist der **Usu** nahe dem Wintersportzentrum Sapporo. Mehrmals mussten tausende Bewohner der Städte am Fuße des Vulkans evakuiert werden, da er gefürchtete Glutwolken ausstieß. Diese heißen Gesteinswolken sind nicht nur reizvolle Naturschauspiele, son-

Affen im Thermalbad in der Präfektur Nagano

A
125
B
130
C
135
D
140
E
145
F
1
2
3
4
5
6
45
40
35
30
25
QIQIHAR
YICHUN
1047
HAILUN
HEGANG
Amur
DAQING
Tangyuan
FUJIN
Bikin
Sichote-Alin
RUSSLAND
Cholmsk
JUSHNO-SACHALINSK
Sachalin
Korsakow
ULANHOT
ANDA
SUIHUA
JIAMUSI
SHUANGYASHAN
Swetlaja
K. Crillon
La-Pérouse-Str.
Wakkanai
BAICHENG
HARBIN
Mandschurei
JIXI
Lesso-sawodsk
Tongyu
Songhua
MUDANJIANG
Chanka-see
Spassk-Dalni
Dalnegorsk
Hokkaidō
1563
Kunaschir
Shiretoko-Iwo-zan
1660 Rausu
CHINA
CHANGCHUN
JILIN
USSURIJSK
1855
1491 Shokambetsu
Nipesotsu
Akan
2013
1499
TONGLIAO
Shuangliao
ASAHIKAWA
Nemuro
SIPING
YANJI
WLADIWOSTOK
OTARU
Tokachi
KUSHIRO
SAPPORO
1320
2077
LIAOYUAN
NACHODKA
731 Usu
Shikotsu
OBIHIRO
FUXIN
SHEN-YANG
FUSHUN
Baitou Shan
2744
Najin
K. Poworotny
581 Kuttara
Tarumae 1024
Okushiri
1140
MURORAN
Komaga-take
E-san 618
K. Erimo
TONGHUA
CHONGJIN
1790
Oshima-Oshima
HAKO-DATE
Tsugaru-Str.
PANJIN
BENXI
HYESAN
Osore-yama 879
ANSHAN
Japanisches
AOMORI
KANGGYE
Iwaki
1625
Hakkoda 1585
YINGKOU
DANDONG
Huichon
KIMCHAEK
1159 Towada
Akita-Yake-yama 1366
SINUIJU
NORDKOREA
355 Kanpu
Iwate 2041
PYONGYANG
(PJÖNGJANG)
HAMHUNG
Meer
1391 Komagadake
Akita-Komaga-take 1637
PYONGSONG
AKITA
MORIOKA
DALIAN
NAMPO
WONSAN
2297 Chōkai
Kurikoma 1628
1841 Zao
HAEJU
KAESONG
Sado
YAMAGATA
SENDAI
CHUNCHON
1977 Azuma
Zao 1841
WEIHAI
(SEOUL) SOUL
KANGNUNG
Honshū
NIIGATA
FUKUSHIMA
H.-I. Shandong
INCHON
SUWON
Ullung
K. Suzu
1819 Bandai
Adatara 1718
SÜD-KOREA
2400 Niigata-Yake-yama
Nasu 1917
Hiuchi 2346
TAEJON
CHONGJU
2455 Yakedake
3015 Tate-yama
Nikko-Shirane 2587
2530 Tateshina
KANAZAWA
Kusatsu-Shirane 2176
Gelbes
3026 Norikura
Asama 2560
Oki-In.
2702 Haku-san
MAEBASHI
MITO
CHONJU
TAEGU
3063
FUKUI
On-take
TOKYO
MATSUE
TOTTORI
GIFU
CHIBA
CHANGWON
ULSAN
KYOTO
Fuji
KWANGJU
1915
KOBE
NAGOYA
3776
YOKOHAMA
Meer
PUSAN
OKAYAMA
Izu-Tobu
Oshima 758
MOKPO
YOSU
ŌSAKA
1406
SHIMONOSEKI
WAKAYAMA
Miyake-jima 814
KITAKYŪSHŪ
HIROSHIMA
CHEJU
FUKUOKA
Tsurumi
TOKUSHIMA
1584
KŌCHI
Hachio-jima 854
Cheju
Kuju
1788
SAGA
ŌITA
Uwajima
K. Shiono
Izu-Inseln
NAGASAKI
Aso 1592
Shikoku
Aogashima
Goto-In.
1500 Unzen
KUMAMOTO
423
1700 Kirishima
Kyūshū
1117 Sakurashima
MIYAZAKI
KAGOSHIMA
Ibusuki 924
717 Kikai
717 Iwoshima
K. Sata
649 Huru
Osumi-In.
Nakano-shima 979
Suwanose 799
Ostchinesisches Meer
Naze
Bonin-In. (Jap.)
Amami
Tori-shima 403
Nishino-shima
52
Ryukyu-Inseln
498
Okinawa
NAHA
Daito-In. (Jap.)
Vulkan-In. (Jap.)
Kita-Iwo-jima
792
Miyako
Ishigaki
Iriomote
Nördl. Wendekreis
PAZIFISCHER OZEAN
1 : 20 000 000
0
200
400
600
800 km

Glutwolke des Unzen (20.05.1993)

dern bringen immer wieder Menschen in große Gefahr.

Der ähnlich gefährliche Vulkan **Unzen** wurde bei einem **Glutwolkenausbruch** im Südwesten Japans auf der Insel Kyūshū zum tödlichen Verhängnis für das französische Vulkanforscherehepaar MAURICE und KATJA KRAFFT. Die dicht besiedelte Küstenregion wurde im Laufe der Geschichte dieses Vulkans mehrfach über den Seeweg evakuiert. Die vulkanische Bedrohung wird durch den Nutzen kompensiert: Ausgedehnte Erholungsgebiete, zahlreiche heiße Quellen und Badeeinrichtungen stehen den Bewohnern zur Verfügung. Das **unterirdische Wärmereservoir** wird für die Erzeugung elektrischer Energie erschlossen. Die gewonnenen Erfahrungen fließen in eine Industrie für geothermische Kraftwerksanlagen, die auf der ganzen Welt genutzt werden.

Von großen Vulkanausbrüchen in Japan haben Reisende immer wieder berichtet. Hier zwei Beispiele, aus denen deutlich wird, dass die Zahl der Opfer derartiger Ausbrüche sehr unterschiedlich ist, obwohl deren Intensität unverändert heftig erscheint. Der Komaga-take brach im

Vulkan	Höhe [in m]	Land/Region	Beobachtung älteste	jüngste
Adatara/Adatarasan	1718	Japan/Honshū	1177 v. Chr.	1996
Akan/Acan	1499	Japan/Hokkaidō	unbekannt	1998
Akita-Komaga-take	1637	Japan/Honshū	1640	03.02.1909
Akita-Yake-yama/Yake	1366	Japan/Honshū	1915	1997
Aogashima	423	Japan/Insel Aogashima	1652	18.04.1785
Asama/Asayama	2560	Japan/Honshū	685 v. Chr.	1990
Aso	1592	Japan/Insel Kyūshū	553 n. Chr.	1995

Kirishima-Vulkangruppe

Fuji mit Teeplantage

Jahre 1640 mehrmals aus. Ein Initialausbruch förderte Unmengen von Asche, der begleitet war von heftigen Erdbeben und Flutwellen. Alle Ereignisse gemeinsam führten zu sehr großen Sachschäden und einer Verwüstung der umliegenden fruchtbaren Felder. Über 700 Menschen wurden Opfer der Katastrophe.

Der Vulkan **Sakurashima** gehört zu den bedeutendsten Vulkanen der Region. Im Laufe der beobachteten Geschichte ist er der am häufigsten tätige Vulkan Japans. In alten Geschichten wird behauptet, dass er sich erst um 708 n. Chr. als kleine Insel gebildet hat. Weitere kleine Inseln wuchsen im Laufe der Zeit zu einem großen Inselvulkan zusammen, der stets heftige Mengen Asche und Lockerprodukte herausschleuderte. Im Vorfeld des Ausbruches von 1779 soll das Wasser in den Brunnen der umgebenden Dörfer gekocht haben, die Schifffahrt durch mächtige schwimmende Bimssteinfelder behindert worden sein. Die wirkliche Zahl der Opfer ist unbekannt und die Quellen sehr ungenau. Immerhin wird als Maximalzahl der durch die verschiedensten Umstände Getöteten mit 16 000 – 17 000 Menschen angegeben.

Bemerkungen
Schwefelarbeiter im Krater bei Ausbruch getötet, 70 Opfer
Schäden besonders durch große Ascheausbrüche, 1640 und 1905 explosive Ausbrüche, 700 Opfer
Schwefelabbau, stark radioaktive Thermalwasser
im 18. Jahrhundert große Ausbrüche, ansonsten schwache Tätigkeit, Inselbildung in der Umgebung
einer der aktivsten Vulkane Japans, untersucht von Leopold von Buch, 1783: 1162 Opfer
Ascheförderung charakteristisch (1935)

Vulkan	Höhe [in m]	Land/Region	Beobachtung	
			älteste	jüngste
Azuma/Azumasan	1977	Japan/Honshū	1844	1977
Bandai	1819	Japan/Honshū	806	15.07.1888
Chokai/Tekai	2297	Japan/Honshū	unbekannt	1974
E-san	618	Japan/Hokkaidō		1874
Fuji/Fujiyama	3776	Japan/Honshū	781	1708
Hachio-jima/Nishiyama	854	Japan/Hachijo	1789	
Hakkoda	1585	Japan/Honshū		solfatarisch
Haku-san	2702	Japan/Honshū	1554	1839
Hiuchi	2346	Japan/Honshū	1544	1544
Huru/Kuro	649	Japan/Osumi-Inseln		1980
Ibusuki/Kaimon	924	Japan/Kyūshū	500 v. Chr.	18.07.1615
Iwaki	1625	Japan/Honshū	22.02.1600	1863
Iwate/Iwatesan	2041	Japan/Honshū	739/1686	1919
Iwoshima/Io	717	Japan/Osumi-Inseln	1944	
Izu-Tobu	1406	Japan/Honshū	unbekannt	1989
Kanpu/Kampu	355	Japan/Honshū	unbekannt	750 v. Chr.
Kikai	717	Japan/Ryokiu		2001
Kirishima/Kiriishimayama	1700	Japan/Kyūshū	742	1992
Kita-Iwo-jima	792	Japan	18. Jh.	1945
Komadake	1391	Japan/Honshū		1979
Komaga-take	1140	Japan/Hokkaidō	1640	2000
Kuju/Kudsiu	1788	Japan/Kyūshū		
Kurikoma	1628	Japan/Honshū		1950
Kusatsu-Shirane	2176	Japan/Honshū	06.08.1882	14.11.1983
Miyake-jima/Insel Miyake	814	Japan/Izu-Inseln	Dez. 1469	16.01.1905
Nakano-shima	979	Japan/Ryukyu-Inseln	unbekannt	1914
Nasu/Nashu	1917	Japan/Honshū	1876	1963
Niigata-Yake-yama	2400	Japan/Honshū	9. Jh.	1989
Nikko-Shirane	2587	Japan/Honshū	1649	1889
Nipesotsu	2013	Japan/Hokkaidō	unbekannt	1898
Nishino-shima	52	Japan/Insel Nishinoshima		1973
Kuttara/Noboribetsu	581	Japan/Hokkaidō		1979
Norikura	3026	Japan/Honshū		1962
On-take	3063	Japan/Honshū	v. 10000 J.	1980
Oshima/Mihara	758	Japan/Insel Oshima	684	25.06.2000
Oshima-Oshima	1790	Japan/Hokkaidō	18. Jh.	1790
Osore-yama	879	Japan/Honshū	1787	1787
Rausu/Raushu	1660	Japan/Hokkaidō	2200 v. Chr.	1850
Sakurashima	1117	Japan/Kyūshū	708 n. Chr.	2002
Shikotsu	1320	Japan/Hokkaidō	17. Jh.	1981
Shiretoko-Iwo-zan	1563	Japan/Hokkaidō		1936
Shokambetsu	1491	Japan		
Suwanose/Suwanosezima	799	Japan/Ryukyu-Inseln		2001
Tarumae/Tarumaeyama	1024	Japan/Hokkaidō	19. Jh.	13.03.1979
Tateshina/Tanteyama	2530	Japan/Honshū	unbekannt	19. Jh.
Tate-yama/Midagahara	3015	Japan/Honshū	19. Jh.	1839
Tokachi/Tokachidake	2077	Japan/Hokkaidō	24.05.1926	19.12.1989
Tori-shima	403	Japan/Ryukyu-Inseln	unbekannt	aktiv
Towada	1159	Japan/Honshū		um 915
Tsurumi/Tsumurisan, Zurumi	1584	Japan/Kyūshū	876 n. Chr.	solfatarisch
Unzen/Undshen	1500	Japan/Kyūshū	1657	20.05.1993
Usu/Usudake	731	Japan/Hokkaidō	17. Jh.	30.03.2000
Yakedake/Iwosan	2455	Japan/Honshū	1585	1995
Zao/Zoosan, kattadake	1841	Japan/Honshū		1940

Bemerkungen
starke Ascheförderung
typische Ascheeruption, 1888: Dampf- und Staubsäulen, mehr als 1 000 m hoher Aschefall, 461 Opfer
Lavaausbrüche
hydrothermale Felder, 1946 phreatische Eruptionen, d. h. tiefere ständig wassergefüllte Gangnetze, Lahare
im Mittelalter unregelmäßige Tätigkeit, große religiöse und touristische Bedeutung
1997 erstickten bei einer Übung drei Soldaten
heute ein stark frequentiertes Gebiet im Nikko-Nationalpark
Vulkan mit großen Intervallen zwischen den Einzelausbrüchen
leichtere Ausbrüche in der neueren Tätigkeitsperiode
1686 wurde große Flutkatastrophe geschildert
Caldera, Insel bildet den Vulkan, Schwefelgewinnung
einziger aktiver Vulkan in der so genannten Kanpu-Zone
Caldera, in der Umgebung 1934/35 submarine vulkanische Tätigkeit
häufig tätig, in jüngster Zeit nur solfatarisch tätig
in jüngerer Zeit häufige unterseeische Ausbrüche in Inselnähe
junge Basaltlava
Stratovulkan, 1640 folgte der Eruption ein Tsunami, der über 700 Todesopfer forderte
Förderung von heißem Wasser, touristisch erschlossen, Schwefelminen
lange Ruhepausen zwischen Ausbruchsperioden: 1535, 1595, 1642, 1712, 1811
Schwefellagerstätten bis 1914 ausgebeutet, bei Regenfällen füllt sich Krater mit Wasser
solfatarische Tätigkeit über lange Jahrzehnte
pyroklastische Ströme, Vulkan baut auf einer tertiären Basis in ca. 2 000 m Höhe auf
gelegentliche Ausbrüche, Teil des Nikko-Nationalparks
im Hauptkrater kräftige Solfataren
Inselentstehung in submariner Caldera
Krater mit heißem Wasser gefüllt
Stratovulkan, touristisch erschlossen
Laharbildung, vor über 10 000 Jahren entstanden
ab 684 zahlreiche Vulkanaktivitäten registriert, 1996 Lavafontäne von 1 500 m Höhe beob., gelegentlich strombolianisch
durch Tsunamis waren tausende Einwohner betroffen, besonders 1741, über 1 500 Opfer
Name bedeutet: „brennender Berg"
als solfatarisch beschrieben, stets Ascheförderung beobachtet
Pausen von 100 Jahren, Schlammströme, Bau von „Sabodämmen", 1471–1476 längste Tätigkeitsphase, über 1 000 Opfer
Caldera
Lavaausbrüche, Name des Vulkans bedeutet „Schwefelberge"
verschiedene Vulkanaktivitäten 1813/1914 in langen Abständen
nach rund 25-jähriger Ruhepause wieder ausgebrochen, Staukegelbildung 1909
Schlammvulkane in der näheren Umgebung
Stratovulkan in einer weiten Caldera mit zahlreichen heißen Quellen
1925 extrem hohe Vulkanaktivitäten, Lava- und Schlammströme, über 200 Opfer
Solfatarenfelder, heiße Quellen, balneologische Nutzung, oft „farbige" Quellen beschrieben
bei Ausbruch 1991 kamen die Vulkanforscher Katja und Maurice Krafft ums Leben, über 30 Opfer
Lahars, weite Evakuierung von über 10 000 Einwohnern, Ascheeruptionen bis 3 000 m Höhe, vereinzelte Opfer
Schäden durch Aschefall: Vernichtung der Blätter zur Seidenraupenzucht
mit „farbigem" Wasser gefüllter Krater

MYANMAR
THAILAND
LAOS
VIETNAM
KAMBODSCHA
CHINA
MALAYSIA
BRUNEI
INDONESIEN
INDIEN
SINGAPUR
HA NÔI (HANOI)
YANGON (RANGUN)
KRUNG THEP (BANGKOK)
VIANGCHAN (Vientiane)
PHNUM PENH (PHNOM PENH)
HÔ CHI MINH (SAIGON)
KUALA LUMPUR
SINGAPORE (SINGAPUR)
Bandar Seri Begawan
JAKARTA
Golf von Tonking
G. v. Martaban
G. v. Thailand
Andamanensee
Südchinesisches Meer
INDISCHER OZEAN
Javasee
Malakkastr.
Karimata-Str.
Makassarstraße
Kalimantan (Borneo)
Sumatra
Java
Hainan
Paracel-In. (China)
Palawan
Andamanen
Nikobaren
Weihnachtsinsel (austr.)
Mekong
Salween
Irrawaddy
Chao Phraya
Thanon Thong Chai
Trung Phan
Barisan-Geb.
Iran-Geb.
Mentawai-In.
Merqui-Inseln
1 Gede 2958
2 Tangkuban 2084
3 Papandayan 2665
4 Guntur 2249
5 Gulunggung 2168
6 Cereme 3078
7 Slamet 3432
8 Dieng 2565
9 Sundoro 3136
10 Merbabu 3145
11 Merapi 2947
12 Lawu 3265
13 Kelut 1731
14 Semeru 3676
15 Lamongan 1651
16 Raung 3332
17 Batur 1717
18 Agung 3142
19 Rinjani 3726
20 Sangeang Api 1949
21 Ranakah 2100
22 Inieri 2245
23 Ebolobo 1969
24 Iya 637
25 Ndete-Napu 750
26 Paluweh 875
27 Keli Mutu 1640
28 Egon 1703
29 Lewotobi 1703

1 : 25 000 000
0 200 400 600 800 km
Okino Tori (Jap.)
Nördliche Marianen (USA)
Guam (USA)
Hagåtña (Agaña)
Philippinen-meer
PAZIFISCHER OZEAN
Batan-In.
1009 Iraya
Luzon-Str.
Calayan
Babuyan-Claro 1160
Babuyan-In.
Didicas 244
Camiguin 712
K. Mayraira
K. Escarpada
Cagua 1135
Tuguegarao
Luzon
San Fernando
Pulog 2929
SANTIAGO
BAGUIO
DAGUPAN
Pinatubo 1486
CABANATUAN
ANGELES
SAN FERNANDO
OLONGAPO
MANILA
QUEZON CITY
PHILIPPINEN
Banahao 2158
400 Taal
LUCENA
Malinao 1657
Catanduanes
NAGA
Legaspi
Mindoro
2462 Mayon
Bulusan 1565
Burias
Busuanga
Tablas
Masbate
Samar
Culion
Biliran 1187
TACLOBAN
Panay
ILOILO
BACOLOD
Leyte
Dumaran
2435 Canlaon
CEBU
Cebu
Dinagat
Negros
Bohol
Surigao
DUMAGUETE
Hibok-Hibok 1332
Sulusee
Siquijor
BUTUAN
2815 Ragang
Iligan
CAGAYAN DE ORO
1678 Tangkulang
646 Calayo
Bislig
Pagadian
Mindanao
1940 Macaturing
Tagum
ZAMBOANGA
COTABATO
Apo 2954
DAVAO
Basilan
Jolo
Morogolf
Kap San Agustin
Sulu-Arch.
Jolo
Bud Dajo 440
GENERAL SANTOS
Tawitawi
Sibutu
Ulithi-Atoll
Yap-In.
Fais
Colonia
MIKRONESIEN
Ngulu-Atoll
Sorol
Karolinen
Ngcheangel
Babeldaob
Oreor (Koror)
PALAU
Pulo Anna
Talaud-In.
Karakelong
Gunung Awu 1320
Sangihe
Sangihe-In.
Banua Wuhu
Ruang 725
Tobi
Helenriff
Celebes-see
1149 Tong Koko
1580 Lokon-Empung
Gamkunora 1635
1325 Ibu
Dukono 1185
K. Lelai
Morotai
1715
Tolitoli
1549 Sempu
MANADO
Gamalama 1715
2913
Soputan 1784
Ternate
Halmahera
Äquator
Colo (Una Una)
GORONTALO
Makian 1357
Golf v. Tomini
507 Togian-In.
Kasiruta
Waigeo
SORONG
Manokwari
Biak
Biak
K. D'Urville
Molukkensee
Bacan
Doberai 2970
Yapen
JAYAPURA
Vanimo
Palu
Peleng
Salawati
Sarera-bucht
Serui
Poso
Mangole
Obi
Misool
Maniwori
Mamberamo
Sulawesi (Celebes)
Taliabu
Sanana
Seramsee
Fakfak
Nabire
Neuguinea
Malamala
2799
Binaia 2940
1490
Kaimana
Enarotali
Maoke-Geb.
3455
Rantekombola
KENDARI
2736
Amahai
Seram
Puncak Jayakesuma 4884 (Carstenszspitze)
PAPUA-NEUGUINEA
Majene
Wowoni
Buru
AMBON
Adi
Oksibil
PAREPARE
640 Banda Api
Amamapare
UJUNG PANDANG (MAKASSAR)
Muna
Buton
Manuk 282
Tual
Kai-In.
Dobo
Wokam
Kobroor
Kabaena
Bauban
Bandasee
Serua 641
Trangan
Aru-In.
Kabia
Benteng
Gunungapi Wetar 282
655 Teon
Nila 781
868 Wurlali
868 Damar
Damar-In.
Yamdena
Saumlaki
Tanimbar-In.
Dolak
Digul
Fly
Tanahjampea
Komba pulu 748
Wetar
Leti-In.
Babar
Selaru
Merauke
Floressee
Alor
Iliboleng 1659
Lomblen
Dili
2980 Ramelau
OSTTIMOR
Timor
Flores
Endeh
Kefamenanu
Arafurasee
Sawusee
1225
Sumba
Sawu
KUPANG
Roti
Timorsee
Melville-I.
Croker-I.
Wessel-In.
Kap Wessel
Bathurst-I.
Kap Arnhem
Darwin
AUSTRALIEN
Banda
Molukken

Die Zahl der tätigen Vulkane auf den Philippinen ist zwar gemessen an der Ausdehnung des Landes und der Vulkandichte im Nachbarland Indonesien gering, aber die Gewalt der Ausbrüche und ihrer atmosphärischen Wirkungen ist weltweit unübertroffen.

Drei Vulkane haben die Philippinen weltweit als **Vulkanland** bekannt gemacht. Den Ereignissen nach sind dies der Taal, der Mayon und der Pinatubo. Diese Berge haben eins gemeinsam: Sie prägten sich durch gewaltige Explosionen ins Gedächtnis der Menschen ein.

Im Jahre 1572 wurde erstmals vom **Taal** berichtet, der mit 400 m Höhe zu den kleinsten Feuerbergen des Philippinischen Archipels gehört. Immer wieder hat er die Bewohner seines Umlandes zur Flucht veranlasst. Nur 60 km von der Hauptstadt **Manila** entfernt, bedroht er ein Ballungszentrum mit über 8 Mio. Menschen. Die besondere Gefahr geht von einem See aus, der bei einer Eruption über die Ufer treten kann und Schlammlawinen auslöst.

Viele Jahreszahlen bestimmen die schicksalhaften Ausbrüche dieses Vulkans. Bei einem Ausbruch im Jahre 1911 kamen 1 300 Menschen durch freigesetzte Gase um. 1965 forderte der Vulkan 200 Tote und vertrieb fast 20 000 Einwohner aus seiner Umgebung. Bei späteren Eruptionen konnten die Bewohner noch rechtzeitig in Sicherheit gebracht werden. Trotz dieser heftigen Ausbrüche ist die vornehmlich aus Bauern bestehende Bevölkerung immer wieder zurückgekehrt.

Die Geschichte des Taal und seiner Einwohner hat sicher dazu beigetragen, dass hier auch wichtige Untersuchungen angestellt wurden, um weiter Indizien für bevorstehende Vulkanausbrüche zu finden. Besonders die Temperatur des Wassers in der Umgebung eines Vulkans könnte einen Hinweis auf bevorstehende Eruptionen liefern. Eine deutlich zunehmende Temperatur im Kratersee wurde im Vorfeld seines Ausbruches im Jahre 1995 beobachtet.

Der **Camiguin** gehört ebenfalls zu den Philippinen-Vulkanen, ist aber in der Öffentlichkeit eher unbekannt. Ein Blick auf seine Ausbrüche lässt ihn allerdings als einen der gefährlichen Subduktionsvulkane erkennen: Auch hier war es zunächst die Asche, die die Bevölkerung bedrohte und viele Opfer forderte. Eine mehrere Meter dicke Ascheschicht legte sich in den Jahren 1948 und kurz danach 1950 über die Siedlungen im Bereich des Vulkankraters. 15 Ortschaften wurden so unter der Aschedecke begraben und aus der Geschichte des Landes getilgt. Über 2 000 Menschen kamen durch den Vulkan allein bei dieser Katastrophe um. Die immerhin noch 15 000 Überlebenden wurden aus der Gefahrenzone ausgesiedelt. Besonders gefährlich sind die Wassermassen eines Kratersee in der Gipfelregion, die bei einem Ausbruch das Lockermaterial auf den Flanken des Vulkans in sich aufnehmen und mächtige Schlammströme verursachen können und zusätzliche Schäden in der Landschaft und den betroffenen Orten zur Folge haben.

Der Vulkan **Mayon** hat durch seine Aktivität mehrmals Todesopfer gefordert. Lavaströme und Glutwolken haben die Menschen häufig vertrieben und landwirtschaftliche Nutzflächen verwüstet. Der Gipfelkrater bietet bei seinen Ausbrüchen zwar ein grandioses Naturschauspiel, aber immer wieder muss die Armee Tausende in Sicherheit bringen. Im Jahr 2000 waren davon 20 000 Einwohner betroffen. Wegen seiner perfekten **Kegelform** gehört der Mayon (übersetzt: „Der Schöne“) zu den großen Touristenattraktionen des Landes. Die dichte Besiedlung einerseits und der Touristenverkehr andererseits haben dazu geführt, dass der Mayon besonders sorgfältig von Vulkanologen und Zivilschutz überwacht wird, um Opfer unter der Bevölkerung zu vermeiden. Schlamm

Ausbruch des Mayon (24.02.2000)

Zerstörte Kokospalmenplantage nach Mayonausbruch

und Glutwolken haben im Jahre 1814 noch 1400 Menschen getötet. Seit seiner Beobachtung sind über 50 Ausbrüche registriert worden. Durch die Tätigkeit des Mayon mit seinen Gas- und Ascheeruptionen wurde vielfach der Luftverkehr beeinträchtigt.

Der **Pinatubo** galt Jahrhunderte als ein „erloschener" Vulkan. Am 10. Juni 1991 meldete er sich nach einer über 600-jährigen Ruhepause zurück. Der unweit von Manila liegende Vulkan hat dabei extreme Schäden verursacht. Nachdem „ein riesiger Pilz mit scharfen Konturen über dem Vulkan aufstieg, dessen graue Wolke von der Sonne aufgehellt wurde, glich der Vulkan aus 30 Kilometer Entfernung einem Atompilz. Es war ein prächtiger Anblick." Das berichtete ein Pilot, der in 30 km Entfernung vom Pinatubo die Explosion aus dem Flugzeug beobachten konnte. In kürzester Zeit erreichte die **Explosionswolke** etwa 12 000 m Höhe. Später wurden die Aschemassen sogar über 20 km emporgeschleudert. Das war nur der Anfang einer Serie von Ausbrüchen die Mensch und Landschaft bedrohten. Bisher nicht gekannte Aschefälle bedeckten das Land und verfinsterten den Himmel. Die **Asche** glich zunächst grauem Schnee, der sich auf Häuser und Pflanzen legte. Tagelang war Manila verdunkelt. Schließlich vermengten sich Monsunregen, Asche und vulkanisches Gestein miteinander und lösten Schlammlawinen aus. Die Vernichtung der Ernten löste Hungerkatastrophen aus. Eine in der Nähe befindliche Luftwaffenbasis musste geschlossen werden.

Später erwies sich die Asche als Ausgangsprodukt **fruchtbarer Böden** und als geeigneter Zuschlagstoff für Betonbauten. Sie bedeckte in einem Umkreis von 14 km das Land. Die Zahl der Opfer war im Verhältnis zur Gewalt des Ausbruchs geringer als befürchtet. Die Asche und die Gase der Eruption stiegen in die Stratosphäre auf und reduzierten die Sonneneinstrahlung erheblich. **Temperaturrückgänge** wurden selbst noch in Mitteleuropa im darauf folgenden Jahr 1992 gemessen. Die Asche der Philippinen-Vulkane ist erstmals 1814 sogar in

Vulkan	Höhe [in m]	Land/Region	Beobachtung	
			älteste	jüngste
Apo	2954	Philippinen/Mindanao	1641	11.05.1989
Babuyan-Claro	1160	Philippinen/Babuyan-In.	1831	19.11.1986
Banahao/Banajao	2158	Philippinen/Luzon	1730	1979
Biliran	1187	Philippinen/Biliran-In.		1939
Bulusan/Mount Boulusan	1565	Philippinen/Luzon	1851	1995
Cagua/Kawa	1135	Philippinen/Luzon	1860	solfatarisch
Calayo	646	Philippinen/Mindanao	1886	1886
Camiguin	712	Philippinen/Babuyan-In.	1857	
Canlaon	2435	Philippinen/Negros	1866	1996
Didicas	244	Philippinen		1978
Hibok-Hibok/Catarman	1332	Philippinen/Mindanao	1871	1953
Iraya	1009	Philippinen	1464	
Macaturing	1940	Philippinen/Mindanao	1840	1865
Malinao	1657	Philippinen/Luzon	unbekannt	12.12.2001
Mayon/Albay	2462	Philippinen/Luzon	1616	25.06.2001
Pinatubo/Mas a Tierra	1486	Philippinen/Luzon	1380	10.06.1991
Ragang	2815	Philippinen/Mindanao	1765	1915
Bud Dajo/Sulu	440	Philippinen/Sulu-Archipel	1897	1979
Taal	400	Philippinen/Luzon	1572	20.05.1992
Tangkulang	1678	Philippinen/Mindanao		solfatarisch

China beobachtet worden. Dabei sollte es nicht bleiben.

Die Aktivität des Pinatubo lenkte die Aufmerksamkeit der Vulkanologen und Meteorologen auf das Phänomen der hohen Ausbruchswolken – die wie im Falle des Pinatubo – für viele Vulkane der Philippinen typisch sind. Mehrere tausend Tonnen von Schwefel- und Kohlendioxid werden bei derartigen Ausbrüchen täglich in die Stratosphäre getragen. Es ist davon auszugehen, dass die Gaszusammensetzung der Stratosphäre stärker von Vulkanen auf der ganzen Welt beeinflusst wird, als uns das derzeit bewusst ist.

Es gibt verschiedene extreme Ereignisse und davon abgeleitete Zahlen über die Anreicherung der Atmosphäre mit dem Treibhausgas. Daraus nun aber eine gewisse Sorglosigkeit abzuleiten, was den Umgang mit Kohlendioxid-Emissionen betrifft, wäre sträflich. Sicher sind einige klimatische Ungereimtheiten (beispielsweise plötzlich auftretende kühle Perioden nach Vulkanausbrüchen) mit der geologischen Tätigkeit zu erklären, ebenso die Tatsache, dass es in vulkanisch besonders aktiven Perioden zu Klimaveränderungen kam. Aber allgemein wird der Vulkanismus einen stetigen Anteil an der Zusammensetzung unserer Atmosphäre haben. Es scheint erwiesen, dass die Vulkane der Philippinen unser Klima auf der Nordhalbkugel beeinflussen.

Eruptionswolke Pinatubo

Bemerkungen
junge Lava beobachtet
einseitig offener Krater mit Wasser gefüllt, seit 1730 wiederholt Schlammströme
explosiv tätig, ausgedehnte Thermalfelder
landessprachlich „Berg des Feuers“
explosiv tätig, aktive Solfataren
Heißwasserausbrüche (eher Überlauf eines Kratersees)
Stratovulkan mit Kratersee, Flugzeug in 4 000 m Höhe von Auswürflingen getroffen
erste submarine Eruption 1773 beobachtet, 1860 bereits 213 m über dem Meeresspiegel
nördlichster tätiger Vulkan der Philippinen
deutliche Solfatarentätigkeit, dichte Pflanzendecke in der Gipfelregion
häufig pyroklastische Wolken, hochexplosiver Vulkan, sehr symmetrische Gestalt des Vulkans, 1814: 1 400 Opfer
starke Ascheeruptionen in große Höhen, pyroklastische Wolken, Luftverkehr eingeschränkt, 200 Opfer
explosiv tätiger Hauptkrater, lange Lavaströme beobachtet
große Solfatarenfelder, solitärer Vulkan
kleinster Vulkan der philippinischen Vulkanreihe, zahlreiche explosive Ausbrüche

Die indonesischen Vulkane markieren den nordwestlichen Rand der Indisch-Australischen Platte, die in diesem Bereich unter die Eurasische Platte abtaucht. Dadurch wird ihr explosiver Charakter bestimmt.

1883 brachte sich der **Krakatau** mit einer mächtigen Explosion in Erinnerung. Bereits 200 Jahre zuvor im Jahre 1680 behinderten mächtige Bimssteinfelder die Segelschiffe in der Sundastraße. Diese Gesteine wurden aus dem Krater des Krakatau herausgeschleudert. Danach nahm kein Mensch mehr Notiz von dieser Insel zwischen Sumatra und Java.

Bei seiner Explosion 1883 flogen große Teile der Insel in die Luft. Flutwellen von 15 bis 20 m Höhe verwüsteten die umliegenden Küstengebiete, bei denen 36 500 Menschen Opfer dieser Flutwelle wurden. 18 km^3 Gesteinsmaterial verteilten sich über die umliegenden Meeresflächen. Die Insel Krakatau wurde in der Mitte auseinandergesprengt. Die Detonationswelle konnte man vermutlich noch in Australien und London wahrnehmen. Die in die Stratosphäre gelangte Asche trieb jahrzehntelang um die Erde und sorgte für lang anhaltende Störungen der Sonneneinstrahlung. Die so verbreitete Asche ging auf einer Fläche von rund 900 000 km^2 nieder. 100 Jahre nach dieser Katastrophe ist der Vulkan Krakatau zu einem wichtigen Studienobjekt geworden. An dem Kollisionspunkt drei kontinentaler Platten entstand ein neuer Vulkan „das Kind des Krakatau“. Dieser Ableger hat heute bereits wieder eine Höhe von einigen hundert Metern erreicht und setzt die geologische Geschichte dieser Region für alle sichtbar fort. In den Jahren 1994 und 2001 wurden neuerliche Ausbrüche registriert.

Wissenschaftliche Konferenzen unterschiedlichster Disziplinen beschäftigen sich noch heute mit den Auswirkungen des gewaltigen Ausbruchs von 1883 auf die Tier- und Pflanzenwelt dieser Region. Die Geschichte der Krakatauexplosion ist mehrfach Gegenstand von Katastrophenfilmen geworden.

Unvergleichlich stärker muss der Ausbruch des **Tambora** im April 1815 auf der Insel Sumbawa gewesen sein. Insgesamt 1 000 m Gesteinsmaterial wurden vom Gipfel des Vulkans abgesprengt und zum Teil in die Atmosphäre geschleudert. Es wird davon berichtet, dass es sich um den größten Vulkanausbruch in geschichtlicher Zeit auf der Erde gehandelt haben soll. Man geht davon aus, dass 66 000 Menschen bei dieser Explosion umgekommen sind. Das darauf folgende Jahr 1816 ging in Europa als das **„Jahr ohne Sommer“** in die Klimageschichte ein. Der Tambora-Ausbruch aus dieser Zeit gab schon frühzeitig Anlass über die Wirkungen von Vulkanausbrüchen auf das Klima zu diskutieren. In grönländischen Eiskernen wurden die Spuren dieses Ausbruches jüngst ebenso an Baumringen entdeckt und bestätigten die Annahme, dass der Ausbruch das Klima stark beeinflusst hat.

Auf der Insel **Java** befindet sich der aktive Vulkan **Merapi**. Mit großer Regelmäßigkeit haben schwere Ausbrüche nachweislich ab dem Jahr 1680 die Insel heimgesucht. Glutwolken, Lavaergüsse und heftige Explosionen kennzeichnen immer wieder die Aktivität dieses Vulkans. Dies führte dazu, dass in Abständen von 10 bis maximal 20 Jahren Tausende von Einwohnern evakuiert werden mussten. Im Jahr 1981 waren davon ca. 500 000 Menschen betroffen. Der Merapi gehört zu den besonders gut überwachten Vulkanen. Daher sind die Opfer unter der Bevölkerung relativ gering geblieben. 1994 wurde ein ganzes Dorf Opfer flüssiger Lava. Das Geoforschungszentrum Potsdam hat gemeinsam mit indonesischen Vulkanologen ein Forschungsprojekt zur Eruptionsvorhersage installiert, um diesen Hochrisiko-Vulkan unter Kontrolle zu halten.

Der Merapi ist eine besonders interessantes Studienobjekt. Die Zyklen des Vulkans sind überschaubar. Innerhalb von maximal 8 Jahren wiederholen sich seine Ausbrüche. Besonders gefährlich, aber auch typisch, ist die Bildung einer zähen

Semeru-Vulkan

Lavakuppe auf dem Gipfel. Langsam aufsteigende Lava bildet eine zähplastische Haut, es wölbt sich ein Dom auf und die Blase platzt. Der Inhalt bestehend aus flüssiger Lava, zerborstenen Gesteinsbrocken und überhitzten Gasen bewegt sich vom Explosionsort in großer Höhe mit hoher Geschwindigkeit (über 100 km/h), der Schwerkraft folgend, talwärts. Die Regelmäßigkeit, mit der sich das Phänomen auf dem Merapi wiederholt, macht ihn zu einem einzigartigen Experimentierfeld.

Bei einer der letzten Eruptionen sind rund 2 Mio. m^3 des beschriebenen höllischen Gemisches zu Tal gegangen. Über 60 Menschen wurden bei diesem Ausbruch durch die Glutwolke getötet. Die unmittelbare Gefahr wurde nicht erkannt und die Bewohner nicht rechtzeitig gewarnt.

Der Vulkan ist für die Millionen Einwohner der Region ein hohes Risiko. Ein Konsortium der Deutschen Forschungsgemeinschaft (DFG) arbeitet in einem internationalen **Merapi-Projekt** an der Erfassung und Auswertung der Daten mit. In einem ausgedehnten Messnetz werden die Erschütterungen, die das aufsteigende Magma im Berg verursacht, studiert und äußerliche Veränderungen am Krater vermessen. Änderungen des magnetischen und des elektrischen Feldes sowie die Zusammensetzung vulkanischer Gase werden kontinuierlich überwacht. Sie geben Auskunft über die Zusammensetzung des Magmas, seine Veränderungen und über den Aufstieg aus der Tiefe. Die Daten werden automatisch vom Gipfel zu einer Messstation der Universität in Yogyakarta übertragen.

Im Falle eines Ausbruchs werden natürlich auch die Verhaltensweisen der Glutwolken und Auswurfprodukte untersucht. Der Merapi ist durch die internationale Zusammenarbeit zu einem einzigartigen „Vulkanlabor" avanciert.

Eruptionswolke des Papandayan

Gelegentlich wird bei einem Vulkanausbruch ein Teil des Kegels weggesprengt und ein Teil des ehemaligen Kraters bleibt neben dem neuen Vulkan stehen. Nach dem gut bekannten Beispiel vom Vesuv, dessen sichtbare Silhouette eigentlich aus zwei Gipfeln gebildet wird, dem älteren Teil, dem Monte Somma, und dem jüngeren Vesuv werden derartige Vulkanbauten auch **„Sommavulkane“** genannt. Die Entstehung solch eines Doppelgipfels erlebten die Bewohner am Fuße des **Papandayan** auf der Insel Java im Jahre 1772. Auch dieser Vulkan gehört zu jenen mit einer Furcht erregenden Vergangenheit. Die oft zitierte Katastrophe wird mit folgenden nüchternen Worten von einem Vulkanologen beschrieben: „1772, Mitternacht, 11./12. August starker Explosionsausbruch, am 12. August zwischen 2

Vulkan	Höhe [in m]	Land/Region	Beobachtung älteste	Beobachtung jüngste
Agung/Gunung Agung	3 142	Indonesien/Bali		1964
Banda Api	640	Inodnesien/Banda-In.	1586	1988
Banua Wuhu	12	Indonesien/Sangihe-In.	1835	1919
Batur/Gunung Batur	1 717	Indonesien/Bali	16.03.1821	2000
Bukit Down/Bukit Duen	2 467	Indonesien/Sumatra	solf. (1979)	1979
Cereme	3 078	Indonesien/Java	1500	1952
Colo/Una Una	507	Indonesien/Sulawesi	1898	20.07.1983
Damar	868	Indonesien/Damar-In.		
Dempo	3 173	Indonesien/Sumatra	19. Jh.	1994
Dieng/Dieng-Gebirge	2 565	Indonesien/Java	9. Jh.	1996
Dukono/Tolo	1 185	Indonesien/Morotai-In.	1550	2002

Aschebedecktes Dorf nach Ausbruch des Papandayan

und 3 Uhr morgens ... drückte die im Krater aufgestiegene Lava die lockere Nordwand hinaus, so daß sie fünf Minuten lang ausfloß und gewaltige Massen von lockeren Trümmern und Gesteinsstücken als eine Art Lawine nach Nordosten niedergingen, wobei 2 957 Menschen getötet und weite Flächen, wohl 20 Quadratkilometer, mit Schutt überdeckt wurden."

Unlängst begann eine seiner häufigen Eruptionen mit einer 6 km hohen Explosionswolke. Bei dem jüngsten Ausbruch, der im Winter 2002 anfing, wurde wieder viel Lava gefördert. Die Geschichte von 1772 war noch präsent, denn Tausende Anwohner flüchteten zunächst aus der fruchtbaren und zugleich furchtbaren Gefahrenzone, mit dem Ergebnis, dass dieses Mal keine Todesopfer zu beklagen waren.

Bemerkungen
200 m tiefer Krater, 1963/64 andauernde Ascheeruption, zahlreiche Opfer
später wird von häufiger Tätigkeit berichtet, strombolianische Perioden, Vulkanausbrüche: 1615, 1820, 1824, 1890
Explosion, Wolke bis in 5 000 m Höhe, Rauchsäulen, häufig neue Inseln: 1833, 1889, 1904, 1935
Stratovulkan, Krater in Gipfelcaldera, gelegentliche Lava- und Ascheeruptionen
Kratersee in 2 363 m Höhe, typischer Stratovulkan mit Basaltlaven
Hauptkrater tätig, Lahars
explosive Ausbrüche, pyroklastische Ströme
solfatarisch tätig
im Zentralkrater befindet sich See mit heißem Wasser, gelegentliche pyroklastische Ausbrüche
Vulkanmassiv mit zahlreichen Kratern und Seen
Hauptkrater, in dem die Vulkanausbrüche erfolgen, Lava zerstört gelegentlich Straßen

Vulkan	Höhe [in m]	Land/Region	Beobachtung ältesten	jüngste
Ebolobo/Ambulombo	1969	Indonesien/Flores	1830	1969
Egon/Egong	1703	Indonesien/Flores	1888	1907
Gulunggung/Gunung Warirang	2168	Indonesien/Java	1822	1984
Gamalama	1715	Indonesien/In. Ternate	16. Jh.	1994
Gamkunora	1635	Indonesien/Halmahera	1564	1987
Gede	2958	Indonesien/Java	1747	1957
Guntur/Gunung Guntur	2249	Indonesien/Java	1800	1847
Gunungapi Wetar	282	Indonesien/Bandasee	1699	
Gunung Awu/Awu, Awoe	1320	Indonesien/Sangihe-In.	1641	1992
Ibu	1325	Indonesien/Halmahera	1911	1999
Iliboleng/Adonara	1659	Indonesien/Kleine Sunda-In.	1885	1993
Inieri	2245	Indonesien/Flores		1911
Iya/Pui	637	Indonesien/Flores	1844	1969
Kaba	1952	Indonesien/Sumatra	1817	2000
Keli Mutu	1640	Indonesien/Flores		1968
Kelut	1731	Indonesien/Java	1586	1990
Kerinci/Korintji, Indrapura	3800	Indonesien/Sumatra	1838	2002
Krakatau/Krakatoa	813	Indonesien/Große Sunda-In.	1680	2001
Komba pulu/Batu tara, Komba, Pulu	748	Indonesien/Komba-In.	1887	
Lamongan/Lemongan	1651	Indonesien/Java	1806	
Lawu/Lavu	3265	Indonesien/Java	1752	1908
Lewotobi/Laki-Laki, Lewotobi	1703	Indonesien/Flores	1859	1999
Lokon-Empung/Ambang	1580	Indonesien/Sulawesi	500 v. Chr.	2001
Makian	1357	Indonesien/Makian-In.	1646	1988
Manuk	282	Indonesien/Manuk-In.		
Marapi	2891	Indonesien/Sumatra	15. Jh.	2001
Merapi	2947	Indonesien/Java	1680	2002
Merbabu	3145	Indonesien/Java	16. Jh.	1797
Ndete-Napu	750	Indonesien/Flores		1929
Nila	781	Indonesien/Nila	1932	1968
Paluweh/Rokatenda	875	Indonesien/Radja	1928	1985
Papandayan	2665	Indonesien/Java	1772	03.03.2002
Peuet Sague	2810	Indonesien/Sumatra	1920	2000
Ranakah	2100	Indonesien/Flores		1991
Raung	3332	Indonesien/Java	1638	09.09.2002
Rinjani/Rindjani	3726	Indonesien/Lombok	1847	1994
Ruang/Roewang	725	Indonesien/Sangihe-In.	1808	1949
Sangeang Api	1949	Indonesien/Kleine Sunda-In.	1512	1988
Semeru/Smeru	3676	Indonesien/Java	18. Jh.	2002
Sempu	1549	Indonesien/Sulawesi	1819	1956
Serua/Legelala	641	Indonesien/Bandasee	1683	1921
Seulawah Agam/Solawaih Agam	1810	Indonesien/Sumatra	16. Jh.	1839
Slamet	3432	Indonesien/Java	1772	1999
Soputan/Saputan, Soepoetan	1784	Indonesien/Sulawesi	15. Jh.	2000
Sorik Marapi	2145	Indonesien/Sumatra	1880	1986
Sundoro/Sendoro	3136	Indonesien/Java	1720	1971
Talang/Gunung Salassi	2597	Indonesien/Sumatra	19. Jh.	2001
Tambora/Gunung	2850	Indonesien/Sumbawa	06.04.1815	1967
Tandikat	2438	Indonesien/Sumatra	1889	1924
Tangkuban/Perahu	2084	Indonesien/Java	1826	1983
Teon	655	Indonesien/Bandasee	1660	1904
Tong Koko	1149	Indonesien/Sulawesi	1801	1880
Wurlali	868	Indonesien/Bandasee	unbekannt	1892

Bemerkungen

Gipfelkrater zugänglich
auf dem Gipfelkrater Kratersee mit Solfatarenfeldern
1822: Vulkanausbruch und Ablaufen des Kratersees, später Schutzmaßnahmen gegen Fluten, über 4 000 Opfer
bis 1250 gab es eine Stadt auf dem Berg, nach heftigem Ausbruch 1980 50 000 Einwohner geflohen
explosive Tätigkeit, 1673 Tsunami ausgelöst
kleine explosive Caldera, Einstiegsmöglichkeit touristisch erschlossen
Lava und Lockermassenförderung, häufige Ausbrüche ab dem 19. Jahrhundert
Reisende berichten von Ausbrüchen, heute begrünter Vulkan Balis höchster „heiliger Berg"
1892: 2 000 häufige explosive Ausbrüche: 1641, 1711, 1812, 1856, 1892, Kratersee über 150 m tief, 1892: 2 000 Opfer
heiße Quellen in der Umgebung, 400 m tiefer Gipfelkrater, einige Kraterseen
zahlreiche kleinere Krater
Schwefelgewinnung am Vulkan, ständige Rauchfahne
unerhebliche Ausbrüche in historischer Zeit
starke Ascheausbrüche aus dem Gipfelkrater, 2 000 Opfer
Kratersee mit mineralisiertem Wasser, Solfataren, beliebtes Touristenziel
1926 Wasserableitung aus dem Gipfelkratersee gebaut, Ausbrüche: 18./19. Jh., 1919, 1966, Tote durch Lahars, 5 100 Opfer
weiter Gipfelkrater zeitweise wassergefüllte Kraterseen
1883 Extremausbruch, Aschetransport weltweit, Vulkanausbrüche: 1680, 1883, 1927, 1935, 1981, 36 500 Opfer
Fumarolen
zahlreiche Maare in der Umgebung
Fumarolen auf der Südflanke
Doppelgipfel, volkstümlich: „Hausherr und Hausfrau"

regelmäßige Ausbrüche, 1760: ca. 2 100 Opfer
Fumarolen, Basis des Vulkans unmittelbar 3 000 m u. d. Meeresspiegel, Schwefelabbau
gelegentliche Verwechslungen mit Merapi auf Java
gefährliche Explosionen mit Aschefall: 1680, 1822, 1883, 1981, 1994, 1997, 2001, Vulkanobservatorium, 1930: 1 730 Opfer
selten Lava
Schlammkrater, Heißwasserfontänen
Inselvulkan, Stadt Rumadai 1932 von Asche bedeckt
explosive Eruptionen
gefährliche Explosion 1772 zerstört 40 Ortschaften, Explosion 2002
Lavadom gebildet
zahlreiche Evakuierungen, Land- und Forstwirtschaft schwer geschädigt
einer der aktivsten Vulkane Javas, Stratovulkan, historisch belegte Eruptionen in der Caldera
Lavaströme füllten einen nahen See aus
Inselvulkan
in 1 950 m Höhe Nebenvulkane (Parasitärkrater)
höchster Vulkan Javas, strombolianisch tätig, Verletzungen und Opfer unter Touristen
Wasser gefüllte Maare in der Nähe, seit 1938 Schwefelgewinnung

bis in das 18. Jahrhundert Schwefelausbeutung im Krater
Solfataren, Kraterseen in Nebenkratern
regelmäßig in den letzten Jahren tätig, Ausbrüche: 1982, 1984, 1985
regelmäßige aber schwache Tätigkeit (Asche, Steine)
Schwefelgewinnung in einem Spaltensystem, außergewöhnlich symmetrischer Kegel

bedeutendster Ausbruch in geschicht. Zeit, hoher Aschetransport. ca. 150 km^3 Asche: Klimabeeinträchtigung, 66 000 Opfer
typischer Sommavulkan, regelmäßig wiederkehrende Ausbrüche, Kraterseen
regelmäßig wiederkehrende Ausbrüche: 1829, 1846, 1850, 1896, 1910
pyroklastische Ströme, 1660 wurden zahlreiche Wohnstätten zerstört, zahlreiche Opfer
Dua Saudara Nationalpark
Stratovulkan, wenig explosive Eruptionen

CHINA
FUZHOU
TAIPEH
KANTON
HONGKONG
Macau
TAIWAN
3952
JAPAN
Ryukyu-In.
Taiwan-Str.
Daito-In.
Vulkan-In. (Japan)
Minami Tori (Marcus-I.)
Okino Tori (Japan)
Nördliche Marianen (USA)
Saipan
Agaña
Guam (USA)
PAZI
Mikronesien
MARSHA
Enewetak-Atoll
Südchinesisches Meer
2929
Pinatubo
1486
Luzon
MANILA
PHILIPPINEN
Mindoro
Samar
Panay
Palawan
Negros
Mindanao
Sulusee
Sulu-In.
Kinabalu
4101
BRUNEI
MALAYSIA
2957
Borneo
2278
(Kalimantan)
Palau-In.
Koror
PALAU
Yap-In.
Chuuk-In.
Pohnpei
Palikir
Karolinen
MIKRONESIEN
Kosrae
Melanesien
Sangir-In.
Makassar-Str.
Molukkensee
Halmahera
Biak
Admiralitäts-In.
Bismarck-archipel
Rabaul 688
Neuirland
3311
Celebes (Sulawesi)
Molukken
Seram
Buru
3455
INDONESIEN
Carstenszspitze 4884
Neuguinea
Irian
Sepik
4509
PAPUA-NEUGUINEA
Mt. Wilhelm
Neubritannien
Bougainville
Choiseul
Santa Isabel
Salomonen
Salomonensee
UJUNG PANDANG
Javasee
Bandasee
Kai-In.
Aru-In.
Tanimbar-In.
Fly
4073
Port Moresby
Mt. Victoria
Honiara
Malaita
2331
Guadalcanal
San Cristóbal
SURABAYA
Kleine Sunda-Inseln
2850
Tambora
Flores
OSTTIMOR
Dili
Dolak
Arafurasee
Torresstr.
Kap York
Java
Bali
Sumba
Timor
Melville-I.
Louisiade-Arch.
Ashmore- und Cartier-In. (austr.)
Timorsee
Darwin
K. Arnhem
Carpentariagolf
Groote Eylandt
Korallenmeer
Cairns
1622
Korallenmeer-In. (austr.)
Chesterfield-In.
Fitzroy
Flinders
1628
Neukaledonien (frz.)
Nordwestkap
1253
1531
Alice Springs
AUSTRALIEN
867
Ayers Rock
1435
Cooper
Fraser-I.
BRISBANE
Carnarvon
-12
1615
Darling
1189
Lord-Howe-I. (Austr.)
SYDNEY
PERTH
Große Australische Bucht
ADELAIDE
Murray
Canberra
Mt. Kosciusko
2228
MELBOURNE
Kap Leeuwin
Känguru-I.
King-I.
Bass-Str.
Tasmansee
1617
Tasmanien
Hobart
Südostkap
INDISCHER OZEAN
NEUS
Stewart
Südwestkap
(Neuseel.)
Auckland-In.

Hawaii-Inseln
VEREINIGTE STAATEN
Oahu
Maui
Hawaii
Kilauea
1222
Wake
(USA)
Johnston-I.
(USA)
P O L Y N E S I E N
F I S C H E R
O Z E A N
INSELN
Ratakgruppe
Ralikgruppe
Uliga
Majuro-Atoll
Kingmanriff
Palmyra-I. (USA)
Teraina
Tabuaeran
Bairiki
Gilbert-In.
Howland-I. (USA)
Baker-I.
NAURU
Banaba
Kiritimati
Montag
Sonntag
K I R I B A T I
Kanton
Phoenix-In.
Jarvis-I.
(USA)
Line-Inseln
MONEN
Ellice-In.
Funafuti
TUVALU
Malden
Santa-Cruz-
In.
Atafu
Tokelau
(neuseel.)
Starbuck
Rotuma
Wallis und Futuna
(frz.)
SAMOA
Apia
Savai'i
Upolu
Amerik.-
Samoa
Pago Pago
Tutuila
Pukapuka
Tongareva
Nassau
Manihiki
Espiritu Santo
Malekula
879
VANUATU
Port Vila
Efate
Erromango
Vostok
Caroline
Flint
Marquesas-In.
Vanua Levu
Viti Levu
Suva
Lau-In.
FIDSCHI
Loyauté-In.
Nouméa
TONGA
Nuku'alofa
Alofi
Niue
(neuseel.)
Cook-In.
(neuseel.)
Gesellschafts-In.
Tuamotu-Inseln
Aitutaki
Hervey-In.
Papeete
2241
Tahiti
Franz.-Polynesien
Avarua
Rarotonga
Norfolk-I.
(austr.)
Datumsgrenze
Tubuai-In.
Duc-de-
Gloucester-In.
Kermadec-In.
(Neuseel.)
Mururoa
Nordkap
Auckland
Nordinsel
Ostkap
2797
Ruapehu
Rapa
Adamstown
Oeno
Pitcairn-In.
(brit.)
Wellington
Mt. Cook
Christchurch
Südinsel
Dunedin
Chatham-In.
(Neuseel.)
Bounty-In.
Antipoden-In.
1 : 55 000 000
0
500
1000
1500
2000 km

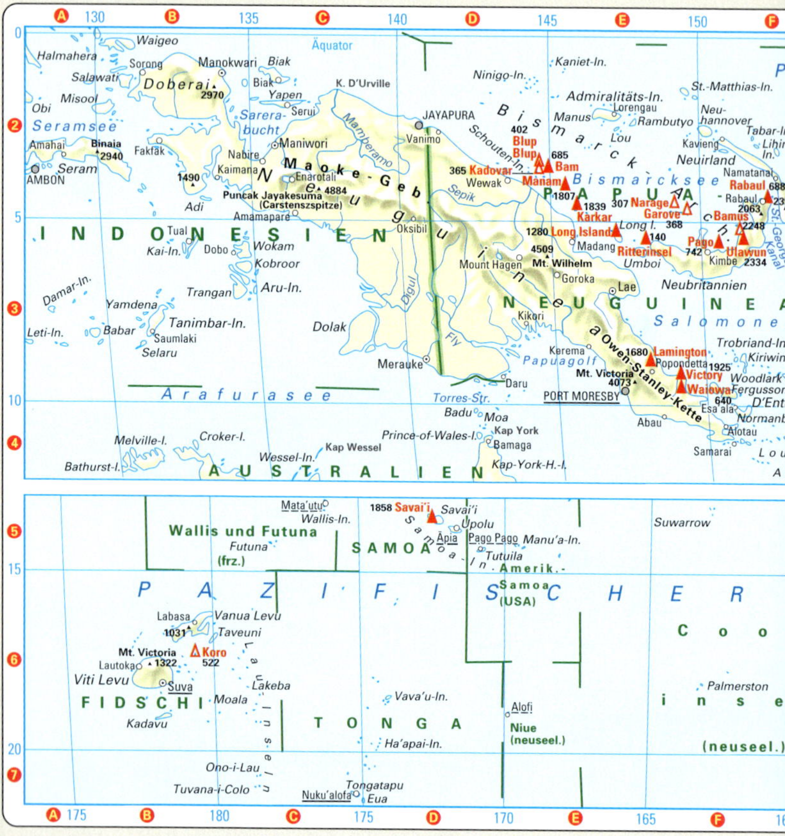

Es gibt nur wenige Vulkane auf der Erde, die vor den Augen ihrer Beobachter entstanden sind, beispielsweise der Monte Nuovo in Italien, die Insel Surtsey vor Island oder Capelinhos vor der Azoreninsel Faial.

Im abgelegenen Archipel von **Papua-Neuguinea** spielte sich im September 1943 durch eine Explosion ohne vorhergehende Ankündigung die Geburt eines neuen Vulkans ab. Der **Waiowa** auf der östlichen Halbinsel ist in den vergangenen 60 Jahren auf 640 m angewachsen. Er ist ein typischer Vulkan mit strombolianischer Tätigkeit, die aber in den letzten Jahren erloschen ist.

Der **Hauptinsel Neuguinea** sind zahlreiche aktive Vulkane vorgelagert, deren Tätigkeit selten bemerkenswerte Dimensionen erlangte um in die internationalen Nachrichten zu gelangen. Bemerkenswert ist der Vulkan **Rabaul** auf den Gazellen-Inseln, der im Jahre 2002 die Hafenstadt Rabaul mit Asche und Bimsstein bedeckte und den Hafenbetrieb zum Erliegen brachte.

Vom Vulkan **Victory** wird berichtet, dass er im Jahre 1935 vorbeifahrende Schiffe

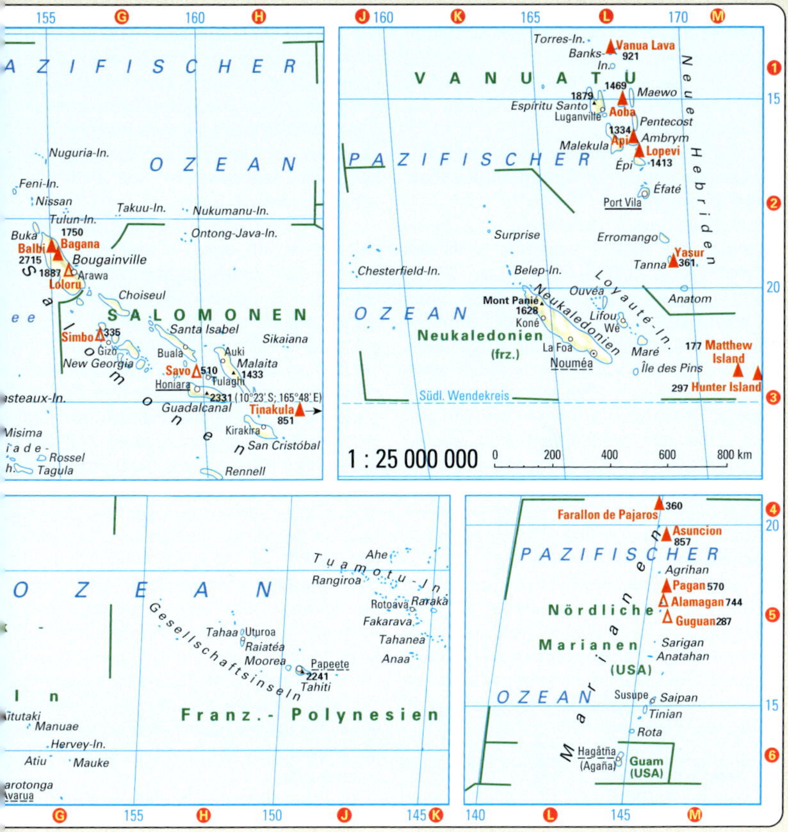

durch glühende Lavabomben in Brand gesetzt hat. Auf der Vitu-Insel war **1861** der Vulkan **Narage** tätig. Seither gibt es zahlreiche Geysire auf der Insel mit bis zu 50 m hohen Fontänen. 1888 forderte der Vulkan auf der **Ritterinsel** 3 000 Opfer unter der Bevölkerung.

Die zu dem Staat **Vanuatu** gehörenden Neuen Hebriden werden durch eine Gruppe von aktiven Vulkanen und Vulkanruinen gebildet. Die Inseln zeichnen sich durch viele Solfatarenfelder aus.

Die Insel Lopevi wurde häufig vom gleichnamigen Vulkan bedroht und die Bevölkerung evakuiert. Der „Leuchtturm des Westpazifiks" ist der strombolianisch tätige **Farallon de Pajaros**, der zu den **Nördlichen Marianen** gehört.

Der berühmte Kapitän James Cook hat bereits 1774 den Archipel bereist und etliche Vulkane periodisch tätig angetroffen. Seine Berichte haben Eingang in einen ersten Katalog tätiger Vulkane gefunden, den Alexander von Humboldt in seinem „Kosmos" 1858 veröffentlichte.

Die Pazifischen Inseln haben die Fantasie der Seefahrer und Abenteurer zu allen Zeiten angeregt. Auch heute genießen die Ferienreisenden die einzigartige Inselwelt, die sowohl in ihrer Gestalt als auch in der Verteilung der Inseln Aufschluss über ein wichtiges Kapitel des Vulkanismus gibt.

Außerhalb der **Mittelozeanischen Rücken**, an denen die **Ozeanischen Platten** ihren frischen Gesteinsnachschub aus tiefen Rissen beziehen, gibt es immer wieder die bereits beschriebenen **Hot Spots**, jene heißen Flecken, an denen sich eine Magmasäule, ein **Plum** durch die driftenden Platten wie ein Bunsenbrenner durchbrennt und für eine besondere Form des Vulkanismus verantwortlich ist. Auf dem Ozeanboden entsteht zunächst ein kleiner Vulkan, der sich stetig in die Höhe arbeitet und einen mächtigen Gesteinssockel aufschüttet bis der Vulkan aus dem Wasserspiegel hervorragt. Seefahrer haben häufig solche **Inselentstehungen** beobachtet und staunend beschrieben.

Das Antlitz der pazifischen Inselwelt hat sich wahrscheinlich im Laufe der jüngeren Erdgeschichte vielfach geändert und möglicherweise auch Wanderungsbewegungen der Völker in diesem Raum ermöglicht, die wir heute nicht mehr nachvollziehen können.

Siedlung auf Samoa

Nur wenige der **submarinen Vulkane** sind allerdings auserkoren, dieses Stadium zu erreichen. Man darf ohne Übertreibung feststellen, dass nach heutiger Kenntnis des Meeresbodens mehrere tausend Vulkane als stumpfe Kegel auf dem Meeresboden ihr Dasein beenden, weil der Nachschub an Material fehlte.

Die Vulkane aber, die eine derartige Höhe erreichen, dass sie schließlich eine Insel bilden, leiden unter ihrem eigenen Gewicht und drücken gewissermaßen die Kruste, auf der sie entstanden sind wieder ein und sinken schließlich unter den Meeresspiegel zurück. Es handelt sich dabei um einen isostatischen Massenausgleich. Dieser Vorgang vollzieht sich so langsam, dass er ausreichend Zeit hat, um an den Rändern der Insel unter den geeigneten tropischen Bedingungen Korallenbänke siedeln zu lassen und die Inseln oft ringförmig umwachsen. Schließlich zeugt nur noch das von Pflanzen besiedelte Riff vom einstigen Vulkan, der nur solange als Feuer speiender Berg existiert, wie er durch den Ozeanboden hindurch mit Magma und ausreichender Hitze versorgt wird. Schließlich beginnt der Hot Spot an anderer Stelle erneut einen Vulkan und damit eine künftige mit einem Korallenriff versehene Vulkaninsel aufzubauen.

Charles Darwin vermutete in der Mitte des 19. Jahrhunderts, dass **Korallenriffe** auf alten Vulkangebäuden aufsitzen und formulierte damit bereits die Ahnung, dass der Meeresboden des Pazifik nicht so gleichmäßig gestaltet ist, sondern möglicherweise mit zahlreichen Unterwasservulkanen besetzt sei, wie man es heute durch die Unterwasserforschung bestätigt hat.

Meeresforschung ist in zunehmendem Maße auch geologische Forschung. Der Pazifik ist nicht nur von einem **Feuerring** umgeben, der im Wesentlichen die Plattengrenzen der Pazifischen Platte sichtbar werden lässt, sondern auch ein faszinierendes Anschauungsobjekt für die driften-

Entstehung eines Atolls

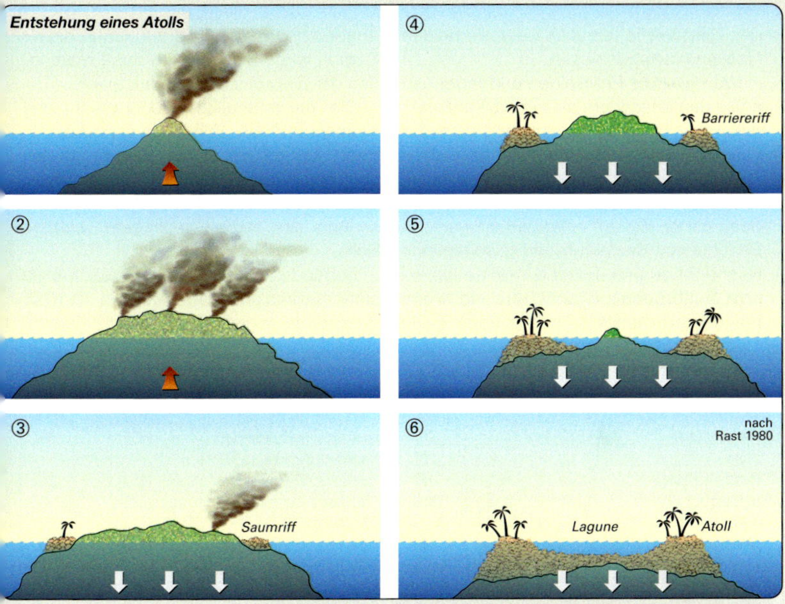

Bora Bora – Atoll mit Vulkanruine

den Plattenteile, die sich über die heißen Flecken hinwegbewegen.

Während die Philippinen und Indonesien zu den besonders aktiven Vulkanzonen des Pazifiks gehören, vollzieht sich der Vulkanismus im Bereich der pazifischen Inselwelt weniger geräuschvoll. Allerdings werden die Vulkane auch nicht so intensiv beobachtet. Bis auf einige abenteuerliche Berichte von Seefahrern dringt selten eine Nachricht zu uns. Es sind wenige explosive Ausbrüche bekannt, die weltweite Folgeerscheinungen gezeigt haben. Die Ausbruchsgeschichte der Vulkane dieser Region wird vielfach auch aus Erzählungen der Einheimischen rekonstruiert.

Die Vulkantätigkeit wird erforscht und beobachtet von Vulkanobservatorien in Papua-Neuguinea, in Vanuatu und auf den Salomonen. Innerhalb der **Marshallinsel** spielte das **Enewetak-Atoll** für die Erforschung des Vulkanismus eine wichtige Rolle.

Lebende **Korallen** trifft man nur in einer maximalen Wassertiefe von 30 m an, die großen angetroffenen Mächtigkeiten

Vulkan	Höhe [in m]	Land/Region	Beobachtung älteste	Beobachtung jüngste
Hunter Island	297	Frankreich/Neukaledonien	1835	1903
Koro	522	Frankreich/Fidschi		
Matthew Island	177	Frankreich/Neukaledonien	1949/1953	aktiv
Bagana	1750	PNG/Bougainville In.	Aug. 1875	2002
Balbi	2715	PNG/Bougainville In.		1956
Bam/Lesson	685	Papua-Neuguinea	1616	1960
Bamus/South Son	2248	PNG/Neubritannien	1878	unbekannt
Bango/Pago	742	Papua-Neuguinea	1912	18.10.2000
Blup Blup/Garnot	402	Papua-Neuguinea	1616	
Garove	368	Papua-Neuguinea/Vitu		
Kadovar/Blosseville In.	365	Papua-Neuguinea	1616	1700
Karkar	1839	Papua-Neuguinea	1643	1979
Lamington	1680	Papua-Neuguinea		1951
Loloru	1887	PNG/Bougainville In.		11. Jh.
Long Island	1280	Papua-Neuguinea		1993
Manam/Manumudar	1807	Papua-Neuguinea	1616	2000
Narage	307	Papua-Neuguinea/Vitu	1861	
Rabaul/Matupit In.	688	PNG/Neubritannien	1878	17.01.2002
Ritterinsel/Vulcano Island	140	Papua-Neuguinea	17. Jh.	1888
Ulawun	2334	PNG/Neubritannien	18. Jh.	20.11.1985
Victory/Mount Victory	1925	Papua-Neuguinea		1935
Waiowa	640	Papua-Neuguinea	1943	1944
Savo	510	Salomonen	1568	1850
Simbo	335	Salomonen/New Georgia	unbekannt	solfatarisch
Tinakula/Tinakoro	851	Salomonen	1595	1985
Savai'i	1858	Samoa	Ende 17. Jh.	um 1980
Alamagan	744	USA/Nördl. Marianen	ca. 1817	solfatarisch
Asuncion/Assungson	857	USA/Nördl. Marianen	1796	1906
Farallon de Pajaros	360	USA/Nördl. Marianen	18. Jh.	1967
Guguan	287	USA/Nördl. Marianen	1819	1883
Pagan	570	USA/Nördl. Marianen	Ende 17. Jh.	15.05.1981
Aoba	1469	Vanuatu	unbekannt	1995
Api/Ambrym	1334	Vanuatu	1774	2002
Lopevi	1413	Vanuatu	unbekannt	2001
Vanua Lava/Suretamatai	921	Vanuatu	1856	1966
Yasur/Yasowa	361	Vanuatu	19. Jh.	Okt. 2002

von Korallenkalken, d.h. abgestorbenen Korallen, beweisen das stetige Absinken des vulkanischen Kerns. Im Zusammenhang mit Tiefbohrungen zur Vorbereitung von Wasserstoffbombentests stießen die Forscher in einer Tiefe von 1200 m unterhalb des Korallenkalkes auf einen **Vulkanberg**. Der wiederum hatte seine Wurzeln in über 3 km Tiefe auf dem Meeresboden. Die Vermutungen CHARLES DARWINS und des englischen Geologen CHARLES LYELL erfuhren so eine eindeutige Bestätigung.

Auf den **Samoa-Inseln** spielt unter den Vulkanen der Savai'i-Vulkan eine bemerkenswerte Rolle. Er ist in jüngerer Zeit regelmäßig in Tätigkeit gewesen. Auch hier sind die Erzählungen der Eingeborenen von wichtiger Bedeutung in der Rekonstruktion vulkanischer Ausbrüche, deren Auswurfprodukte weite Teile der bebauten Landfläche bedeckten, aber sonst weitgehend im Meer versanken. Von zahlreichen kleinen Vulkanen, wahrscheinlich **Parasitärkratern des Savai'i**, ist nur in Randbemerkungen die Rede.

Bemerkungen
Inselvulkan aus großer Meerestiefe ausgebaut, Stratovulkan, 1798 entdeckt
Inselvulkan aus 1200 m Meerestiefe aufgestiegen, Krater aktiv, 1788 von METTHEW entdeckt
Mitte 19. Jahrhundert Lavaausbrüche
Rauchentwicklung beobachtet
explosive Tätigkeit vom Zentralkrater ausgehend
große Caldera
ausgedehnte Hydrothermalfelder
s.a. Rabaul
Hinweise: Einwohner berichteten von gewaltigen Ascheausbrüchen „vor Generationen“
1951 entstand ein 560 m hoher Lavadom, über 2900 Opfer
Caldera mit neuem Krater im Zentrum
im 20. Jahrhundert explosiv tätig
häufig aktiv
Geysire auf der Insel, bis zu 50 m hohe Fontänen
Ausbrüche beinflussten wichtige Hafenstadt Rabaul durch Asche und Bimsstein
Eruption 1888 forderte über 3000 Opfer
Vulkan mit 200 km² Grundfläche, bei letztem Ausbruch Evakuierung zahlreicher Einwohner
im 20. Jahrhundert wurden vorbei fahrende Schiffe von Auswurfmassen des Vulkans getroffen
typischer Vulkan mit strombolianischer Tätigkeit, in den letzten Jahren erloschen
explosive Tätigkeit beobachtet
Inselvulkan mit Kratersee, zahlreiche heiße Quellen
in jüngerer Zeit strombolianisch tätig
in jüngerer Zeit häufig tätig
in Höhe von 700 m setzt jüngerer Krater mit auffälligen Solfataren an
Stratovulkan mit asymmetrischem Gipfelkonus mit Krater von 150 m Durchmesser
strombolianisch tätig, „Leuchtturm des Westpazifiks“
junger Stratovulkan
Lavaaustritte bedrohten 1981 und 1993 die Bewohner der Insel, Doppelvulkan mit Kratersee, 1995 solfatarisch tätig
Nebenvulkane, Caldera mit Solfatarenfeldern, 1913 bilden sich 6 Parasitärkrater
Vulkaninsel musste häufig evakuiert werden
Ascheförderung
periodisch tätig, 1774 von COOK beschrieben

Neuseeland erweist sich für Fachleute und Touristen als ein bemerkenswertes Vulkanland. Die durch explosive Ausbrüche gekennzeichneten **Subduktionsvulkane** präsentieren sich in idealer Form. Die noch relativ junge Geschichte ihrer Beobachtung und Wirkung auf das Land stimmen mit den geltenden wissenschaftlichen Vorstellungen gut überein. Der den Pazifik umgebende **„Ring of Fire"** setzt sich folgerichtig vor der neuseeländischen Nordinsel fort. Er ist hier Ursache des Vulkanismus mit seinen Stratovulkanen, dem Ngauruhoe, Ruapehu, dem Whakari auf White Island und anderen. Das Abschwenken der Subduktionszone zwischen Australischer und Pazifischer Platte in südwestlicher Richtung erklärt den unterschiedlichen geolo-gischen Charakter der vulkanisch aktiven Nordinsel und der relativ stabilen Südinsel (vgl. S. 113).

Die explosive Tätigkeit der Vulkane auf der Nordinsel erzeugte in der beobachteten Geschichte zahlreiche hohe Explosionswolken (maximal 20 000 m), was gelegentlich zur Schließung des Luftraums über der Nordinsel führte. Diese explosive Aktivität verursachte in der Region Taupo, deren See das Relikt gewaltiger Vulkanausbrüche ist, eine Lockermassenschicht mit Bimsstein von ca. 50 000 km². Der **Okataina** hatte im Jahre 1886 durch einen Ausbruch einen intensiven Dunstschleier verursacht, der die Sonneneinstrahlung beeinflusst haben soll und für weltweit klimatische Veränderungen am Ende des 19. Jahrhunderts verantwortlich gemacht wurde.

Die Vorgeschichte und Geschichte von Vulkanausbrüchen auf Neuseeland hat zu einer gut organisierten Forschung geführt. Insbesondere den Ausbrüchen vorangehende Erdbebenschwärme werden sorgfältig für Prognosen ausgewertet. Besonders attraktiv erweisen sich über 20 **Geysire**. Im „Whakarewarewa Thermal Reserve" sind die Geysire gut erschlossen und zugänglich. Der Pohutu Geysir erzeugt Wassersäulen von 30 m Höhe. Die Vulkangebiete sind zumeist als Nationalparks ausgewiesen (Tongariro National Park) und touristisch gut erschlossen.

Mt. Egmont/Taranaki

Der 2 518 m hohe **Mount Egmont** bildet eine Halbinsel und markiert das westliche Ende einer Vulkanzone auf der neuseeländischen Nordinsel. Es ist ein sehr symmetrisch geformter **Stratovulkan**, der im Sinne unserer Auswahl nicht zu den in historischer Zeit tätigen Vulkanen gehört. Das bedeutet nicht, dass auch dieser Vulkan wieder einmal tätig sein wird. Seine Höhe und gute touristische Erschließung machen ihn zu einem idealen **Wintersport** und **Bergsteigergelände**. Er ist das Produkt einer sehr hohen Förderrate vulkanischen Materials, sein Alter wird bei dieser imposanten Höhe und seinem Basisdurchmesser von 45 km nur auf maximal 50 000 Jahre geschätzt. Die Stadt New Plymouth, auch als „Garden City" bekannt, liegt inmitten fruchtbarer Felder und Gartenanlagen, deren Ursprung vulkanische Produkte des Mount Egmont sind. Der Vulkan bildet das Zentrum des „Egmont-National-Park".

Der Name des Berges geht auf den legendären Kapitän Cook zurück, der ihn 1770 nach dem Mitglied der Admiralität, Lord Egmont, benannte. Unter dem einheimischen Namen **Taranaki** ist der Vulkan auch in die Vulkanliteratur eingegangen.

A B C D E F
165 170 175 180 185
35 40 45
1 2 3 4
Nordkap
Raoul 516 (Kermadec-In./ 29,11 S; 177,55 W)
Curtis 137 (Kermadec-In./ 30,35 S; 178,35 E)
Whangarei
Great Barrier Island
AUCKLAND
MANUKAU
Plenty-bucht
Whakari 321
White I.
Tauranga
Nordinsel
HAMILTON
1754
Ostkap
Rotorua
Okataina
1111
Gisborne
PAZIFISCHER
OZEAN
Tasman-see
1978
Tongariro
Ngauruhoe
Taranaki
2518
1978
Ruapehu
2797
Napier
Stratford
Hawkebucht
Hastings
Wanganui
K. Farewell
Cook-Str.
Palmerston North
Levin
Lower Hutt
WELLINGTON
Nelson
NEUSEELAND
Südliche Alpen
CHRISTCHURCH
Mount Cook 3754
Ashburton
Timaru
Südinsel
Chatham-In. (Neuseel.)
Oamaru
Te-Anau-See
DUNEDIN
1 : 21 000 000
Invercargill
Stewart
Südwestkap
0 200 400 600 800 km

Ruapehu

Als 1995 der Vulkan **Ruapehu** im Zentrum der Nordinsel ausbrach, war die Regierung veranlasst für das ganze Land Katastrophenalarm auszulösen. Bis in eine Höhe von 10 000 m wurde ein Flugverbot ausgesprochen, alle Flughäfen in einem Umkreis von 200 km geschlossen. Die Bewohner der Umgebung wurden aufgerufen, alle Wassertanks zu schließen und sich nur noch mit Mineralwasser zu versorgen, da Aschefälle das Wasser zu vergiften drohten. Hochspannungsleitungen wurden zerstört, wichtige Straßen in der Region des Vulkans gesperrt.

Die Regierung beeilte sich zu versichern, dass eine Panik nicht angebracht sei. Sicher erinnerte man sich bei dieser Eruption an einen Ausbruch des Ruapehu im Jahre 1953 mit sehr tragischen Folgen. Nach einer durchaus üblichen Eruption im Zentralkrater des Vulkans mit **Ascheeruptionen** und **Heißdampfausbrüchen** entwickelte sich an den Hängen eine gewaltige Schlammflut, die sich über die Täler ausbreitete. Dabei wurde eine über ein Flusstal führende Eisenbahnbrücke zerstört. Der gut besetzte Express von Wellington stürzte in die Schlucht. 150 Menschen fanden bei diesem Unglück den Tod.

Diese schlimmen Erfahrungen hinderten bei einem Ausbruch im September 1995 die Fremdenverkehrsbehörde nicht daran, Besucher aus aller Welt einzuladen, um wie es hieß „die einmalige Gelegenheit zu nutzen, spektakuläre vulkanische Aktivitäten“ aus sicherer Entfernung zu beobachten.

Außerhalb der Touristenströme liegt der **Whakari-Vulkan** auf der Insel White Island in der nordöstlichen Plentybucht, der eher etwas für Abenteuertouristen ist, die erst einmal auf die Insel gelangen müssen. Letztmalig brach dieser Vulkan 2001 aus. Diese Eruption schloss an eine lange Reihe ähnlicher Ausbrüche an, die sich in einem Rhythmus von etwa 5 Jahren wiederholen und auch einige Opfer gefordert haben. Bei Vulkanausbrüchen wurden häufig brennende **Schwefelbäche** beobachtet. Hier schmilzt sublimierter Schwefel durch die Hitze des Gesteins und gerät in Brand. In ruhigen Perioden des Vulkans wurden auf diese Weise entstandene Schwefellagerstätten auf der Vulkaninsel abgebaut.

Die nahen Magmenkammern im Untergrund Neuseelands haben zu einer intensiven **Nutzung der Erdwärme** geführt. Neben geothermisch beheizten Anlagen verfügt Neuseeland über reiche Erfahrungen in der Umwandlung von Heißdampf aus der Tiefe in elektrische Energie. Gegenwärtig produziert das Land auf diese Weise etwas über 6 % seines Gesamtbedarfes an elektrischer Energie (vgl. S. 238 ff.).

Kraftwerk Weirakei

Vulkan	Höhe [in m]	Land/Region	Beobachtung älteste	Beobachtung jüngste
Curtis/Kerttis, Kertis-Island	137	Neuseeland/Kermadec-In.	1830	
Ngauruhoe	1978	Neuseeland	1839	1975
Okataina/Tarawera	1111	Neuseeland	10.06.1886	1973
Raoul/Raul-Island	516	Neuseeland/Kermadec-In.	19. Jh.	1965
Ruapehu	2797	Neuseeland	1881	18.06.1996
Tongariro	1978	Neuseeland	1826	1977
Whakari/White Island	321	Neuseeland/Plentybucht	1837	2001

Subduktion im Bereich der Nordinsel

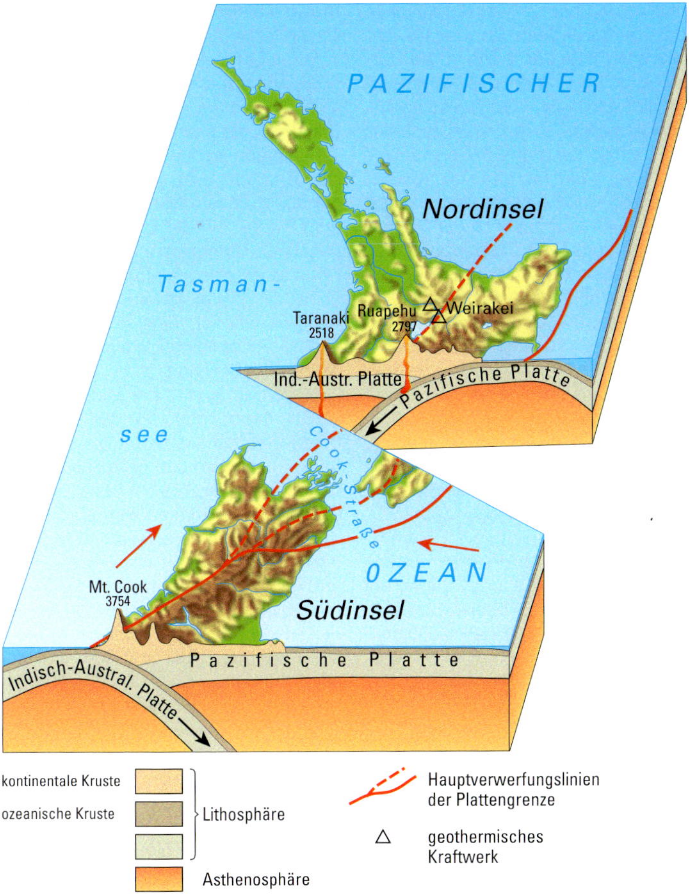

Bemerkungen
Bildung eines Inselvulkans (ca. 1000 m Durchmesser), basaltische Laven, 1830 entstanden
sehr dichte Ausbruchsfrequenz
exemplarische Explosion, Spalteneruption über 14,5 km, Geysire in der Nähe, 150 Opfer
hohe Explosionswolken (über 20 km), 1953 Schließung des Luftraumes u. Eisenbahnunglück durch Schlammflut, 151 Opfer
mehrere Terrassen, „Ketetathi“, Schlammvulkane, „Te-Mari-Krater“, „Roter Krater“
touristisch sehr attraktiv, 1914 kamen 11 Menschen bei Ausbruch um

Die Entstehung der antarktischen Vulkane entspricht den üblichen Gesetzmäßigkeiten am Rande anderer Kontinente. Die Antarktische Platte passt sich in das Puzzle der anderen Platten des Kontinents ein. Es gibt geologische Hinweise darauf, dass die **Antarktis** einmal einen zentralen Punkt innerhalb der driftenden Kontinente bildete. Fügt man die alten Kontinente Südamerika, Afrika und die Antarktis zusammen, muss es vor sehr langer Zeit Basaltausbrüche gegeben haben, die noch in der Formation des Trias und des Jura eine zusammenhängende Fläche bedeckt haben müssen. Erst danach müssen sich die Kontinente voneinander getrennt haben. Heute findet man diese alten vulkanischen Ergussgesteine an ganz unterschiedlichen Punkten der Welt. In der Antarktis sind diese alten Vulkangesteine westlich des Nullmeridians zu finden. Sie zeugen von früher vulkanischer Aktivität auf den alten Urkontinenten.

Der jüngere Vulkanismus im Bereich der Sandwich-Inseln ist erstmals am **Zavodovski-Vulkan** 1819 und später auf **Candlemas Island** 1823 beobachtet worden. Die **Thule Islands** bilden die Gipfelregionen des Randes einer unter dem Wasser befindlichen großen Caldera.

Der bedeutendste und bis in die Gegenwart aktivste Vulkan ist der **Erebus** am Fuße des Victorialandes. In dessen Krater befindet sich ein Lavasee, der auch im Jahr 2002 beobachtet wurde. Dieser ist für den Vulkan typisch und gibt den Vulkanologen insofern noch immer Rätsel auf, als dass sich im Krater ein umfassender Gleichgewichtszustand aufgebaut haben muss. Die Temperaturen in der Lava müssen langfristig sehr konstant durch Nachlieferung von Wärme aus dem Magma die ständige Abkühlung kompensieren, das ist beachtlich, da sich der Lavasee offenbar schon über mehrere Jahrzehnte offen hält. Außerdem wird die Lava in sehr geringem Maße nachgeliefert, da der Krater nicht überläuft, allenfalls durch kleinere Eruptionen wie am Stromboli geringe Mengen Lava fördert, die noch im Krater erstarren. Der Erebus ist der südlichste tätige Vulkan der Erde.

Seine Entdeckung verdankt der Vulkan dem Admiral Sir James Ross während einer Expedition (1839–1843) auf den Schiffen Erebus und Terror. Der bis in die Gipfelregion vereiste Vulkan hat durch eine Eruption 1841 auf sich aufmerksam gemacht. Seinen Namen erhielt er nach dem Flaggschiff der Expedition. Erst bei genauerer Untersuchung wurde in großer Höhe eine Caldera festgestellt, in der sich ein aktiver Krater von etwa 500 m Durchmesser befindet. Eine bemerkenswerte Explosion des Hauptkraters wird aus dem Jahre 1974 berichtet.

Gegenwärtig wird der Erebus kontinuierlich beobachtet. In der erwähnten Caldera wurden erstarrte Lavaströme entdeckt, Fumarolen und gelegentlich Geysire gesehen. Der 3 794 m hohe Erebus ist mehrmals bezwungen worden. Erstmals nach seiner Entdeckung standen Mitglieder einer drei Mann starken Expedition am 10. März 1908 am Kraterrand. Nach fünftägigem Marsch auf den Gipfel schilderten die Geologen David und Mawson ihre Eindrücke: „Wir standen am Rande eines immensen Schlundes und konnten zunächst weder den Grund noch über den Krater hinwegsehen, da diesen enorme Dampfmassen füllten, die zischend bis zu einer Höhe von 200 bis 300 Meter emporstiegen. Aus dem Krater ertönte ein dumpfes Grollen. Die Luft roch nach brennendem Schwefel, plötzlich trieb eine … Brise die Dampfwolken fort, und da lag vor uns der Krater in seiner ungeheuren Ausdehnung und Tiefe. … Die uns gegenüberliegende Kraterwand bot verschiedene Erscheinungen: Dunkle, bimssteinhaltige Lava oder reiner Bimsstein wechselten mit Schneelagen ab." (Skeib 1965).

1912 wurde der Erebus erneut bestiegen, 1959 erklommen Neuseeländer den Vulkanberg. Die Erforschung der Vulkane in der Antarktis ist durch die klimatischen

ARGENTINIEN
CHILE
Stanley
Falklandinseln (Malwinen) (brit.)
Río Gallegos
Magellanstraße
1758
Monte Burney
Río Grande
Feuerland
PUNTA ARENAS
Staaten-I.
Ushuaia
Kap Hoorn
Grytviken
Südgeorgien und die Südl. Sandwich-In. (brit.)
Zavodovski 551
550
Candlemas Island
990 Michael
Bristol Island 1100
Thule Islands 1075
ATLANTISCHER OZEAN
Südantillenmeer
Drakestraße
Südl. Orkney-In.
Orcadas (Arg.)
Südl. Shetland-
Frei (Chile)
Penguin Islands
180
King-George-I.
576 Deception Island
Inseln
Bransfield-Str.
Joinville-I.
Esperanza (Arg.)
James-Ross-I.
Palmer-Arch.
Biscoe-In.
Antarktische H.-I.
Adelaide-I.
Larsen-Schelfeis
Südl. Polarkreis
Marguerite-B.
San Martín (Arg.)
Hearst-I.
Mount Jackson
4190
Charcot
Alexander-insel
Weddell-see
Peter-I.-Insel
Ronne-B.
Bellingshausen-see
Ellsworthland
Kap Norvegia
Neumayer (Deutschld.)
Halley (V. K.)
Sanae (Südafr.)
Berkner-I.
Ronne-
Belgrano II (Arg.)
Dronning-Maud-Land
Thurston-I.
Moses
749
Vinsonmassif
4897
Schelfeis
Filchner-
Schelfeis
Nowolasarewskaja (Russld.)
Amundsen-see
Bear-H.-I.
Takahe
3548
Marie-Byrd-Land
K. Dart
Waesche
3292
3478
Berlin
Antarktika
2800
Amundsen-Scott (USA)
Südpol
Lützow-Holm-Bucht
Syowa (Jap.)
Molodjoshnaja (Russld.)
Sulzberger-B.
K. Colbeck
Ross-
Roosevelt-I.
Schelfeis
Mount Kirkpatrick
4528
Ross-See
Kap Batterbee
Scott Base (Neuseeld.)
Erebus
3794
McMurdo Base (USA)
Ross-I.
Wostok (Russld.)
Mawson (Austr.)
Mackenzie-B.
Mount Melbourne
2732
Kap Adare
4165
Scott-I.
Victorialand
Davis (Austr.)
PAZIFISCHER OZEAN
1239 Buckle Island
Bakl 945
Balleny-In.
Freeman 1340
Mirny (Russld.)
Davis-see
Mill-I.
Wilkesland
Dumont d'Urville (Frankr.)
Vincennes-B.
Casey (Austr.)
K. Poinsett
D'Urville-See
Porpoise-B.
INDISCHER OZEAN
1 : 50 000 000
0
500
1000
1500 km
Macquarie (Austr.)

Mount Melbourne

Umstände sehr erschwert, die wissenschaftlichen Erkundungen setzen höchste sportliche Qualifikationen voraus. Andererseits fordern die Vulkane der Antarktis auch zu sportlichen Höchstleistungen heraus. Ansätze für allgemeinen Tourismus gibt es bereits. Zu den sehenswürdigen Bergen gehört auch der **Mount Melbourne**, der als typischer Stratovulkan von der Ross-See aus besichtigt wird. Über seine Tätigkeit ist verhältnismäßig wenig bekannt. Solfatarenfelder und Schlackenkegel die nur wenige hundert Jahre alt sind, wurden beobachtet. Er markiert eine

Vulkan	Höhe [in m]	Land/Region	Beobachtung älteste	Beobachtung jüngste
Bakl	945	Antarktis/Balleny-Inseln		solfatarisch
Berlin	3478	Antarktis	unbekannt	1990
Buckle Island	1239	Antarktis/Balleny-Inseln		1899
Deception Island	576	Antarktis	1970	2001
Erebus	3794	Antarktis/Ross-Island	1841	2002
Freeman	1340	Antarktis/Balleny-Inseln		
Mount Melbourne/Melbourne	2732	Antarktis/Victorialand	1750	1982
Moses/Hudson Mnts.	749	Antarktis	1974	1985?
Penguin Islands/Petrel Maar	180	Antarktis	unbekannt	1905?
Takahe	3548	Antarktis	unbekannt	
Waesche/Washe	3292	Antarktis	unbekannt	?
Bristol Island	1100	GB/Sandwich-Inseln	unbekannt	1956
Candlemas Island	550	GB/Sandwich-Inseln	1823	1911
Michael/Saunders	990	GB/Sandwich-Inseln	1819	1998
Thule Islands	1075	GB/Sandwich-Inseln	1962	1973
Zavodovski/Zavadowski	551	GB/Sandwich-Inseln	1819	

Landschaft am Erebus

Reihe vulkanischer Berge, die sich möglicherweise unter dem Eis ausbreiten. Untersuchungen des Meeresbodens haben zahlreiche unterseeische Vulkane erfasst, die z. T. in einer Meerestiefe von 5 000 m gründen und bis auf 2 500 m unter Wasser ansteigen.

Von Argentinien und Chile kommend tauchen in regelmäßigen Abständen Schiffe mit Touristen auf, die den Reiz der Antarktis genießen wollen, und auch in die Nähe von Vulkanen gelangen. Standardziel ist **Deception Island** mit Solfataren in der offenen Caldera.

Bemerkungen
Schildvulkan, in der Caldera gegenwärtig starke Fumarolen
Stratovulkan, es werden seit dem 19. Jahrhundert kräftige Eruptionswolken vermeldet
Solfataren u. a. subglazial, große Caldera, 7 km Durchmesser, Naturhafen und ehemalige Walfängerstation
Stratovulkan mit Lavasee, strombolianisch tätig, 1841 von James Ross entdeckt und tätig beobachtet
nördlich des Erebus, jüngster Vulkanausbruch unbestätigt
unbestätigte Satellitenbeobachtungen von Aschewolken
Petrel-Krater ist ein Maar, in der Nachbarschaft fumarolische Tätigkeit
zweithöchster Vulkan der Antarktis, Schildvulkan
Ascheeruptionen, Asche auf der Eiskappe beobachtet
Geysire und heiße Quellen sind seit der Entdeckung 1911 beobachtet worden
Aschewolken, Dampferuptionen am Hauptkrater des Stratovulkans
Gipfelkrater einer submarinen Caldera
von Bellinghausen erstmals beschrieben, als „rauchend" bezeichnet

ATLANTISCHER
OZEAN
Azoren (Port.)
Madeira (Port.)
Kanarische In. (Spanien)
Pico de Teide
3718
Kap Verde
IRLAND
Dublin
GROSS-BRITANNIEN
BIRMINGHAM
LONDON
Land's End
Kanal
Nordsee
NIEDER-LANDE
BELGIEN
LUX.
PARIS
FRANKREICH
Loire
Mt. Blanc
4807
Golf von Biscaya
Kap Finisterre
PORTUGAL
Lissabon
Kap São Vicente
SPANIEN
MADRID
AND.
BARCELONA
Valencia
Balearen
3481
Gibraltar (brit.)
Str. v. Gibraltar
RABAT
CASABLANCA
Fez
MAROKKO
Toubkal
4165
El-Aaiún
Westsahara
MAURETANIEN
Nouakchott
SENEGAL
DAKAR
Senegal
GAMBIA
Gambia
GUINEA-BISSAU
GUINEA
CONAKRY
SIERRA LEONE
Freetown
1948
MALI
Bamako
Niger
CÔTE
Yamoussoukro
Komoe
BURKINA FASO
Ouagadougou
GHANA
TOGO
BENIN
Niamey
NIGER
NIGERIA
Abuja
IBADAN
KANO
Benue
ALGERIEN
ALGIER
Ahaggar
2918
2328
TUNESIEN
Tunis
C. Bon
Kl. Syrte
Gr. Syrte
TRIPOLIS
MALTA
LIBYEN
Tibesti
TSCHAD
N'Djamena
Tschad
Chari
Bongo-berge
1326
ZENTRALAFRIKANISCHE
KAMERUN
SUDAN
J. Marra
3071
J. al-Uwaynāt
1934
Khartum
Weißer Nil
Blauer Nil
Tanasee
ÄGYPTEN
KAIRO
-133
ALEXANDRIA
Nassersee
Nil
2637
Mittelmeer
Korsika
Sardinien
Sizilien
Ätna
3350
MON.
ITALIEN
ROM
NEAPEL
Adria
S.M.
Kreta
Ägäisches M.
Athen
GRIECHEN-LAND
ALB.
MAZ.
SOFIA
BULGARIEN
BUKAREST
RUMÄNIEN
BELGRAD
SERBIEN UND MONT.
B.-H.
KROATIEN
SLOW.
UNGARN
BUDAPEST
SLOWAKEI
2655
ÖSTERREICH
WIEN
TSCH. REP.
SCHWEIZ
MAILAND
MÜNCHEN
Donau
DEUTSCHLAND
BERLIN
HAMBURG
Rhein
DAN.
Ostsee
POLEN
WARSCHAU
LIT.
(zu Russl.)
WEISSRUSSLAND
MINSK
Dnepr
Dnjestr
MOLD.
UKRAINE
KIEW
ODESSA
DNIPROPETROWSK
CHARKIW
DONEZK
Don
ROSTOW
RUSSLAND
Wolga
SAMARA
Ural
KASACHSTAN
Aralsee
USBEKISTAN
TURKMENISTAN
Aschgabat
Kaspisches Meer
-28
Schwarzes Meer
Krim
ISTANBUL
ANKARA
IZMIR
TÜRKEI
ZYPERN
5642 Elbrus
GEORGIEN
TIFLIS
ARM.
ASERB.
BAKU
Ararat
5165
Vansee
TÄBRIS
TEHERAN
5671
IRAN
ISFAHAN
SHĪRĀZ
Mosul
Tigris
Euphrat
BAGDAD
IRAK
KUWAIT
Persischer Golf
BAHRAIN
KATAR
V.A.E.
ALEPPO
SYRIEN
DAMASKUS
BEIRUT
LIB.
ISRAEL
AMMAN
JORD.
-401
SAUDI-ARABIEN
RIAD
Medina
JIDDAH
Rotes Meer
JEMEN
SANAA
3620
Aden
Golf v. Aden
Kap Guardafui
DSCHIBUTI
-157
ERITREA
Asmara
Ras Dashen
4620
ÄTHIOPIEN
ADDIS ABEBA
4307

ATLANTISCHER
OZEAN
INDISCHER
OZEAN
Golf von Guinea
1 : 50 000 000
0 500 1000 1500 2000 km
K. Palmas
ABIDJAN
ACCRA
Volta
Kamerunberg
4095
DOUALA
Jaunde
ÄQUATORIAL-GUINEA
SÃO TOMÉ UND PRÍNCIPE
Libreville
K. Lopez
GABUN
Ogowe
KONGO
Brazzaville
KINSHASA
Cabinda (zu Angola)
Bangui
Ubangi
Sangha
Kongo
Uele
DEM. REP. KONGO
Kasai
Kwilu
Cuango
LUANDA
ANGOLA
2619
Cubango
Cuando
Okavango
Sambesi
Lualaba
Mweru-see
Luvua
Luapula
Kivusee
Nyiragongo
Ruwenzori
5109
3470
Albertsee
UGANDA
KAMPALA
RUANDA
BURUNDI
Victoria-see
Tanganyika-see
TANSANIA
Dodoma
DARESSALAM
Sansibar
Kilimandscharo
5895
NAIROBI
KENIA
Turkana-see
Juba
Mogadischu
SOMALIA
SAMBIA
Lusaka
Kafue
Kariba-Stausee
MALAWI
Lilongwe
Malawi-see
Ruvuma
2419
MOSAMBIK
SIMBABWE
HARARE
Limpopo
Save
Maputo
SWASILAND
Pretoria
Johannesburg
Gaborone
BOTSUANA
NAMIBIA
Windhuk
Brandberg
2574
SÜDAFRIKA
LESOTHO
3482
Vaal
Oranje
Kapstadt
Kap der Guten Hoffnung
K. Agulhas (Nadelkap)
Str. v. Moçambique
KOMOREN
Mayotte (frz.)
Aldabra
C. d'Ambre
Maromokotro
2876
MADAGASKAR
ANTANANARIVO
Pic Boby
2658
Kap Sainte Marie
St. Helena (brit.)
Ascension
Tristan da Cunha
Gough

Die frühe Entstehungsgeschichte der Kanarischen Inseln ist noch unklar. Vermutlich ist durch → **Plums** an einer besonders dünnen Schicht der Erdkruste, unweit der afrikanischen Küste, das Magma an die Erdoberfläche gelangt. Durch tektonische Prozesse wurden mächtige Sedimentschichten aus dem Tertiär angehoben, und die Bildung der Inselvulkane begünstigt. Neben den sichtbaren acht Inseln befinden sich über 20 so genannte „Seamounts", vulkanische Unterwasserberge, einige hundert Meter unter der Wasseroberfläche. Drei Inseln sind beispielhaft für den Archipel: Lanzarote, Tenerife und La Palma.

Eine Reise zu den Kanarischen Inseln ist eine **Begegnung mit Vulkanen** in fast allen möglichen Formen und Farben. Vulkane haben hier eine große Bedeutung für den Fremdenverkehr. Der spanische Künstler César Manrique (gest. 1992) hat sogar den Versuch unternommen, vulkanische Besonderheiten auf der **Insel Lanzarote** durch künstlerische Gestaltung zu betonen und in das touristische Konzept einzubeziehen. Lavatunnel wurden zugänglich gemacht und Aussichtspunkte ausgebaut. Die Beschilderungen des **Nationalparks von Timanfaya** spielen auf die vulkanischen Ursprünge und Legenden an. Die vulkanischen Wärmequellen werden durch Experimente den Besuchern veranschaulicht. Die Ausdehnung der Lavafelder über 160 km^2 macht den 6 Jahre währenden Vulkanausbruch (1730 – 1736) des Timanfaya vorstellbar. Der Nationalpark ist nur mit amtlichen Führern und Fahrzeugen befahrbar.

Bemerkenswert ist auch **Tenerife** (Teneriffa) mit dem **höchsten Berg der Inselgruppe**, dem **Pico de Teide**. Sein Umfeld gewährt einen Einblick in die Geschichte der Vulkanlandschaft mit einer ausgedehnten Caldera. Alte und jüngere Lavaströme bilden eine aufregende Kulisse bei einer Fahrt durch den **Parque Nacional del Teide** zur Seilbahn, die zum Gipfel in über 3 000 m Höhe führt. Sehenswerte Basaltformationen deuten auf eine alte Basis dieses Vulkanmassivs hin, die vor mehr als 7 Mio. Jahren entstanden ist. Jüngerem Vulkanismus mit seinen Lavaströmen und frischen Kratern begegnet man am Pico de Teide und im Südwesten der Insel sowie nahe dem Krater und der Stadt Garachico, die 1706 von der Lava des nahen Vulkans zerstört wurde.

Auf der **Insel La Palma** entwickelte der Naturwissenschaftler Leopold von Buch, Zeitgenosse Alexander von Humboldt's, an der großen La Caldera de Taburiente (um 1815 Theorien über den Vulkanismus). Die Südspitze von La Palma ist Schauplatz jüngerer Vulkantätigkeit. Hier hat sich die Insel durch die Vulkanausbrüche (letztmalig 1971) nach Süden verlängert.

Die **Kapverdischen Inseln** haben eine vergleichbare Entstehungsgeschichte wie die Kanaren. Vulkanausbrüche haben hier oft negative Folgen für die wirtschaftliche Entwicklung des Inselstaates. Zwei Vulkane sind in historischer Zeit ausgebrochen. Der **Fogo** gehört bei einem Besuch der Kapverdischen Inseln zu den wichtigen Exkursionszielen. Der vorerst letzte Ausbruch fand im April 1995 statt und beunruhigte die Einwohner sehr. Lava strömte den Berg hinab und ein gefährdetes Dorf mit 200 Einwohnern musste evakuiert werden.

Weinanbau auf Lanzarote

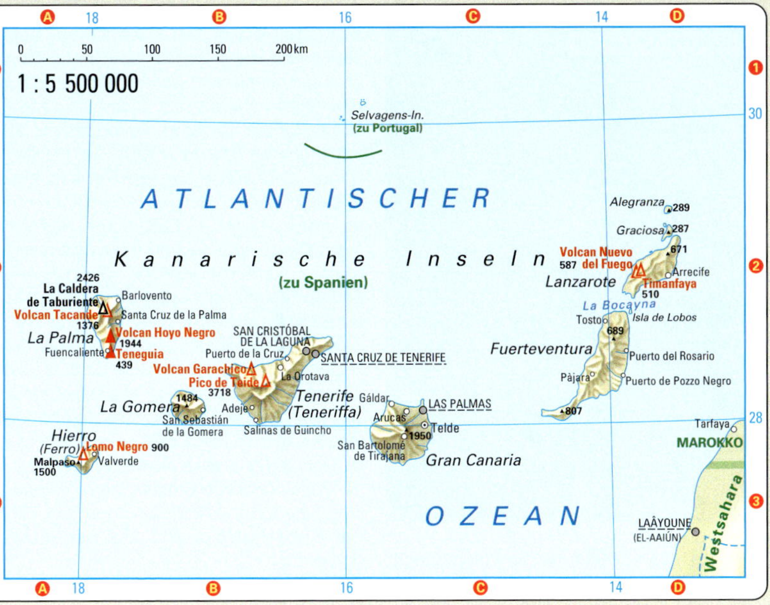
1 : 5 500 000
Selvagens-In.
(zu Portugal)
ATLANTISCHER OZEAN
Kanarische Inseln
(zu Spanien)
La Caldera de Taburiente 2426
Volcan Tacande 1376
Barlovento
Santa Cruz de la Palma
La Palma
Volcan Hoyo Negro 1944
Teneguia 439
Fuencaliente
SAN CRISTÓBAL DE LA LAGUNA
Puerto de la Cruz
SANTA CRUZ DE TENERIFE
Volcan Garachico
Pico de Teide 3718
La Orotava
Tenerife (Teneriffa)
Adeje
Salinas de Guincho
La Gomera
San Sebastián de la Gomera
Hierro (Ferro)
Lomo Negro 900
Valverde
Malpaso 1500
Gáldar
LAS PALMAS
Arucas
Telde
San Bartolomé de Tirajana
Gran Canaria
Alegranza
Graciosa
Volcan Nuevo del Fuego 587
Lanzarote
Arrecife
Timanfaya 510
La Bocayna
Isla de Lobos
Tosto
Fuerteventura
Puerto del Rosario
Pàjara
Puerto de Pozzo Negro
Tarfaya
MAROKKO
LAÂYOUNE (EL-AAIÚN)
Westsahara

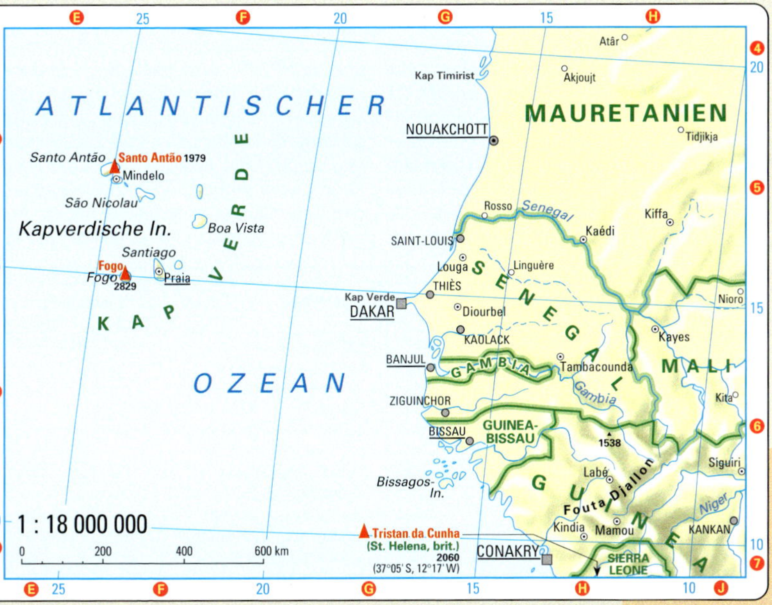
1 : 18 000 000
ATLANTISCHER OZEAN
KAP VERDE
Santo Antão
Santo Antão 1979
Mindelo
São Nicolau
Kapverdische In.
Boa Vista
Santiago
Fogo 2829
Praia
Kap Timirist
NOUAKCHOTT
MAURETANIEN
Atâr
Akjoujt
Tidjikja
Rosso
Senegal
Kiffa
Kaédi
SAINT-LOUIS
Louga
Linguère
THIÈS
SENEGAL
Kap Verde
DAKAR
Diourbel
KAOLACK
Kayes
Nioro
MALI
BANJUL
GAMBIA
Tambacounda
Gambia
Kita
ZIGUINCHOR
GUINEA-BISSAU
BISSAU
1538
Siguiri
Labé
Bissagos-In.
GUINEA
Fouta Djallon
Niger
Kindia
Mamou
KANKAN
Tristan da Cunha (St. Helena, brit.) 2060 (37°05' S, 12°17' W)
CONAKRY
SIERRA LEONE

Rhyolithe auf Tenerife

Wie bereits erwähnt, ist die Entstehungsgeschichte der beiden Inselgruppen sehr ähnlich. Schon ihre Nähe zum afrikanischen Kontinent macht deutlich, dass diese Inseln nicht zum Mittelatlantischen Rücken gehören, der langen Nahtstelle zwischen Amerika und Afrika, an der die Kontinente durch „nachwachsenden" Meeresboden auseinander getrieben werden (vgl. Karte S. 16f.). Die **Vulkaninseln** müssen, wie an anderen Stellen beschrieben, durch eigene Versorgungskanäle aus dem Erdmantel mit Magma versorgt werden, dass durch den Ozeanboden aufsteigt und dann die Vulkane entstehen lässt. Diese immer wieder beobachteten **Hot Spots** haben uns Inseln in unterschiedlichem Zustand hinterlassen, da anzunehmen ist, dass sich der Ozeanboden über diese Heißen Flecken hinwegbewegt hat, so dass die Vulkane nur für eine gewisse Zeit tätig waren, nämlich nur solange, wie sie von ihrer Quelle mit Magma versorgt wurden. So können Fachleute am Alter der Inseln auch rekonstruieren, welche Richtung und mit welcher Geschwindigkeit die Platten über die Hitzeflecken hinweg geglitten sind, die im Untergrund von einem Plume mit Magma versorgt werden. Zu den beschriebenen Inseln kommen noch viele schon erwähnte Seamounts und Unterwasservulkane in den verschiedenen Stadien ihrer Entwicklung hinzu. Sie vervollständigen das Bild der Entstehungsgeschichte der Inselgruppen.

Die Inseln, wie sie sich uns heute in ihren oft bizarren Formen darstellen, sind durch die aufbauenden Vulkanausbrüche, durch das Übereinander von Lavaströmen und Aschefällen, aber auch durch die zerstörerischen Kräfte der Brandung und der Schwerkraft entstanden. Immer wieder ist es vorgekommen, dass Teile von Vulkanen durch große Erdrutsche in das Meer abgesunken sind und auf dem Meeresboden Schuttfächer hinterlassen haben. An der Meeresoberfläche aber bleiben große

Vulkan	Höhe [in m]	Land/Region	Beobachtung	
			älteste	jüngste
Fogo	2829	Kapverd. In./Fogo	1564	04.04.1995
Santo Antão	1979	Kapverd. In./Santo Antão		
La Caldera de Taburiente	2426	Spanien/Kan. In. La Palma		
Lomo Negro/Malpasso	900	Spanien/Kan. In. Hierro	05./06.1793	
Pico de Teide/Pico Viejo	3718	Spanien/Kan. In. Tenerife	24.08.1492	
Teneguia/La Palma	439	Spanien/Kan. In. La Palma		26.10.1971
Timanfaya/Lanzarote	510	Spanien/Kan. In. Lanzarote	1730–1736	1824
Volcan Garachico		Spanien/Kan. In. Tenerife		
Volcan Hoyo Negro/La Palma	1944	Spanien/Kan. In. La Palma		12.07.1949
Volcan Nuevo del Fuego/Lanzarote	587	Spanien/Kan. In. Lanzarote	1730/36	29.09.1824
Volcan Tacande/La Palma	1376	Spanien/Kan. In. La Palma	1470	1492
Tristan da Cunha	2060	St. Helena (brit.)		10.10.1961

Buchten offen, oft sind nur noch halbe Vulkane zu erkennen. Auf diese Weise sind Teile des **Pico de Teide**, von den Inseln La Palma und La Gomera sowie von den Kap Verden wieder auf den Meeresboden abgesunken. Der ursprüngliche Grundriss der Inseln, durch die vulkanische Entstehung bedingt, ist längst verloren gegangen.

Immer häufiger werden nicht nur Tiere und Pflanzen zum Gegenstand von Nationalparks und intensivem Naturschutz. Das betrifft besonders die Gebiete mit einer hohen Besucherfrequenz auf den Kanarischen Inseln. Auch Vulkanlandschaften und Gegenden von großem wissenschaftshistorischen Wert werden als Nationalparks ausgewiesen. Als Beispiele sollen hier der **Parque Nacional Caldera de Taburiente** auf La Palma und der **Parque Nacional del Teide** besonders hervorgehoben werden.

Auf La Palma ist die große Caldera unter strengen Schutz gestellt worden, weil man hier besonders eindrucksvoll eine Vulkanlandschaft erleben kann, deren ursprüngliche Caldera durch die Abtragung sehr stark verformt worden ist. Der ursprüngliche Vulkanismus in der 8 km im Durchmesser betragenden Caldera ist längst erloschen. Aber wichtige Bauelemente des Vulkans und besondere Lavaformen wie z.B. die Kissen- oder Stricklava sind hier beispielhaft aufgeschlossen.

Pico de Teide

Im Nationalpark sind neben alten Obsidianströmen und mächtigen erstarrten Lavaströmen aus dem Tertiär, besonders gut die Caldera zu erkennen, die vor etwa 500 000 Jahren nach einer Explosion des Vulkans entstanden ist. Aus ihr hat sich am nördlichen Rand der Pico de Teide erhoben, an dessen Flanke man frische Lavaströme und zahlreiche kleine Krater erkennen kann. Die Caldera hat einen Durchmesser von 16 km. Die Kraterinnenwände geben einen hervorragenden Einblick in den Bau eines Stratovulkans.

Bemerkungen
Lavaausbrüche, letztmalig 1995: 200 Einwohner evakuiert, einziger tätiger Vulkan der Kap Verden
geologisch-geschichtlich wichtig: LEOPOLD VON BUCH entwickelte hier frühe Theorien des Vulkanismus
einzige bisherige Eruption der westlichsten Kanareninsel
deutlich erkennbare Lavaaustritte
spektakuläre Eruptionen in der Ortsnähe von Fuencaliente im Süden von La Palma
größter Lavaausbruch: Dauer 6 Jahre, 167 km², 15 m dick, 16 km Lavaströme, über 500 Opfer
Lavaströme im Stadtbild gut erkennbar
vermutlich finaler Ausbruch des Plums von Lanzarote
galt seiner Zeit als „erloschen“, Evakuierung von 270 Inselbewohnern (1961)

Auf der nebenstehenden Karte sind zwei Vulkangebiete dargestellt, die zwar geographisch weit auseinander liegen, aber deren Entstehungsgeschichte durchaus Gemeinsamkeiten hat. Das Vulkangebiet im Norden, der **Tibesti** besteht aus einer Reihe von Vulkanen, von denen wenigstens drei als „tätig“ beschrieben worden sind. Sie gehören zu den **kontinentalen Riftvulkanen**. Sie waren so abgelegen, dass sie erst aus dem Weltraum erkundet wurden und ihre Tätigkeit auf diesem Umweg zur Kenntnis gekommen ist.

Eine ausgedehnte Gipfelcaldera kennzeichnet den **Emi-Koussi** Vulkan im Zentrum Afrikas. Über eine entleerte Magmakammer ist das Vulkangebäude eingestürzt und hat ein aus mehreren Einbrüchen bestehendes Kratersystem hinterlassen. Das Rift scheint sich nach dem geologischen Ablauf und den bisher gewonnenen Erkenntnissen nicht zu erweitern und seine Geschichte bereits beendet zu haben. Die benachbarten Vulkane haben ebenfalls große Calderen, deren Magmakammern erschöpft sind und sich nicht wieder aufgefüllt haben.

Auch am **Kamerunberg**, im Südwesten des Kartenausschnitts handelt es sich um einen Riftvulkan, der Teil des Systems der „Kamerunlinie“ ist. Dieses erstreckt sich vom Festland bis in den Golf von Guinea, auf dem der Vulkan **Santa Isabel** vor der afrikanischen Küste aufsitzt, von dem letztmals 1923 berichtet wurde. Unweit dieser Kamerunlinie liegen nordöstlich zwei mit Wasser gefüllte Krater, der **Monoun** und der **Nyos-See**, die aus alten Förderkanälen mit vulkanischen Gasen aufgefüllt werden, ohne dass sich die Anwohner dieser Seen dessen bewusst waren.

Nur so ist es zu begreifen, dass es unvermittelt im Jahre 1984 am **Monoun-See** und nur zwei Jahre später am Nyos-See zu katastrophalen Folgen bei Gasausbrüchen gekommen ist. Durch einen Erdrutsch ausgelöst, hat sich das im Wasser aufgelöste Kohlendioxid explosionsartig befreit, ist der Schwere folgend über die Seeufer getreten und hat hangabwärts Menschen und Tiere erstickt. 1764 Menschen wurden Opfer dieses seltenen vulkanischen Phänomens. In nachfolgenden Untersuchungen wurde der Ablauf der Katastrophe rekonstruiert: „Das Kohlendioxid stieg, obwohl es schwerer als Luft ist, bis 125 Meter über das Seeniveau. Auf den umgebenden Weiden in dieser Höhe fand man noch tote Rinder. Danach ist das Gas offenbar durch zwei Täler zunächst nach Nyos abgeflossen. Aus Sturmschäden an den Hütten und umgeknickten Bäumen schlossen die Vulkanforscher, dass die Gaswolke mit einer Geschwindigkeit von siebzig Kilometern in der Stunde die … Dörfer heimsuchte. Deren Einwohner wurden im Schlaf überrascht. Überlebende berichteten, die Wolke habe ein wenig nach Schießpulver gerochen.“

Derartige Ausbrüche von Kohlendioxid und die Folgen für Mensch und Tier wurden auch aus anderen Vulkangegenden gemeldet. Eine „Übersättigung“ des Wassers mit derartigen Gasen aber gehörte bisher nicht zu dem Katastrophenregister vulkanischer Regionen. Erst nach diesem schrecklichen Ereignis wurde öffentlich, dass sich zwei Jahre zuvor am Monoun-See in der gleichen Region ein ähnliches Unglück zugetragen hat, dem seinerzeit „nur“ 37 Menschen zum Opfer gefallen seien.

In einigen Vulkangebieten gehörte es zu den besonderen Touristenattraktionen, die Kohlendioxid-Aushauchungen zu demonstrieren. Mit kleinen Hunden an der Leine („Hundsgrotte“!) führte man die Besucher in Absenkungen oder Grotten, die mit Kohlensäure haltigen Gasgemischen oder mit reiner Kohlensäure erfüllt waren. Während die Besucher schadlos diese Senken durchwanderten, litten die Hunde an akuter Atemnot und wurden erst durch den Fremdenführer aus ihrer misslichen Lage befreit. Derartige „Späße“ konnte man noch in den 1950er Jahren in Italien erleben.

An Vulkanen, die in jüngerer Zeit noch aktiv waren, ist zu beobachten, wie aus Spalten und Rissen, aus abkühlenden

1 : 25 000 000
0 200 400 600 800 km
Mittelmeer
Kleine Syrte
Djerba
Gafsa
GABES
Médenine
TUNESIEN
EL-OUED
TOUGGOURT
GHARDAÏA
OUARGLA
TARĀBULUS (TRIPOLIS)
AL-KHUMS
AZ-ZĀWIYAH
723
Gharyān
MISRĀTAH
Jabal Nefusa
BANGHĀZĪ (BENGASI)
AL-BAYDĀ
DARNAH
Al-Marj
TUBRUQ
Marsa Matrûh
Große Syrte
Ajdābiyā
Cyrenaica
Tripolitanien
Kattara-senke
-133
Östl. Großer Erg
ALGERIEN
Jabal as-Sawdā
840
LIBYEN
ÄGYPTEN
Sabhā
Fezzan
971
Wāw an-Nāmūs
Sahara
Libysche Wüste
Ahaggar
2918
Tamanghist
Nördl. Wendekreis
Ténéré
Tibesti
3265
Torso Toon
2625
Torso Woon
3100
Jabal al-Uwaynāt
1893
3415
Emi-Koussi
1800
Aïr
NIGER
Agadèz
Ennedi
1450
Wādi Howar
Tahoua
TSCHAD
J. Mun
1309
Abéché
MARADI
ZINDER
Tschad
EL-FASHER
Jebel Marra
3071
El-Geneina
En-Nahud
SUDAN
NYALA
GUSAU
KATSINA
Nguru
Bornu
KANO
Hadejia
N'DJAMENA
MAIDUGURI
ZARIA
Jos-plateau
KADUNA
BAUCHI
NIGERIA
MAROUA
Chari
Kaélé
JOS
Shere Hill
1780
GOMBE
MINNA
ABUJA
Yola
GAROUA
Logone
Sarh
Jebel Ngaja
1326
Bahr el-Arab
Buru
Niger
Lafia
Benue
Dimlang
2042
MOUNDOU
Wau
MAKURDI
Monoun
Nyos-See
Hochland v. Adamaua
NGAOUNDÉRÉ
ENUGU
ZENTRALAFRIKANISCHE REPUBLIK
Sue
BENIN CITY
ONITSHA
BAMENDA
2740
BAFOUSSAM
Bouar
ABA
CALABAR
KAMERUN
NKONGSAMBA
Carnot
4095
Kamerunberg
PORT HARCOURT
Buea
DOUALA
Sanaga
Bertoua
BANGUI
Ubangi
Bomu
Uele
Santa Isabel
2972
Malabo
Edéa
YAOUNDÉ (JAUNDE)
Berbérati
Gemena
DEM. REP. KONGO
Golf von Guinea
Bioko
ÄQUATORIAL-GUINEA
KONGO
Sangha
Bumba
Isiro
Kongo
Aruwimi
Bata
SÃO TOMÉ UND PRÍNCIPE
São Tomé
LIBREVILLE
GABUN
MBANDAKA
KISANGANI
Lualaba

Natronausscheidungen am Tibesti

Lavaströmen Dampfschwaden aufsteigen, oder mit erheblichem Geräusch verbunden, unter Druck aus Kraterwänden oder Spalten im Boden herausschießen. Selbst nach jahrhundertelanger Ruhe des Vulkans zeugen die Gase noch vom Wärmepotential im Untergrund. Diese nachvulkanischen Erscheinungen werden unterschiedlich bezeichnet. Die allgemein als **Fumarolentätigkeit** genannte späte Aktivität wird auch zur Beschreibung eines Vulkans gebraucht, der sich in einer Ruhephase befindet.

Die **Solfataren** sind Gasaushauchungen, die zu einem Teil aus Wasserdampf bestehen, aber auch einige Chemikalien aus dem Untergrund im gasförmigen Zustand enthalten, und nach Abkühlung in der Umgebung der Austrittsstelle als Ablagerung sichtbar werden. Unter anderem lagern sich Schwefel, Natriumchlorid und Borsäure gelegentlich in hohen Konzentrationen ab, so dass man diese Stoffe auch abbaut und verwertet. Zahlreiche **Schwefelminen** basieren auf diesen Ablagerungen in Vulkankratern.

Vulkan	Höhe	Land/Region	Beobachtung	
	[in m]		älteste	jüngste
Santa Isabel	2 972	Äquatorial-Guinea	19./20. Jh.	1923
Kamerunberg	4 095	Kamerun	26.03.1909	1982
Monoun/Oku		Kamerun	15.08.1984	19.09.1994
Nyos-See/Oku		Kamerun	21.08.1986	30.12.1986
Wau en Namus/Waw an-namus	971	Libyen		
Emi-Koussi/Kussi	3 415	Tschad/Tibesti	vor 1979	
Torso Toon	2 625	Tschad/Tibesti	unbekannt	
Torso Woon	3 100	Tschad/Tibesti	unbekannt	vor 1979

Die Bezeichnung „solfatarisch“ ist abgeleitet von der „Solfatara“ bei Neapel (Italien) wo diese Erscheinungen exemplarisch sind. Solfataren sind gewöhnlich durch farbenprächtige Ablagerungen erkennbar, aber auch durch aggressive Verwitterungsvorgänge, da die austretenden Gase sofort mit den umliegenden Gesteinen und dem Sauerstoff der Luft reagieren und selbst Betoneinfassungen in kürzester Zeit zerstören.

Weniger auffällig sind die so genannten **„Mofetten“**. Sie sind die letzten Zeugnisse ehemaliger Vulkantätigkeit. Im Falle des Nyos-See wurde die Anreicherung mit dem Kohlendioxid zur tödlichen Falle für die Anwohner. Leichte Erschütterungen z. B. Erdbeben oder Erdrutsche können Anlass für die plötzliche Entgasung des Sees sein.

Hauptbestandteil dieser Gasaushauchungen ist das Kolendioxid, das in zahlreichen Quellen ehemaliger Vulkangebiete auftritt (vgl. S. 57). Normalerweise sind sie Grundlage für die **Mineralwassergewinnung** und für Heilbäder.

Bemerkungen
Inselvulkan an der „Kamerunlinie“
vermutlich Lava an Rändern des Kraters, zahlreiche Sagen über „göttliche Feuer“ am Kamerunberg
Gaseruption (CO_2, H_2S), Einsturz einer Felswand löste Kohlendioxidausbruch aus, 37 Opfer
Gaseruption, 0,6 km³ (CO_2), nächtlicher Ausbruch: 7 000 Stück Vieh verendet, 1 764 Opfer
vermutete Tätigkeit
auf Weltraumfotos der russischen Kosmos-Serie erstmals aktiv ausgemacht
Vulkanschild auf paläozoischen Schichten, Caldera 14 x 18 km

Das **Afar-Dreieck**, ein geographisch-geologischer Begriff, bezeichnet die Region auf der Nördlichen Halbkugel, in der sich die drei Riftsysteme des Roten Meeres, des Golfs von Aden und des Ostafrikanischen Grabens treffen. Dies ist eine gigantische Naht im Antlitz unserer Erde. Benannt ist diese Landschaft nach den dort lebenden nomadischen Danakilen, die sich im Eigenverständnis die „Afar“ (svw. „Freie“) nennen.

Der Blick auf die nebenstehende Karte weist auf eine erdgeschichtlich dramatische Entwicklung hin. Die dargestellten, von uns als „tätig“ ausgewiesenen Vulkane stellen nur einen Bruchteil der vulkanischen Berglandschaft dar, die sich hier dem Betrachter und Forscher eröffnet.

Das **Ostafrikanische Grabensystem** wird flankiert von einer Reihe von Vulkanen, die mit dem langsamen Auseinandertreiben der Grabenränder entstanden sind. Eine Entwicklung, die wir in den zentralen Rifts der Ozeane beobachten, spielt sich hier derzeitig noch über dem Meeresspiegel ab und eröffnet einzigartige Einblicke in das geologische Geschehen. Hier werden wir gegenwärtig Zeugen einer Entwicklung, die mit der Entstehung eines Meeresarmes oder gar Ozeans in ferner geologischer Zukunft ihren Abschluss findet. Aus einer kontinentalen Riftzone entwickelt sich ein **ozeanisches Rift**. In Äthiopien ist eine beispielhafte Entwicklung eines solchen Übergangsstadiums zu beobachten. Hier demonstriert die Landschaft ein Kapitel der besprochenen Plattentektonik.

Es sind nicht unbedingt hohe Driftgeschwindigkeiten, die hier gemessen werden (vgl. Karte S. 16f.), vielmehr wird hier aus dem Erdmantel Magma an die Erdoberfläche durch einen riesigen → **Plum** transportiert, der von innen her die Erdkruste attackiert, aufwölbt, bläht und die bizarre Vulkanlandschaft erzeugt. Die Vulkanbauten am Rande des Roten Meeres, im Jemen und sich fortsetzend im Süden (vgl. Karte S. 129) belegen, dass die geologische Entwicklung hier schon in viel früheren Zeiten eingesetzt und die Landschaft gestaltet hat. Die hier dargestellten Vulkane Äthiopiens haben sehr individuelle Züge und unterstreichen zugleich die Vielfalt vulkanischer Erscheinungen in einem so jungen Stadium ihrer Entwicklung.

Bemerkenswert ist der **Erta-Ale** mit seinem ständig brodelnden Lavasee im über 600 m hohen Gipfelkrater. Der Gipfel des **Mount Dallol** liegt in einer Depression und befindet sich 48 m „unter dem Meeresspiegel“. Calderen wie am **Kone** wechseln sich mit Stratovulkanen **(Boset-Bericha)** ab. Extreme Aschetransporte über 300 km Entfernung bei explosiven Ausbrüchen und Lavaströme von 25 bis 30 km Länge sind keine Seltenheit in dieser Region. An dieser Vulkanlandschaft wird erkennbar, dass der Begriff eines „tätigen Vulkans“ im Sinne der hier getroffenen Auswahl sehr willkürlich ist, denn weite Teile dieser Region sind erst in den letzten 50 Jahren entdeckt und erforscht worden. Seitdem sind Vulkane im Blickpunkt der Fachleute. Hier wird sich die Zahl der als „tätig“ im Sinne historischer Beobachtung definierten Vulkane noch deutlich erhöhen.

Dass Menschen schon in frühester Zeit Zeugen des aktiven Vulkanismus gewesen sein müssen, zeigen prähistorische Spuren und Siedlungsreste in den vulkanischen Ascheablagerungen. Die ältesten Funde stammen aus dieser Region. Auch in den **Mythen** der Ureinwohner ist von rauchenden Bergen die Rede, ohne dass es sich um klar datierte Vorgänge handelte. Vulkanismus in dieser Gegend Äthiopiens war und ist Alltag für die hier in den Randzonen lebenden Völker und Faszination für die Vulkanologen auf der ganzen Welt. Die oberflächennahen Magmaherde haben auch zu einer intensiven hydrothermalen Aktivität in diesem Gebiet beigetragen. Die **Nutzung der Erdwärme** beginnt selbst unter den wirtschaftlich extrem schwierigen Bedingungen der betroffenen Länder an Bedeutung zu gewinnen (vgl. S. 238ff.).

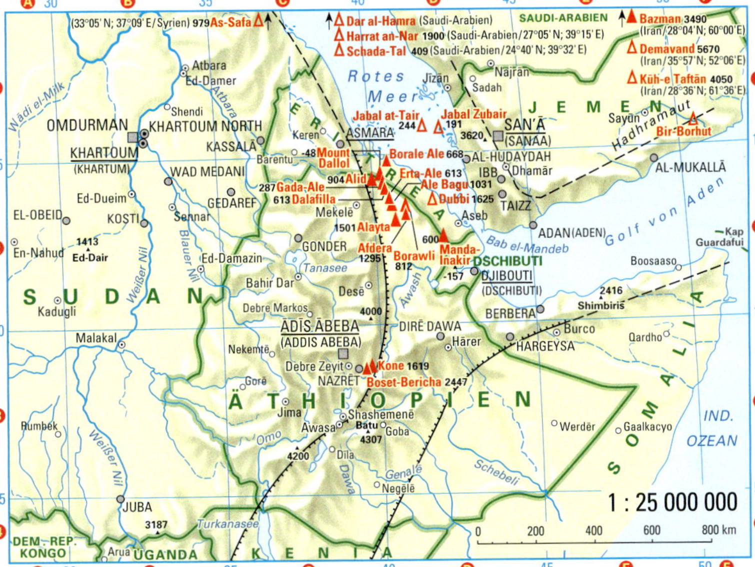

Salzsee im Krater eines Schlackenkegels

Heiße Quellen am Mount Dallol

Vulkan	Höhe [in m]	Land/Region	Beobachtung älteste	Beobachtung jüngste
Afdera/Afrera	1 295	Äthiopien	1907	1915
Alayta/Alaita	1 501	Äthiopien	unbekannt	1907
Ale Bagu/Ummna	1 031	Äthiopien	unbekannt	tätig
Alid	904	Äthiopien/Eritrea	unbekannt	tätig
Borawli/Amarti	812	Äthiopien	unbekannt	tätig
Boset-Bericha/Bosseti/Boseti	2 447	Äthiopien	unbekannt	1987
Erta-Ale	613	Äthiopien		2002
Dalafilla/Gabuli	613	Äthiopien	unbekannt	aktiv
Gada-Ale/Kebrit-Ale	287	Äthiopien	unbekannt	Fumarolen
Kone/Garibaldi-Pass	1 619	Äthiopien	1820	1987
Manda-/nakir	600	Äthiopien		1928
Borale Ale/Bor-Eli	668	Eritrea	unbekannt	Fumarolen
Dubbi/Vulkan von Edd	1 625	Eritrea		1861
Mount Dallol/Dallol bosso	-48	Eritrea		1987
Bazman/Bosman	3 490	/ran	Ende 19. Jh.	solfatarisch
Demavand/Demavent	5 670	/ran	12. Jh.	
Kūh-e Taftān/Taftan, Teftan	4 050	/ran		Ende 19. Jh.
Bir-Borhut		Jemen/Hadhramaut	Ende 10. Jh.	1813
Jabal at-Tair	244	Jemen	Altertum	1883
Jabal Zubair	191	Jemen	Altertum	1824
Dar al-Hamra/Dar ul Hamra		Saudi-Arabien	2 227 v. Chr.	
Harrat an-Nar	1 900	Saudi-Arabien	unbekannt	um 640
Schada-Tal	409	Saudi-Arabien	unbekannt	in hist. Zeit
As Safa	979	Syrien	um 950	

Erta-Ale

Bemerkungen
Stratovulkan, Lavaausbrüche beobachtet
Krateröffnung: 300 x 1 000 m, Solfataren im Krater
zwei Kegel, Basaltlaven, Teil der Afar-Depression, junge Basalte
Äthiopisches Riftsystem, Stratovulkan mit 7 km Durchmesser
Äthiopisches Riftsystem auf einem 30 – 40 km Durchmesser, Basaltschild, Obsidiane, Bimsstein
Stratovulkan, Äthiopisches Riftsystem
Lavasee im Krater
strombolianisch
frischer Schlackenkonus, aktiver Stratovulkan
Caldera, Äthiopisches Riftsystem
Lavaströme und Aschekegel, Stadt Korili betroffen (1928/29)
Caldera mit starken Fumarolen
am Rande der Afar-Senke, 22 km lange Lavaströme, Asche in 300 km Entfernung abgelagert, über 100 Opfer
Teil der Afar-Senke, Depression
wird besonders auf älteren Listen (SAPPER 1914 u. a.) geführt
solfatarisch tätig
extreme Dampfmassen ausgestoßen
unbestätigte Nachricht über frühmittelalterlichen Vulkanausbruch, ruhige Rauchaustritte
Stratovulkan, Insel begründet in 1 200 m Tiefe des Roten Meeres
Schildvulkan, Insel, aus dem 19. Jahrhundert, weitere Eruptionen auf Nachbarinseln, explosive Eruptionen?
vermutlich Zerstörung von Sodom?
östlich von Medina wurden ganze Täler mit Lava gefüllt
wird als tätig zur Zeit König DAVIDS (1004 – 965 v. Chr.) beschrieben

Das **Ostafrikanische Grabensystem** erweitert sich vom Afar-Dreieck kommend am Victoriasee und wird hier von zum Teil sehr alten Vulkansystemen aus dem Tertiär flankiert. Die zwei wichtigsten Vertreter dieser alten Vulkane sind der **Kilimandscharo** und der **Kibo**, die mit über 5 000 m Höhe zugleich auch das große Alter dieses Vulkanmassivs unterstreichen. Die Entwicklung dieses Ostafrikanischen Grabens hat schon vor mehreren Millionen Jahren im Miozän einen Höhepunkt erlebt und entwickelt sich in der Gegenwart weiter.

Wie im Afar-Dreieck beobachtet, sind junge **Zentralvulkane** der Beleg für eine gegenwärtig hohe Aktivität dieser jungen Störungszone. Hier nimmt die Zahl aktiver Vulkane durch intensivere Forschung und Beobachtung zu. 1948 erlebte der französische Vulkanologe HAROUN TAZIEFF die Entstehung neuer Vulkane im Kivusee.

Diese Region, in früheren Jahren als Virunga in die Fachliteratur eingeführt, ist nach wie vor sehr aktiv. Der über 3 400 m hohe **Nyiragongo** hatte 1977 einen Ausbruch bei dem 2 000 Menschen ums Leben kamen. 2002 wurde die Welt via Fernsehen „Schirmzeuge" eines dramatischen Ausbruches. Sehr flüssige Lava überströmte den Kraterrand und überflutete die Straßen der Stadt **Goma**. Die Lava hatte bis dorthin über 20 km vom Krater zurückgelegt. Die Bewohner konnten sich z. T. in ihre Behausungen hinter Hofmauern zurückziehen. Später sind sie in das benachbarte Ruanda vor der Lava geflohen. Bereits nach kurzer Zeit war die Lava erstarrt und die Straßen von Goma mit dem erkalteten Gestein ausgefüllt. Ebenfalls gefährlich ist der nahe liegende **Nyamlagira**, der häufig zur Evakuierung vieler Ortschaften Anlass gab. Auch hier strömte sehr flüssige Lava in Richtung Kivusee und veränderte seine Küstenlinie.

Ein außergewöhnlicher Vulkan ist der fast 3 000 m hohe **Ol Doinyo Lengai**. Bei

Lavastrom des Nyiragongo duch eine Straße in Goma

1 : 25 000 000
0 200 400 600 800 km
SUDAN
ÄTHIOPIEN
SOMALIA
KENIA
UGANDA
TANSANIA
DEM. REP. KONGO
RUANDA
BURUNDI
SAMBIA
MALAWI
MOSAMBIK
SIMBABWE
BOTSUANA
SÜDAFRIKA
Transvaal
SWASILAND
MADAGASKAR
KOMOREN
SEYCHELLEN
INDISCHER OZEAN
Straße von Moçambique
Madagaskar
Äquator
Südl. Wendekreis
Rumbek
Weißer Nil
Sue
JUBA
3187
Uele
Arua
GULU
Lira
Isiro
2444 Bunia
Albertsee
Mbale
Mt. Elgon 4321
KAMPALA
Jinja
Entebbe
Ft. Portal
Ruwenzori
5109
Kasese
Beni
BUTEMBO
Edwardsee
3470 Mbarara
3058
Nyiragongo
Nyamlagira
GOMA
Kabale
Visoke
3711
Muhuboli
137
KIGALI
Kivusee
140
Kituro
BUKAVU
UVIRA
BUJUMBURA
GITEGA
Bukoba
Victoria-see
Musoma
MWANZA
SHINYANGA
2987
Kasongo
Kigoma
Tabora
KALEMIE
Tanganjikasee
Luvua
Manono
Mitumba-Geb.
Sumbawanga
Rukwasee
Mwerusee
Mbala
1772
MBEYA
Kieyo 2175
Karonga
Kasama
Bangweulusee
LIKASI
LUBUMBASHI
CHINGOLA
MUFULIRA
KITWE
NDOLA
LUANSHYA
Mpika
Muchinga-Geb.
Mzuzu
Mzimba
Malawisee
Chipata
Luangwa
KABWE
LILONGWE
Cahora-Bassa-Stausee
LUSAKA
Kafue
Kariba
Kariba-Stausee
TETE
Sambesi
BLANTYRE
3002
Zomba
HARARE
Bindura
Marondera
Kadoma
Kwekwe
GWERU
MUTARE
CHIMOIO
BULAWAYO
Masvingo
Save
Francistown
Limpopo
Messina
Giyani
Ellisras
Pietersburg
PRETORIA
Nelspruit
MATOLA
MAPUTO
Mbabane
J.
BENONI
S.
GERMISTON
Vereeniging
J. JOHANNESBURG
S. SOWETO
Omo
Awasa
4200
Dila
Dawa
Batu 4307
Goba
Genale
Negele
Schebeli
Beledweyne
Baydhabo
Jawhar
MUQDISHO (MOGADISCHU)
MARKA
Juba
Jilib
Jamaame
KISMAAYO
Turkanasee
800
South Island
Barrier 1032
Teleki 1032
Emuruangogolak 1328
ELDORET
KISUMU
Mt. Kenya 5200
NAKURU
Nyeri
2776 Longonot
NAIROBI
MACHAKOS
Natronsee
Ol Doinyo Lengai 2890
6010 Kibo
Kilimandscharo 5895
Serengeti
4556 Meru
ARUSHA
Moshi
Eyasisee
Hanang 3417
Singida
Malindi
MOMBASA
TANGA
Pemba
ZANZIBAR (SANSIBAR)
Sansibar
DODOMA
MOROGORO
2646
DAR ES SALAAM (DARESSALAM)
Mafia
Iringa
Rufiji
Lindi
Mtwara
K. Delgado
Songea
Ruvuma
Lichinga
Montepuez
Pemba
NACALA
Cuamba
Gurué
NAMPULA
Moçambique
Juan de Nova (frz.)
Angoche
MOCUBA
QUELIMANE
Chinde
Dondo
BEIRA
Nova Mambone
Save
Vilanculos
Bassas da India (frz.)
Europa (frz.)
Maxixe
Ponta da Barra
Inhambane
Chibuto
Xai-Xai
Aldabra-In.
Cosmoledo-In.
Ngazidja
2361
Kartala
Moroni
Mwali
Nzwani
Mamoudzou
Mayotte (frz.)
Îles Glorieuses (frz.)
C. d'Ambre
Antsirañana
Nosy Be
2876 Maromokotro
Antalaha
MAHAJANGA
Marovoay
Mananara
Avaratra
Nosy Sainte Marie
Amparafaravola
Ambatondrazaka
Maintirano
TOAMASINA
ANTANANARIVO
ANTSIRABE
Antanifotsy
Morondava
Morombe
Mangoky
FIANARANTSOA
2658 Pic Boby
Manakara
Toliara
Farafangana
Tôlañaro
Ambovombe
Kap Sainte Marie
PORT LOUIS
MAURITIUS
ST-DENIS
Réunion (frz.)
2631 Piton de la Fournaise

den eingeborenen Massai als **Sitz der Götter** verehrt, ist auch er in jüngerer Zeit, erstmals 1883, von europäischen Geologen erforscht worden. Die aus dem Gipfelkrater entweichende Lava hat Temperaturen unter 600°C und weicht damit von den üblichen Schmelztemperaturen ab, die sonst 900–1200°C betragen. Diese Eigenart der Lava hängt mit Gesteinen im Untergrund des Vulkans zusammen, die das Magma auf seinem Weg aus dem Erdmantel aufschmilzt. Dabei können sich Bestandteile der Schmelze differenzieren, was den hohen Anteil an Karbonaten erklärt. Nachdem die Lava erkaltet ist, verbindet sich diese mit der Luftfeuchtigkeit und bildet eine weiße Oberfläche, die von weitem an frisch gefallenen Schnee erinnert.

Der Vulkan **Longonot** in Kenia spielt in den Legenden der Massai eine große Rolle, obwohl es in jüngerer Zeit keine Ausbrüche gegeben hat. Das Grabensystem, die **Rift-Valleys**, setzt sich weiter in das südliche Afrika fort und bildet hier sehr reizvolle und fruchtbare Landschaften.

Ostafrikas Landschaften beziehen ihren Reiz nicht nur von den jüngeren aktiven Vulkanen. Vielmehr sind es alte Vulkanbauten, die das Bild prägen: Kilimandscharo und die wohl größte Caldera der Welt, der Ngorongoro-Krater waren fest im Bewusstsein der Kolonisatoren verankert. Mit einem Durchmesser von mehr als 20 km, einer Innenfläche von 250 km², umgeben von 500–700 m hohen Steilwänden, bietet diese Caldera einer einzigartigen Tier- und Pflanzenwelt Schutz und Lebensraum. Unweit von Nairobi befinden sich weitere Riesencalderen mit Durchmessern von fast 10 km, die oft noch solfatarisch aktiv sind. Auch die archäologisch bedeutsame Olduway-Schlucht, mit den Fundorten wichtiger Fossilien menschlicher Vorfahren ist hier in dieser Region entstanden und zu einem internationalen Anziehungspunkt für die Forschung geworden. Sicher hat auch die Vulkantätigkeit dazu beigetragen, dass für diese „Vormenschen“ geeignete Siedlungsräume entstanden, andererseits aber ihre Spuren hier so hervorragend konserviert wurden.

Der „leuchtende Berg“, der **Kilimandscharo**, erhebt sich als größtes isoliertes Vulkanmassiv durch mehrere Klimazonen. Seine mit Eis und Schnee bedeckten

Vulkan	Höhe [in m]	Land/Region	Beobachtung älteste	Beobachtung jüngste
Barrier	1032	Kenia	unbekannt	1921
Emuruangogolak	1328	Kenia	unbekannt	um 1910
Longonot	2776	Kenia	unbekannt	1863
Mt. Kenya	5200	Kenia	1838	1887
South Island	800	Kenia	unbekannt	1888
Teleki	1032	Kenia	1868	1921
Kartala	2361	Komoren	1828	1911
Nyamlagira	3058	Dem. Rep. Kongo	1912	März 2001
Nyiragongo	3470	Dem. Rep. Kongo	1996	2002
Visoke	3711	Dem. Rep. Kongo/Ruanda	unbekannt	1957
Piton de la Fournaise	2631	Réunion (frz.)	1708	2002
Kituro		Ruanda/Virunga	1948	2001
Kivusee	140	Ruanda/Virunga	1904	
Muhuboli	137	Ruanda	1948	
Kibo	6010	Tansania	unbekannt	
Kieyo	2175	Tansania	unbekannt	1800
Kilimandscharo	5895	Tansania	unbekannt	unbekannt
Meru	4556	Tansania	unbekannt	um 1910
Ol Doinyo Lengai	2890	Tansania	11.01.1913	2001
Mt. Elgon	4321	Uganda	1896	26.03.1984

Höhen in der Nähe des Äquators regten vielfach die Fantasie der Entdeckungsreisenden an. Erst der deutsche HANS MEYER klärte 1889 durch seine Erstbesteigung wichtige Fragen. Er fand in über 5 000 m Höhe kein abgetragenes, erodiertes Gebirgsplateau, sondern einen tiefen z. T. mit Eis und Schnee gefüllten Krater. Dieses Eis war von Fumarolen durchlöchert, die dem Krater entstiegen. Der alle Erhebungen überragende Krater des **Kibo** wird gelegentlich mit dem Kilimandscharo verwechselt bzw. gleichgestellt. Er zeigt Spuren sehr junger vulkanischer Aktivität.

Kilimandscharomassiv

Die nach ihrem portugiesischen Entdecker MASKARENHAS 1505 benannte Inselgruppe besteht aus den Inseln Réunion, Mauritius und Rodrigues. Sie sind über einem **Hot Spot** entstanden, der sich durch die driftende Indisch-Australische Ozeanbodenplatte durchgeschweißt und in Form der Inselgruppe seine geologische Spur hinterlassen hat. Nur der Vulkan **Piton de la Fournaise** auf der Insel Réunion ist noch sehr aktiv und lässt auch die geologische Vorgeschichte der Nachbarinseln erkennen. Die Vulkanaktivität des Piton de la Fournaise 1976 auf Réunion war Anlass für die Gründung eines Observatoriums zur Früherkennung von Vulkanausbrüchen, aber auch zur Erforschung von Grundsatzfragen der Vulkanologie. Der Piton de la Fournaise ist eine mit erkalteter Lava gefüllte Caldera, aus der immer wieder einzelne Krater aktiv und große Mengen Lava gefördert werden, die die Bewohner der Insel und ihre Landwirtschaft gefährden.

Innerhalb der Caldera des Vulkans wurde ein Netz von Seismographen zur Erforschung der Aufstiegswege und Mechanismen der Lava eingerichtet.

Bemerkungen
Schildvulkan, in einer älteren Caldera, explosive Tätigkeit, Lavaaustritte
Schildvulkan, zahlreiche Parasitärkrater, Fumarolen und Heißdampf in der Caldera
Stratovulkan, zentraler Kegel mit Gipfelcaldera, Massai-Legenden überliefern Lavaaustritte
Stratovulkan im Turkanasee neben zahlreichen älteren Vulkanen
1888 entdeckt, Daten von einheimischen Bewohnern
1904 zahlreiche Opfer (über 100), zuvor ständige Lavaaustritte
flüssige Lava legt viele Kilometer zurück, oft Evakuierung vieler Einwohner am Kivusee
sehr flüssige Lava überquillt mehrmals Kraterrand und bedroht Ortschaften (Goma), 1977 2 000 Tote
Stratovulkan mit symmetrischem Bau, Tätigkeit abseits vom Gipfel, explosive Tätigkeit
Caldera mit erkalteter Lava, darin alle jüngeren Ausbrüche
Spaltensystem nahe Kivusee, von HAROUN TAZIEFF Entstehung des Kraters beobachtet
unterseeische Ausbrüche, Teil des Ostafrikanischen Grabensystems
HAROUN TAZIEFF beobachtete die Entstehung zweier Vulkankrater im Kivusee
Gipfelregion mit Caldera, Wechselwirkungen mit Gletscher, Fluten nach Eruptionen
Stratovulkan, die letzte Eruption zerstörte Ortschaften
Gesamtmassiv besteht aus ca. 3 000 km³ vulkanischem Gestein
zahlreiche Parasitärkrater in der Gipfelcaldera sind unterm Eis tätig
derzeit ständig tätig, „kalte Lava" (ca. 600°C) stark karbonatisches Material, „Götterberg" bei den Massai

Barentssee
Nordpolar-
meer
Europäisches
Nordmeer
Franz-Joseph-Land
Svalbard
Nordostkap
Nordkap
Bären-I. (Norw.)
Jan Mayen (norw.)
NORWEGEN
SCHWEDEN
FINNLAND
Lofoten
Galdhøpiggen 2469
Färöer (dän.)
ISLAND
Hekla
1491
Dänemarkstraße
K. Farvel
Grönland (dän.)
Gunnbjørn Fjeld 3700
Nuuk
Davisstraße
Labradorsee
ATLANTIS
K. Morris Jesup
Queen-Elizabeth-In.
Ellesmere-I.
2926
A. Heiberg-I.
Sverdrup-In.
Devon-I.
Lancastersund
Baffin Bay
Baffininsel
2591
Foxebecken
Hudsonstraße
K. Chidley
Southampton
Hudson Bay
Belcher-In.
Labrador
1128
Neufundland
St. Pierre u. Miquelon (frz.)
Kap-Breton-
Prince-of-Wales-I.
Parry-In.
Victoria-Insel
Banks-I.
McClure-Str.
Beaufortsee
Amundsengolf
Mackenzie
Gr. Bärensee
Gr. Sklavensee
Athabascasee
Athabasca
Peace
Nelson
Nördl. Saskatchewan
Winnipeg-
KANADA
Mt. Robson 3954
2916
2972
2761
4016
K. Barrow
Alaska (Vereinigte Staaten)
Yukon
Mt. McKinley 6194
Anchorage
Mt. Trudeau 5959
Katmai
2047
Kodiak
Golf von Alaska
Alexander-archipel
Queen-Charlotte-In.
Vancouver
Aleuten
Attu
Beringmeer
Beringstr.
St.-Lorenz-I.
St.-Matthäus-I.
Nunivak
Pribilof-In.
Nortonsund
K. Prince of Wales
K. Deshnjow
Tschuktschensee
Wrangel-I.
Ostsibirische See
Neusibirische Inseln
Laptewsee
Sewernaja Semlja
K. Tscheljuskin
Jana
Indigirka
Kolyma
3147
2562
K. Nawarin
Kommandeur-In.
Ochotskisches Meer
Sachalin
PAZ

E R O Z E A N
I F I S C H E R O Z E A N
V E R E I N I G T E S T A A T E N
M E X I K O
Golf von Mexiko
Karibisches Meer
Golf von Campeche
Golf v. Honduras
Golf von Kalifornien
Yucatánstraße
Floridastraße
Bahama-In.
B A H A M A S
K U B A
Hispaniola
Seattle
Mount Saint Helens
2549
Kap Mendocino
San Francisco
Mt. Whitney
4418
-85
K. Conception
LOS ANGELES
SAN DIEGO
3096
Guadalupe (Mex.)
Gr. Salzsee
3710
PHOENIX
Colorado
Mt. Elbert
4399
Missouri
CD. JUÁREZ
Rio Grande
Kap San Lucas
Revillagigedo-In. (Mex.)
Clipperton (Frz.-Polynesien)
3150
GUADALAJARA
LEÓN
MONTERREY
MEXIKO
PUEBLA
Popocatépetl
5426
Acapulco
SAN ANTONIO
DALLAS
Red R.
HOUSTON
Arkansas
Platte
Mississippi
Oberer See
183
Michigansee
CHICAGO
Ohio
Mt. Mitchell
2037
Huronsee
Eriesee
TORONTO
Ottawa
MONTRÉAL
St.-Lorenz-Strom
Boston
Kap Cod
Kap Sable
NEW YORK
PHILADELPHIA
Washington
Kap Hatteras
Jacksonville
K. Canaveral
Miami
Nassau
Bermuda (brit.)
Turks- u. Caicos- (brit.)
HAVANNA
Kaiman-In. (brit.)
Kingston
JAMAIKA
Port-au-Prince
HAITI
DOMINIKAN. REP.
SANTO DOMINGO
Navassa (USA)
Aruba (ndl.)
Kap Gallinas
K. Catoche
BELIZE
1950
GUATEMALA
Izalco
Fuego
3763
EL SALVADOR
HONDURAS
Tegucigalpa
NICARAGUA
Momotombo
Nicaraguasee
1297
COSTA RICA
Kokos-I. (C. R.)
PANAMÁ
Panamá
Panamakanal
G. v. Panama
Providencia
San Andrés (Kol.)
BARRANQUILLA
MARACAIBO
5775
VENEZUELA
MEDELLÍN
Magdalena
BOGOTÁ
5493
KOLUMBIEN
CALI
Caquetá
Malpelo (Kol.)
1 : 50 000 000
0
500
1000
1500
2000 km

Nord- und Mittelamerika waren die großen Ziele europäischer Forscher, die hier Bestätigung für die gewonnenen Theorien und Einsichten finden wollten. In ihrer Heimat waren die theoretischen Grundlagen geologischer Forschung und Kartographie gelegt worden. Die fortgeschrittene Erschließung und Nutzung von Bodenschätzen hatte zu wichtigen Untersuchungen geführt. Bedeutende Forscher in Europa wie James Hutton (1726–1797), Charles Lyell (1797–1875), Gottlob Abraham Werner (1749–1817), Georges Cuvier (1769–1832), Leopold von Buch (1774–1853) und Charles Darwin (1809–1882) hatten eine zunächst weltweit anerkannte Betrachtungsweise der Erde und ihrer Entwicklung geschaffen. Sie stammte aus Europa, der **geologischen Suppenschüssel**, deren geologisches Kartenbild und damit ihr Aufbau und ihre Geschichte sehr kleinteilig ausfielen und von den Erfahrungen in Europa bestimmt wurden. Mechanismen der Entstehung der Mittelgebirge und der Alpen wurden in den beobachteten äußeren Formen, der Verbreitung der Gesteine und ihrer Lage zueinander gesucht und schließlich hineininterpretiert. Vulkane galten als Zierrat der Erdgeschichte und nicht als Teil der Dynamik des Planeten.

Nord- und Südamerika wurde den deutschen Forschern erst später zugänglich. Ein Blick über den Rand Europas ermöglichte die Expeditionen in diesen Teil der Erde. Persönlichkeiten wie Alexander von Humboldt (1769–1859) und Karl von Seebach (gest. 1880) genießen hohes Ansehen in der Öffentlichkeit dieser Gegenden.

Die Dimensionen und Entfernungen, die Anordnung der Gebirge und deren Beziehungen zum Pazifik, die gewaltigen Vulkanausbrüche und Erdbeben, von denen Nord- und Mittelamerika heimgesucht wurden, vermittelten den amerikanischen Forschern ein viel dynamischeres Bild unserer Erde und der Vorgänge in Vergangenheit und Gegenwart der Erdgeschichte. Schließlich spielte ab 1939 die zunächst militärisch orientierte und finanziell begünstigte Untersuchung des Meeresbodens durch die Amerikaner eine wichtige Rolle bei der Bewertung dynamischer Prozesse.

Der Meeresboden war so aufregend anders als die Kontinentalflächen – was vom Vulkanismus bis dahin bekannt war, entpuppte sich als ein Bruchteil der Realität. Forschungsschiffe wie die „Glomar Challenger“ brachten 1968 die entscheidenden Beweise für das großräumigere Bild der Erde mit den Meeresbodenbohrungen an die Oberfläche. Die großen tektonischen Verwerfungen an der amerikanischen Westküste, der **„Ring of Fire“**, dem die Vulkane im Westen Amerikas zugeordnet werden müssen, lieferten die Beweise für die Plattentektonik, der die **Kontinentaldrifttheorie** von Alfred Wegener (1912) vorausging. Die europäischen Forscher nahmen erst in den 1960er Jahren das neue Bild der Erde wahr.

Schließlich kam es zu einer Revolution bei der Betrachtung unseres Planeten. Ganze Gebirge wurden auf dem Meeresboden entdeckt und die Bestätigung, dass die Erdgeschichte längst nicht am Ende ist. Der Amerikaner Harry Hess entdeckte 1960 das „Spreizen des Meeresbodens“ – den Antrieb gewissermaßen für die Drift der Kontinente. John Tuzo Wilson (vgl. S. 19) untermauerte 1965 sowohl die ersten Vermutungen Wegeners sowie die Untersuchungen von Hess.

Auch die Erklärung dafür, wie Kontinentalränder und Meeresbodenplatten miteinander korrespondieren und die so stabil wirkende Erdkruste verwunden. Das führte in Europa zunächst zu einem großen Erstaunen darüber, dass man die Erde auch ganz anders betrachten kann.

Schließlich hat auch die Vulkanaktivität Mittelamerikas ihre Erklärung durch die Plattengrenzen gefunden. Dies wird weiteren Aufschluss über die dynamischen Prozesse auf der Erde geben.

Das im Folgenden dargestellte Gebiet zwischen den Aleuten im Norden und den mittelamerikanischen Vulkanen im Süden wird von der Dynamik der **Pazifischen**

Platte bestimmt. Sie schiebt sich unter Nordamerika im Bereich der **Alëuten** und **Alaska**. Zwischen Alaska (USA) und der kanadisch-US-amerikanischen Grenze bei Vancouver ist die Westküste weniger mit aktiven Vulkanen besetzt. Hier hat sich ein kleines Bruchstück von der Pazifischen Platte abgespalten. Einige ozeanische Riftzonen an der Juan-de-Fuca-Platte haben den Einfluss der Pazifischen Platte auf die Küstenregion verringert (vgl. Karte S.16). Von diesem abgespaltenen Bruchstück zieht sich die **San-Andreas-Verwerfung** in Form einer äußerlich erkennbaren Bruchzone entlang. An dieser Verwerfung ändert sich die relative Bewegungsrichtung zwischen Nordamerikanischer und Pazifischer Platte: sie „gleiten aneinander vorbei“. Diese Bewegungen erzeugen hohe Energien, die sich in ausgeprägtem Vulkanismus und in starken Erdbeben ausdrücken. Auch der Golf von Kalifornien und die Kalifornische Halbinsel sind äußerer Ausdruck dieses Bewegungsmechanismus.

Die **mittelamerikanischen Vulkane** von Guatemala bis Costa Rica verdanken ihre Aktivität dem „Untertauchen“ der Cocos- unter die Karibische Platte. Dies führt dazu, dass der Karibische Raum von zwei unabhängigen Vulkansystemen umschlossen wird. Im Osten wird die Karibik von den Vulkanen der Kleinen Antillen umrahmt. Durch diese Kombinationen von tektonischen Elementen entsteht zwischen Nord- und Südamerika dieses bizarre Bild des Vulkanismus. Eine kleine zu Mexiko gehörende Inselgruppe (Revillagigedo-Inseln) verdankt ihren vulkanischen Charakter den Riftzonen zwischen **Cocos-** und **Pazifischer Platte**.

Die **Alëuten-Vulkane** gehen in die Kette der Vulkane Alaskas über. Der **Katmai** ist der Prominenteste unter ihnen. Bei seiner Explosion im Jahre 1912 hat er erhebliche Veränderungen in der unbesiedelten Landschaft hinterlassen und durch seine Eruption das Klima im Polarbereich langzeitlich verändert.

Die Westküste der USA mit ihren großen Vulkangebäuden der **Kaskadenkette** wird durch den Ausbruch des Mount Saint Helens im Jahr 1980 charakterisiert. Schlussfolgernd aus diesem Unglück entstanden für die anderen Vulkane z.B. den Mount Hood in Oregon, vorbildliche Pläne zur Vorbeugung von Katastrophen. Der **Popocatépetl** in Mexiko, der **Fuego** in Guatemala, der **Izalco** in El Salvador und der **Momotombo** in Nicaragua markieren den südlichen Abschnitt der beschriebenen Vulkanlandschaften.

Über den Izalco schrieb der deutsche Forscher Karl von Seebach: „Ich selbst sah den Vulkan zuerst am Abend des 2. Juni 1865. Er war in voller Tätigkeit. Über der Krateröffnung stand der Feuerschein ebenso hoch als der Vulkan selbst. ... Als ich darauf am 25. Juni wieder zurückkehrte lag zu meinem Erstaunen der Izalco völlig still. ... Der Vulkan hatte plötzlich seine Tätigkeit eingestellt. Diese Pause musste zu einer Besteigung des bis damals noch nie erklommenen Gipfels benutzt werden.“

Die Mittelamerikanischen Vulkane sind intensiv von deutschen Forschern erkundet worden. Ihre Erkenntnisse und Beobachtungen fanden vielfache Resonanz in der internationalen Literatur. Die Erstveröffentlichungen gehören zu den wichtigen Aufsätzen in „Petermanns Geographische Mitteilungen“ die bei Klett-Perthes in Gotha herausgegeben wurden.

Hubschrauber über Lava am Kilauea

Innerhalb der Alaska vorgelagerten **Alëutenkette** sind derzeit 30 Vulkane aktiv. Sie waren innerhalb der letzten Jahrhunderte tätig, etliche davon erst in den letzten 20 Jahren. Die meisten von ihnen machten sich durch explosive Tätigkeit bemerkbar. Riesige Rauch- und Glutwolken sowie Aschefälle charakterisieren in diesem Inselbogen die Vulkantätigkeit. Gelegentlich wurde die Bildung von **Staukuppen** beobachtet. In einigen Kratern befinden sich Kraterseen mit heißem Wasser. Nur selten fließt Lava aus, nur wenige Vulkane zeichnen sich durch die sonst verbreiteten Solfatarenfelder und andere nachvulkanische Erscheinungen aus. Der **Alëutenbogen** ist das Produkt zweier Plattensysteme, der Pazifischen und der Nordamerikanischen Platte, die hier zusammentreffen. Die Pazifische Platte taucht unter die Nordamerikanische ab, ohne dass es bisher zu einer Aufstauchung eines Randgebirges gekommen ist.

Vor der Halbinsel **Alaska** setzt sich der **Alëutengraben** fort. Hier sind bereits wieder mächtige Gebirgsmassive am Kontinentalrand herausgehoben, die von sehr hohen und auch sehr aktiven Vulkanen gekrönt werden. Diese Gegend der Welt ist auch Schauplatz einer gewaltigen Vulkaneruption und -explosion gewesen. 1912 brach der Vulkan **Katmai** aus und sorgte im Umkreis von mehreren hundert Kilometern für extreme Aschefälle, die eine tagelange Dunkelheit verursachten und zentimeterdicke Ascheablagerungen hinterließen. Die eigentlichen Veränderungen durch die Vulkanexplosion konnten erst Jahrzehnte später durch geologische Expeditionen aufgeklärt werden: eine nicht mehr rekonstruierbare Feuerwolke, ein Gemisch von heißen Gasen und flüssigen Lavafetzen muss hier mit ungestümer Gewalt ausgebrochen sein. Die herabgefallenen Produkte hatten ein neues Gestein gebildet, das nicht nur aus lockerer Asche, sondern auch aus heißen Gesteinstropfen bestand. Ähnliche Gesteine sind neuerdings auch aus Südamerika und Neuseeland bekannt. Sie vertreten eine ganz besondere Art von heißen Vulkanausbrüchen und bilden als Produkt → **Ignimbrit**, dass in seinen meterdicken Schichten über die Vorgänge in diesem Gebiet berichtet. Neben diesem Gesteinstyp hat die Explosion die Landschaft total verändert, wo einst ein Vulkanberg stand, breitet sich nun ein Tal mit zahllosen **Geysiren** und **Dampfquellen** aus, das man erstmals rund 50 Jahre nach dem Ausbruch aufgesucht hatte. Auch die anderen Vulkane Alaskas beeinflussen durch ihre massiven Ausbrüche oft die sich ausdehnenden Siedlungen, Verkehrswege und Pipelines.

In dieser polnahen Vulkanregion gibt es besonders zahlreiche explosive Vulkane. Außerdem liegt hier die Grenze zwischen der Atmosphäre und Stratosphäre verhältnismäßig niedrig. Die dazwischen liegende Tropopause liegt hier um 10 km niedriger als am Äquator. Das bedeutet, dass Gase und Aschepartikel bei Vulkanausbrüchen in der Arktis schneller in die Flugzonen gelangen als in anderen Gegenden der Erde, da die transpolaren Luftkorridore in geringeren Höhen liegen als am Äquator. Aus den Vulkanen entweichen bei Explosionen Aerosole, also Gemische von kleinen Tröpfchen schwefliger Säure und Ascheteilchen. Sie halten sich bevorzugt in der Stratosphäre auf und können besonders in der Arktis den Luftverkehr stören. Eruptionswolken mit hohem Anteil basaltischer Lavatröpfchen können die Flugmaschinen, Düsentriebwerke und Motoren schädlich beeinflussen. Deshalb ist eine intensive Luftüberwachung bei Vulkanausbrüchen in dieser Region sehr wichtig.

Ein **Observatorium** in der Hauptstadt Anchorage überwacht die Vulkantätigkeit und sichert vor allem den Luftraum über Alaska. Der Flugverkehr über die Polregion bündelt sich hier und ist durch die Eruptionswolken gefährdet, die Höhen von über 10 000 m erreichen können.

Wie sehr sich die Ansichten und Erkenntnisse – und auch der Stil in wissen-

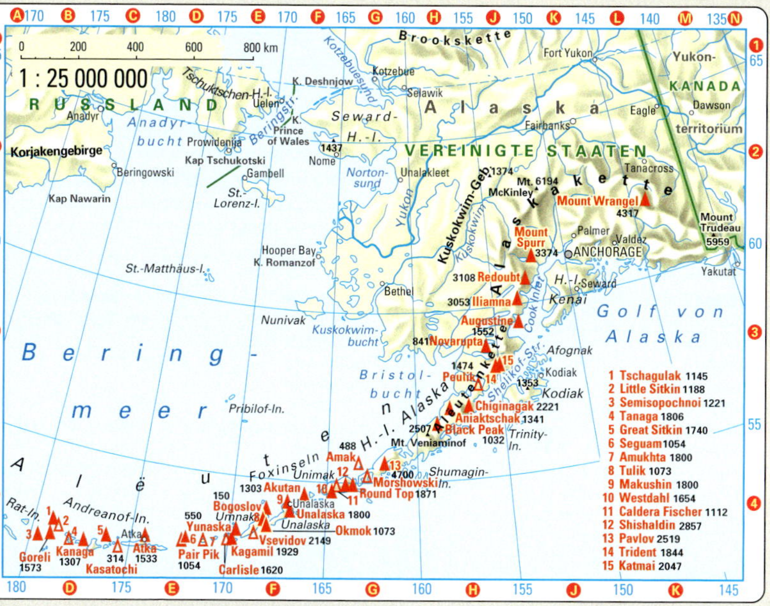

Ausbruch des Augustine

schaftlichen Werken – über diese Weltgegenden geändert haben, mag ein Zitat aus dem Standardwerk **„Katalog der geschichtlichen Vulkanausbrüche“** von Karl Sapper aus dem Jahr 1917 verdeutlichen: „Die Berichterstattung über dieses Gebiet (Alaska und Alëuten) und die nordwestamerikanischen Vulkane ist äußerst dürftig entsprechend der – namentlich in früheren Zeiten – sehr spärlichen Besiedlung durch Weiße. So ist man in früheren Zeiten ganz auf gelegentliche Berichte von Seefahrern, Händlern, Missionaren und Reisenden angewiesen; noch gegenwärtig (1917 Anmerkung d. Verfassers) dürfte mancher Ausbruch unserer Kenntnis entgehen; in früheren Jahrhunderten waren es sicher viele.

Vulkan	Höhe [in m]	Land/Region	Beobachtung älteste	Beobachtung jüngste
Akutan	1303	USA/Alëuten, Krenizyna /n.	1790	1992
Amak	488	USA/Alëuten	1700–1710	1796
Amukhta/Vierkegel-/nsel	1800	USA/Alëuten	18. Jh.	1876
Aniaktschak/Antaktschak	1341	USA/Alaska	unbekannt	aktiv
Atka/Korovin	1533	USA/Alëuten, Andreanof-/n.	1829	20.03.1987
Augustine/St. Augustin	1552	USA/Alaska	1880	Feb. 1976
Black Peak/Weniaminova	1032	USA/Alaska	unbekannt	tätig (1979)
Bogoslov/Joanna Bogoslova	150	USA/Alëuten, /n. Umnak	1768	1992
Carlisle	1620	USA/Alëuten	18. Jh.	1828
Chiginagak	2221	USA/Alaska		aktiv
Caldera Fischer	1112	USA/Alëuten, /n. Unimak	18. Jh.	1830
Goreli/Goreloj	1573	USA/Alëuten, /n. Delarova	1760	1989
Great Sitkin/Bolschoi Sitk.	1740	USA/Alëuten, Andreanof-/n.	1792	1974
/liamna//laemaen	3053	USA/Alaska	18. Jh.	18.12.1989
Kagamil	1929	USA/Alëuten, Foxinseln	1840	1929
Kanaga	1307	USA/Alëuten, Andreanof-/n.	1763/1770	1995
Kasatochi	314	USA/Alëuten, Andreanof-/n.	1760	
Katmai	2047	USA/Alaska	1912	
Little Sitkin/Sitignak	1188	USA/Alëuten, Andreanof-/n.	1776	1830
Makushin/s. Unalaska	1800	USA/Alëuten, /n. Unalaska	1790	1995
Mount Spurr	3374	USA/Alaska	1953	27.06.1992
Mount Wrangel	4317	USA/Alaska	unbekannt	1902
Moroshowski/Morshowski Peak	4700	USA/Alaska		1768
Novarupta	841	USA/Alaska		1912
Okmok/Tulik	1073	USA/Alëuten, /n. Umnak	1805	1997
Pair Pik	1054	USA/Alëuten		aktiv
Pavlov	2519	USA/Alaska	1786	18.11.1986
Peulik	1474	USA/Alaska	unbekannt	1814
Redoubt/Ujakushatsch	3108	USA/Alaska	1819	11.03.1990
Round Top	1871	USA/Alëuten, /n. Unimak	unbekannt	1930?
Seguam/Siguam	1054	USA/Alëuten, Andreanof-/n.	vor 1790	1993
Semisopochnoi	1221	USA/Alëuten		1987
Shishaldin	2857	USA/Alëuten, /n. Unimak	18. Jh.	1999
Tanaga	1806	USA/Alëuten, Andreanof-/n.	18. Jh.	1814
Trident/sw. Katmai Vulkan	1844	USA/Alaska	1912	1975
Tschagulak	1145	USA/Alëuten, Andreanof-/n.	unbekannt	aktiv
Tulik/s. Okmok	1073	USA/Alëuten, /n. Umnak	1820	1931
Unalaska/s.a. Makushin	1800	USA/Alëuten	19. Jh.	aktiv
Vsevidov	2149	USA/Alëuten	1878	
Westdahl	1654	USA/Alëuten, /n. Unimak	1795	02.12.2002
Yunaska	550	USA/Alëuten	1817	1937

Die lange Zeit der Kenntnis dieser Vulkane (seit dem Ende des 17. Jahrhunderts) steht also in keinem Verhältnis zu unserer Kenntnis der Ausbrüche. In die Literatur sind zudem gar manche Ausbruchsnachrichten gelangt, die jeder festen Grundlage entbehren, da nicht selten schon ein Ausbruch notiert wurde, wo nur ‚Rauchen' oder sonstige leichtere Tätigkeitsäußerungen berichtet sind." (SAPPER 1917).

Heute ist die gesamte Region durch Satelliten unter ständiger Beobachtung, so dass kleinste Äußerungen der Vulkane erfasst und registriert werden. Selbst die freiwerdende Energie eines Ausbruches kann durch die dabei entstehenden elektrischen Felder künftig online ermittelt werden.

Bemerkungen
Krater „Akutan Pik", umgeben von älteren pleistozänen Vulkanbauten, Stratovulkan in einer Caldera
Flammen und Rauch beobachtet
im Pleistozän angelegter Schildvulkan, mit 10 km weiter Caldera in der Höhe
explosiv, 4 000 m hohe Aschewolke, zahlreiche Parasitärkrater umgeben den Vulkan
Inselbildung im Jahre 1880, seither langsame Vergrößerung
Stratovulkan mit Lavakuppel im Zentralkrater
Inselvulkan von 1768, beobachtet im 19. Jahrhundert Gestaltveränderung 1883 durch Staukegel
sehr symmetrischer Stratovulkan
wird neuerdings als „tätig" eingeordnet, frische Lavakuppeln
türkisfarbener Kratersee, mit entweichenden Schwefelwasserstoffgasen
1929 Parasitärkrater, „rauchend angetroffen", nicht: „Goreli" von Kamtschatka
Stratovulkan, gletscherbedeckt
sein Entdecker VENIAMOFF beschrieb ihn als „rauchend"
junge Lavadome im zentralen Krater
ein Kratersee liegt nur 60 m über dem Meeresspiegel
große Caldera mit Kratersee
ineinandergreifende Calderen, davon eine mit einem Kratersee
eisbedeckte Caldera, 2,5 km Durchmesser, in langen Abständen explosiv tätig
explosiv reaktiviert: 1992, 15 000 m hohe Aschewolke, Flughafensperre in Anchorage
Schildvulkan, Krater in der Caldera, Lavaströme bis zu 58 km, Caldera eiserfüllt
letztmalig beobachtet 1768
Glutwolkeneruption, bildet eine Staukuppe
zahlreiche Nebenkrater, ein Kratersee und zahlreiche heiße Quellen und Fumarolen innerhalb der Caldera, mehrere Krater
sehr häufig und periodisch tätig
in der Literatur: aktiv
explosiv, Asche von 1990 in 10 000 m Höhe, beeinträchtigte Flugverkehr, 1819 erkundet
eisbedeckter Stratovulkan
mehrere Ausbrüche belegt, in jüngerer Zeit effusiv, sehr symmetrischer Kegel, eisbedeckter Stratovulkan
pyroklastischer Ausbruch
mehrere Krater abwechselnd tätig beobachtet
zwei Krater, Nachbarvulkan: Makushin (s. d.)
ausgedehnte Lavaströme reichen bis an die Küste
7 000 m hohe Explosionswolke

Große Vulkane in der **Kaskadenkette** charakterisieren das geologische Geschehen aus dem Tertiär bis in die Gegenwart. In den Sagen und Mythen der eingeborenen Indianer wird von der vulkanischen Aktivität berichtet. Aber die lange Zeit der Ruhe hat die Anwohner und Siedler in dieser Region beruhigt oder sogar die gefahrvolle Geschichte dieser Berge vergessen lassen.

Erst die Eruption des **Mount Saint Helens** am 18. Mai 1980 hat diese Region wieder in das Bewusstsein der Einwohner und der Fachleute zurückgebracht.

Der südlichste Vulkan **Lassen Peak** und seine Umgebung sind leicht als Vulkanfeld erkennbar. Zahlreiche Aschekegel (Cindercones) sind um das zentrale Kratergebiet angeordnet und bilden eine noch sehr junge und bizarre Landschaft. 1859 brach der **Mount Shasta** aus und 1854 wurde der **Mount Hood** zum ersten Mal aktiv.

Die Ordnung der Vulkane nach ihrer „historischen" Tätigkeit wird hier sicher an ihre Grenzen stoßen, weil die Vulkane des Kaskadengebirges einen sehr langen Eruptionszyklus haben. Die Beobachtung der Vulkane begann erst mit der Besiedlung dieses Gebietes im 19. Jahrhundert und die einzelnen Eruptionszyklen überdauern oft ein Menschenalter.

Dennoch hat es Geologen gegeben, die die Geschichte dieser Kaskadenkette sorgfältig studiert haben und Spuren von Ascheeruptionen jüngerer Ausbrüche in der umgebenden Landschaft bewerteten. So wurde langfristig eine Eruption des Mount Saint Helens vorhergesagt, ohne dass sich die Wissenschaftler auf einen genauen Zeitpunkt festgelegt haben. Immerhin war man 1975 der Meinung, dass der Mount Saint Helens in den nächsten 100 Jahren ausbrechen könnte. Für geologische Zeiträume eine recht präzise Aussage.

Es gibt viele Hinweise auf große katastrophale Ausbrüche der typischen **Subduktionsvulkane**, die ihre Entstehung dem Abtauchen der **Pazifischen Platte** unter die **Nordamerikanische Platte** (vgl. Karte S. 16f.) verdanken. Das beste Beispiel dafür ist der Crater-Lake, mit dem **Mount Mazama** im Staat Oregon. Vor rund 7 000 Jahren hat der Vulkan letztmalig ein Lebenszeichen von sich gegeben und hat einen See von 10 km Durchmesser und einer Tiefe von 600 m hinterlassen. Der hier vorhandene Krater lässt vermuten, dass sich über der Caldera ein 2 000 m hoher Vulkan befunden haben muss. Das mediterrane Pendant könnte der Krater des Santorin im Mittelmeer sein.

Der Ausbruch des Mount Saint Helens war vorerst die letzte Episode des aktiven Vulkanismus in diesem Gebiet. Er hat dazu angeregt, die Vorzeichen möglicher Eruptionen genauer zu studieren. Der Mount Saint Helens ist im Gegensatz zu den anderen älteren Vulkanen als junger Kegel erkennbar gewesen, und nicht durch Einwirkungen früherer Vergletscherungen überprägt worden.

Bereits Monate vor der eigentlichen Explosion des Vulkans mehrten sich Anzeichen einer Wiederbelebung des seit 1856 ruhigen Kraters. Leichtere Erdbeben, Aschesäulen und Dampfexplosionen beunruhigten die Geologen und die Naturwacht in diesem Gebiet. Die Nordflanke des Vulkans veränderte ihre Gestalt. Mehr als 100 m davon wurden offenbar durch hochviskoses Magma aufgebläht, bis es dann zu einem gewaltigen Erdrutsch kam. Jener Erdrutsch brachte eine mächtige Lawine von mehreren Kubikkilometern Material ins Rollen, der die umliegenden Täler und Seen auffüllte. Dieser Gesteinslawine folgte dann eine der gefürchteten Glutlawinen aus heißen Gasen und Gesteinsmaterial. Sie erfasste rund 550 km² Fläche, verwüstete das Land, übersprang Hügelketten und füllte Talsenken aus: Im Ergebnis waren Vieh und Menschen in ihrem Umkreis getötet. Eine Aschesäule erhob sich in fast 30 km Höhe. Das unterstreicht nachdrücklich die Wucht der Explosion. Schmelzendes Eis und Niederschläge taten dann ihr Übriges:

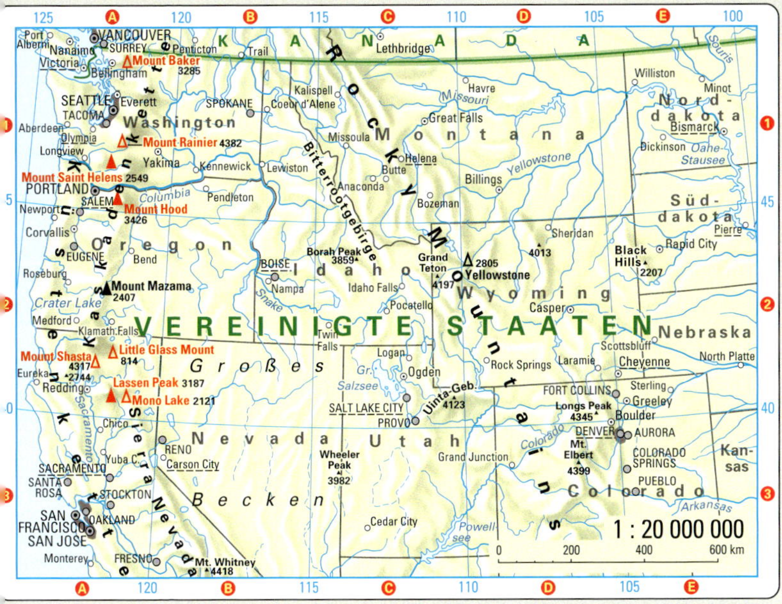

Mount Saint Helens

Mount Rainier

Schlammlawinen folgten den heißen Glutlawinen und bedeckten weitere Landflächen. Wälder wurden vernichtet. Die Bilder umgeknickter Baumriesen gingen um die Welt.

Heute, 20 Jahre nach dieser Katastrophe, beginnen Flora und Fauna sich dieses desaströse Gebiet zurückzuerobern. Der den Mount Saint Helens umgebende Nationalpark, einstmals zum Schutz der Landschaft um den Vulkan angelegt, gewinnt heute als Forschungsobjekt eine zusätzliche Bedeutung. Teams von Wissenschaftlern beobachten nun wie die Natur, die durch den Vulkan gerissenen Spuren zu vertilgen beginnt.

Die geologischen Ergebnisse der Untersuchung von dieser Katastrophe haben auch dazu geführt, dass amtliche Stellen, z. B. der **Geologische Dienst**, Hinweise für die Anwohner von potentiellen Gefahrenzonen an Vulkanen herausgegeben hat. Es existieren präzise Kartenunterlagen und Hinweise auf Verhaltensweisen und Alarmsysteme in den Regionen um den **Mount Hood** und **Mount Baker**, die öffentlich zugänglich sind.

Still und friedlich liegt der **Mount Rainier** im Kaskadengebirge: Eine 17 Mio. Jahre alte Gebirgslandschaft, die für den Wintersport wie geschaffen scheint, wären da nicht die Warnungen aus der Umgebung. 1914 gab es eine Reihe von Eruptionen am Lassen Peak. Am 100 km vom Mount Saint Helens entfernten Mount Hood hatten sich tiefe Risse gebildet, und rund um den Mount Rainier traten Schwefeldämpfe aus. Aber so richtig glaubte niemand an die Risiken der Vulkane in dieser Region. Die Explosion des Mount Saint Helens rückte auch den Mount Rainier wieder in das Bewusstsein der Behörden und elektrisierte die Bevölkerung: Hier tickt ein vulkanischer Zeitzünder und das in einer so eng erschlossenen Landschaft. Der Mount Rainier gehört seit 1980 zu den am besten observierten Vulkanen der USA.

Zu den großen Naturdenkmälern und Attraktionen dieser Region gehört das **Vulkansystem von Yellowstone**. Es ist zwar formal keine der jungen vulkanischen Erscheinungen der Kaskadenregion. Aber der Geysir **Old Faithful** und die weitläufigen Sintergebiete und heißen Quellen lassen

Vulkan	Höhe [in m]	Land/Region	Beobachtung	
			älteste	jüngste
Lassen Peak	3 187	USA/Kalifornien	1914–1916	1926
Little Glass Mount	814	USA/Kalifornien	10. Jh.	
Mono Lake	2 121	USA/Kalifornien	1785	
Mount Baker	3 285	USA/Washington	1792	1880
Mount Hood	3 426	USA/Oregon	1854	1907
Mount Mazama/Crater-Lake	2 407	USA/Oregon	vor 6 700 J.	
Mount Rainier	4 382	USA/Washington	1841	1825
Mount Saint Helens	2 549	USA/Washington	1856	1991
Mount Shasta	4 317	USA/Kalifornien	1859	1867
Yellowstone	2 805	USA/Wyoming		2 Mio. J.

Geysir Old Faithful – Yellowstone-Nationalpark

Devils Tower

Rückschlüsse auf die vulkanische Vergangenheit zu. Die nachvulkanischen Erscheinungen decken ihren Energiebedarf an noch heißen vulkanischen Gesteinen, die hier in alten von mehreren Calderen gebildeten Becken Restwärme aus vulkanischer Tätigkeit vor ca. 1 Mio. Jahren speichern. Ihren Höhepunkt erreichte sie vor etwa 600 000 Jahren. Jüngere Untersuchungen haben einen gewaltigen Plume unter dem **Yellowstone-Nationalpark** entdeckt, über dessen Zukunft für das Gebiet noch gerätselt wir. Der Yellowstone-Nationalpark ist ein touristisch gut erschlossenes Gebiet, in dem man außer dem großen Geysir nahezu alle nachvulkanischen Erscheinungen beispielhaft findet und beobachten kann.

Der **Devils Tower**, ein ehemaliger Vulkanschlot im Yellowstone-Nationalpark, zählt in Amerika zu den bestaunten Naturwundern, das Präsident THEODORE ROOSEVELT als eines der ersten geologischen Monumente 1906 unter den Schutz des Gesetzes stellte. Im nordöstlichen Teil Wyomings haben sich im Tertiär Basalte ausgebreitet. Der über 250 m hohe, wie ein gigantischer Baumstumpf wirkende Basaltkegel intrudierte vor rund 50 Mio. Jahren in das umliegende Gestein. Dann erfolgte die Abkühlung und die übliche Schrumpfung des Basalts in Säulenform. Eine spätere Erosion legte den harten Schlot frei, der heute so eindrucksvoll die Landschaft überragt.

Bemerkungen
junge undatierte Laven beobachtet
Aschekegel im Zentrum der Caldera, Insel im See durch Magmaintrusion angehoben
nach Indianer- und Siedleraussagen Jahrhunderte früher tätig
extreme Masseförderung ca. 33 km³
Gipfelkraterexplosion, Todesopfer durch Ascheregen, Verwüstung des Umlandes, 1980: 63 Opfer
Caldera Nationalpark, postvulkanische Erscheinungen, Superplume unter Yellowstone-Plateau

Die Hawaii-Inseln gehören zu den mittlerweile klassischen Vulkanlandschaften der Erde. Der **Volcano National Park** ist zu einem attraktiven Reiseziel für zahlreiche Touristen inmitten des Pazifischen Ozeans geworden. Hauptanziehungspunkte sind die Vulkane mit ihren aufregenden Tätigkeiten. Außerdem beherbergt dieser Archipel eine Reihe von geographischen Höhepunkten. Der **Mauna Kea** ist der höchste Vulkan, aber auch die höchste Erhebung der Erde, wenn man berücksichtigt, dass diese Vulkaninsel in 5 300 m Meerestiefe ihren Sockel hat und die Meeresoberfläche um 4 205 m überragt. Die Gesamthöhe beträgt also 9 505 m. Somit ist er mehr als 500 m höher als der Mount Everest. Der Basisdurchmesser beträgt 60 km. Die besonders flüssige Lava gestaltete ihn zu einem so genannten Schildvulkan. Dieser Vulkan und seine vulkanischen Nachbarinseln liegen mitten im Pazifik außerhalb eines mittelozeanischen Rückens. Fachleute stellten sich die Frage, wie ein solches Vulkanzentrum im Pazifik entstehen konnte. Hier muss im Untergrund ein **Hot Spot**, also eine heiße Zone, angenommen werden, der über Jahrmillionen örtlich und zeitlich stabil den oberen Teil der Erdkruste gewissermaßen wie ein Bunsenbrenner durchbrannt hat.

Es entstand ein Vulkan, der sich durch die Plattenstruktur des Ozeanbodens über diesen heißen Punkt solange hinwegbewegte, bis eine neue Insel zu entstehen begann. Nur so ist erklärlich, dass die Vulkane der Hawaii-Inseln von Südosten nach Nordwesten ein zunehmendes Alter haben. Heute befindet sich diese Verbindung zum unteren Erdmantel unterhalb der hochaktiven Hauptinsel Hawaii unter anderem mit den Vulkanen **Kilauea** und **Mauna Loa**. Ein weiteres nicht mehr so aktives Vulkanzentrum befindet sich auf der Insel Maui mit dem Vulkan **Haleakala**, der zum letzten Mal im 19. Jahrhundert tätig war. Alle anderen Inseln in dieser Reihe sind Vulkanruinen älterer Aktivität. Die 500 km von der Hauptinsel Hawaii entfernte Insel Kauai ist mehr als 5 Mio. Jahre älter.

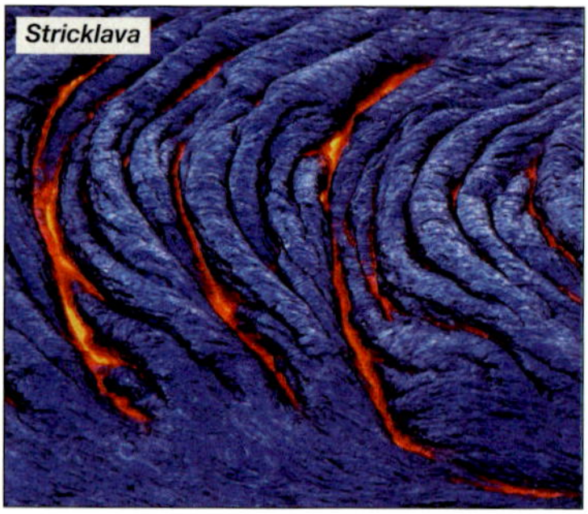
Stricklava

Die Geschichte der Hawaii-Vulkane wird in einem speziellen Observatorium auf der Hauptinsel am Rande der Kilauea-Caldera erforscht. Der kanadische Geophysiker Wilson hat hier wichtige Impulse für die Erforschung der Plattentektonik und ihres Mechanismus erhalten (vgl. S. 14 ff.). Die Hawaii-Vulkane haben für die junge Entwicklung der Vulkanforschung eine ähnliche Bedeutung wie Italiens Feuerberge für die Anfänge vulkanologischer Geschichte.

Vulkan	Höhe [in m]	Land/Region	Beobachtung	
			älteste	jüngste
Haleakala	4 205	USA/Hawaii-Inseln, Maui	1750	19. Jh.
Hualalai	2 523	USA/Hawaii-Inseln, Big I.	1801	unbekannt
Kilauea	1 222	USA/Hawaii-Inseln, Big I.	1789	01.08.2002
Koolau	941	USA/Hawaii-Inseln, Oahu		Holozän
Loihi	–975	USA/Hawaii-Inseln, Big I.	unbekannt	18.06.1905
Mauna Kea	4 205	USA/Hawaii-Inseln, Big I.	Holozän	Holozän
Mauna Loa	4 170	USA/Hawaii-Inseln, Big I.	20.06.1832	22.03.1984

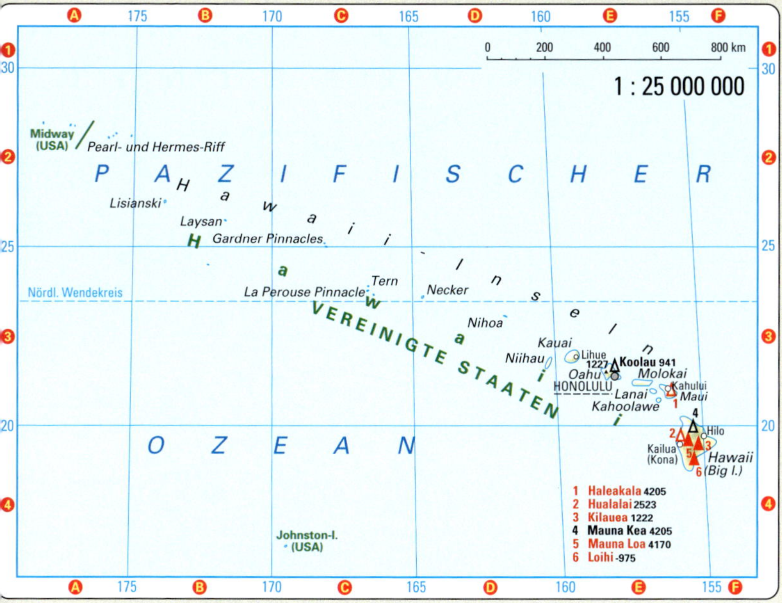

Ortsfester Hot Spot unter driftenden Platten – Beispiel Hawaii-Inseln

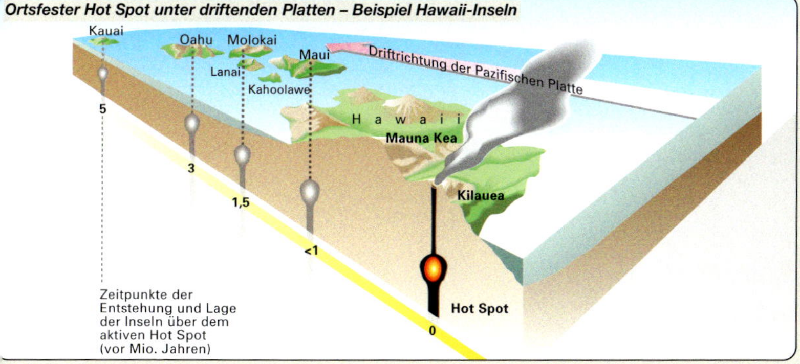

Bemerkungen

Schildvulkan, einziger Vulkan außer Maui, der als „tätig“ zu bezeichnen ist

Schildvulkan, fließende basaltische Lavaströme (6 km/h), tödlicher Unfall durch Lavaeinschluss, 2 Opfer

Schildvulkan, lavaerfüllter Gipfelkrater, häufige Lavaausbrüche, Nationalpark, gefährlich für Siedlungen

Vulkanruine auf nordwestlicher Insel, Spätstadium der Vulkanreihe von Hawaii

jüngster Vulkan in der Hawaii-Kette, noch submarin beobachtet

Vulkan gründet in 5 300 m Meerestiefe, Gesamthöhe 9 505 m (größer als Mount Everest), höchste Erhebung auf der Erde

Schildvulkan, sehr flüssige Laven, Lavasee im Gipfelschlot des Vulkans

SAN DIEGO
OCEANSIDE
Kalifornien
TIJUANA
MEXICALI
ENSENADA
Yuma
SAN LUIS RÍO COLORADO
Gila
PHOENIX
Arizona
TUCSON
Nogales
New Mexico
Sierra Blanca Peak 3649
Las Cruces
EL PASO
CIUDAD JUÁREZ
Llano Estacado
LUBBOCK
Hobbs
Odessa
Midland
Pecos
Edwards plateau
853
VEREINIGT
Cerro de la Encantada 3096
Golf von Kalifornien
Niederkalifornien
Guadalupe
Ángel de la Guarda
Tiburón
HERMOSILLO
Cedros
Kap Eugenia
Guaymas
Yaqui
Las tres Virgenes 1996
Santa Rosalía
CIUDAD OBREGÓN
Navojoa
3200
Nueva Casas Grandes
Río Bravo del Norte
Río Grande
Westl. Sierra Madre
CHIHUAHUA
Cuauhtémoc
Delicias
Hidalgo del Parral
Jiménez
Co. Mohinora 3992
LOS MOCHIS
GÓMEZ PALACIO
TORREÓN
ACUÑA
PIEDRAS NEGRAS
NUEVO LAREDO
MONCLOVA
MONTERREY
SALTILLO
GUADALUPE
Östl. Sierra Madre
Cerro Peña Nevada 3664
Matehuala
PAZIFISCHER
Nördl. Wendekreis
CULIACÁN
LA PAZ
2406
Kap San Lucas
San José del Cabo
MAZATLÁN
DURANGO
Fresnillo
ZACATECAS
SAN LUIS POTOSÍ
CD. VALLES
MEXIKO
Tres-Marías-In.
TEPIC
2103 Cerro de San Juan
1875 Ceboruco
Río Grande de Santiago
AGUASCALIENTES
2987
GUANAJUATO
ZAPOPAN
LEÓN
QUERÉTARO
2875 Guadalajara
Kap Corrientes
GUADALAJARA
IRAPUATO
CD. DE MÉXICO
ZAMORA DE HIDALGO
(MEXIKO)
3850 Fuego de Colima
4320 Nevado de Colima
URUAPAN
MORELIA
TOLUCA
Manzanillo
COLIMA
Paricutín 2775
Jorullo 1320
3930 Ajusco
5426 Popocatépetl
Revillagigedo-In. (Mex.)
San Benedicto 332
Socorro 1050
Lázaro Cárdenas
Südl. Sierra
Chilpancingo
3703
ACAPULCO
Clipperton (zu Frz.-Polynesien)
OZEAN
1 : 20 000 000
0 200 400 600 km

F
95
G
90
H
85
J
80
K
Oklahoma
Pine Bluff
Arkansas
BIRMINGHAM
ATLANTA
Augusta
Südkarolina
Charleston
STAATEN
DALLAS
FORT WORTH
ARLINGTON
Longview
SHREVEPORT
Tyler
Mississippi
Tusc.
Alabama
MACON
COLUMBUS
MONTGOMERY
Georgia
SAVANNAH
ATLANTISCHER
OZEAN
JACKSON
Albany
Red R.
Trinity
WACO
Killeen
Alexandria
Louisiana
Lake Charles
BATON ROUGE
MOBILE
Pensacola
TALLAHASSEE
JACKSONVILLE
AUSTIN
Bryan
BEAUMONT
LAFAYETTE
NEW ORLEANS
Kap San Blas
Gainesville
Daytona Beach
Colorado
Port Arthur
HOUSTON
SAN ANTONIO
Galveston
Victoria
ORLANDO
Kap Canaveral
TAMPA
Melbourne
Florida
SAINT PETERSBURG
Sarasota
Cape Coral
Grand Bahama
Great Abaco
West Palm Beach
Marsh Harbour
FORT LAUDERDALE
MIAMI
NASSAU
CORPUS CHRISTI
Golf von Mexiko
McALLEN
Harlingen
BROWNSVILLE
MATAMOROS
Kap Sable
Key West
Florida Keys
Floridastraße
BAHAMAS
Andros
LA HABANA
(HAVANNA)
MATANZAS
Cárdenas
SANTA CLARA
Artemisa
Colón
KUBA
CIEGO DE ÁVILA
PINAR DEL RÍO
CIENFUEGOS
CAMAGÜEY
CD. MADERO
TAMPICO
Kap Catoche
Kap San Antonio
Isla de la Juventud
Yucatánstraße
CANCÚN
MÉRIDA
Cozumel
Tuxpán
Golf von Campeche
Große Antillen
Kaimaninseln (brit.)
Grand Cayman
Georgetown
JAMAIKA
CAMPECHE
XALAPA ENRÍQUEZ
VERACRUZ
H.-I. Yucatán
CHETUMAL
CD. DEL CARMEN
Pico de Orizaba
5675
San Martin
1380
TEHUACÁN
Karibisches Meer
COATZACOALCOS
VILLAHERMOSA
Río Usumacinta
Belize City
BELIZE
Belmopan
Golf v. Honduras
Bahía-In.
OAXACA
Juchitán
TUXTLA GUTIÉRREZ
1150
Chinchonal
SAN CRISTÓBAL DE LAS CASAS
GUATEMALA
Salina Cruz
TONALÁ
Golf von Tehuantepec
La Ceiba
El Progreso
SAN PEDRO SULA
Río Coco
K. Gracias á Dios
Tacaná
4110
3139
TAPACHULA
Quezaltenango
Sierra Madre
HONDURAS
2865
TEGUCIGALPA
1990
Puerto Cabezas
CD. DE GUATEMALA
(GUATEMALA)
SANTA ANA
SAN SALVADOR
SAN MIGUEL
EL SALVADOR
Providencia
(Kol.)
San Andrés
Matagalpa
Chinandega
LEÓN
NICARAGUA
Bluefields
MANAGUA
Granada
Nicaraguasee
Panamakanal
COSTA RICA
Limón
H.-I. Nicoya
SAN JOSÉ
Cabo Blanco
Colón
PANAMA
3820
PANAMA
David
Santiago
H.-I. Azuero
Coiba
OZEAN
30
25
20
15
10
1
2
3
4
5
6

Der **Popocatépetl** überragt mit seinen 5426 m Höhe das Land und erregt bei anfliegenden Gästen große Aufmerksamkeit, zumal er in den letzten Jahren mit seiner ständigen Rauchfahne seinem Ruf als Vulkan alle Ehre machte. Seine Höhe und sein Alter verdeutlichen aber auch, dass die in historischer Zeit tätigen Vulkane nur ein Abglanz früheren tertiären Vulkanismus sind, dass das Land weit mehr von vulkanischen Kräften gestaltet wurde.

Die Einwohner der nahe liegenden Megametropole **Ciudad de México** (Mexico-City) betrachten die jüngeren Aktivitäten dieses Berges mit Sorge, da sie von den gewaltigen Explosionen betroffen sein können, wenigstens durch die unangenehmen Aschefälle aus den kilometerhohen Eruptionswolken. Bereits in vorspanischer Zeit wurde der Berg wegen seiner bevorzugten Lage und Höhe als Heiligtum verehrt. Er gehört zu einer größeren Zahl von Vulkanen, die durch das Aneinanderprallen der Nordamerikanischen und der Cocos-Platte entstanden sind, letztere schiebt sich mit mittlerer Geschwindigkeit von mehreren Zentimetern pro Jahr unter die kontinentale Nordamerikanische Platte.

Auf das vulkanische Geschehen in Mexiko wurde man durch den **Paricutin** besonders aufmerksam, der vor den Augen der Bauern entstand und dann sehr bald vor der internationalen Öffentlichkeit innerhalb einer Woche auf 140 m Höhe anwuchs. Am 20. Februar 1943 öffnete sich auf einem Maisfeld unversehens eine Spalte, Asche und Lavabrocken wurden herausgeschleudert, es bildete sich ein Schlackenkegel. Dieses Ereignis, das bereits 1943 zu mehr als einer geologischen Attraktion wurde, beschrieb der tschechische Literat **Egon Erwin Kisch**, bekannt als der „Rasende Reporter". Er war Zeuge des Ausbruchs und schrieb darüber in einer **eindrucksvollen Reportage**: „... Ich trat an die zwölf Meter hohe Lavawand, aber ich konnte sie nicht berühren, sie ergriff mich mit ihrer Glut. So ging ich denn die Glut ab, Kilometer im Kreise. Es klirrte im Gemäuer, rasselte wie Eisenketten. ... Nur als Ganzes und ganz allmählich erweitert sich der Kreis der Lava, wie ein Wellenring, zehn Meter per Tag rückt der Rand vor, immer senkrecht bleibend. Was im Wege steht wird mitgenommen, hohe Bäume verschwinden ohne Spur. Ich hatte mir Lava als etwas dickflüssiges, glasiges vorgestellt, einen Strom. Das hier jedoch war plumpes, zackiges dunkelgraues Geröll. Der Indio Dionisio Pulido kam vor 14 Tagen am Nachmittag des 20. Februar hierher und sah plötzlich, wie seine Ackerfläche auseinander klaffte, sich hochhob, zu qualmen und zu donnern begann, und er nahm die Beine in die Hände. Von Dionisios Maisfeld blieb nichts übrig, denn der Krater hat es vollgespien – und er speit weiter, so dass ein Berg entstand, der ununterbrochen wächst. ... In Uruapan, der nächsten großen Stadt herrscht Konjunktur. Jeder der einen Lieferwagen hat, vermietet sich zur Fahrt von Touristen an den Vulkan: Der Fahrpreis steigt schneller als der Vulkan. ... Auf dem Vorfeld vom Vulkan entstanden Marktbuden aus Latten und Reisig, wo Coca Cola ausgeschenkt wird. ... Die Männer begleiten die Touristen auf die Hügel rings um den Vulkan und bekommen dafür einen Führerlohn. ... Mit Stangen heben sie Lavasteine aus dem Wall ... und verkaufen dann die abgekühlten Steine den Besuchern. ‚Nicht schlecht, so eine Strafe Gottes' sagte ich." (Kisch 1943).

Die aus dem Vulkan austretende **Lava überflutete später zwei Dörfer**, unter anderem auch das Dorf Paricutin, nachdem der Kegel zunächst benannt war. Der Kirchtum des Ortes ragt heute aus den Lavamassen heraus. Die Bewohner des Ortes wurden durch die Lava vertrieben, ohne dass jemand zu Tode gekommen ist. 1952 zeigte der Paricutin ein vorerst letztes Lebenszeichen.

Bemerkenswert ist der Vulkan **Chinchonal**, der zwar bekannt war, aber wenigstens 200 000 Jahre keine Spuren von Aktivitäten zeigte. 1982 wurde er unvermittelt zu einer Bedrohung für seine Umgebung.

Lavaströme ergossen sich, eine Lavakuppel in seinem Krater ließ den Abgang einer Glutwolke befürchten. Bis dahin war der Vulkan den Anwohnern nur durch seine Fumarolen bekannt, Ausbrüche in historischer Zeit dagegen unbekannt.

Der plötzliche Ausbruch begann mit einer Explosion, die einen kilometerweiten Krater schuf. Gewaltige Aschemengen lieferte der Vulkan, bis auf die Halbinsel Yucatán wurde die Aschefracht getrieben. Selbst in 35 km Entfernung fielen noch heiße Lavastücke vom Himmel herab. „Ich glaubte das Ende der Welt sei gekommen, wir rannten soweit wir nur konnten und versuchten zunächst, unter einem Baum Schutz vor den niederprasselnden Steinen zu suchen", schilderte eine Bäuerin ihre Angst in rund 75 km Entfernung vom Ausbruchsort. Die Bilanz des völlig unerwarteten Ausbruchs war verheerend: 7 Ortschaften um den Vulkanberg waren zerstört, zumeist unter der Aschelast zusammengebrochener Kirchen und Häuser, 200 Todesopfer wurden gezählt. Die Stratosphäre war durch große Mengen von Aerosolen belastet: Noch Monate nach dem Ausbruch wurden in 20 km Höhe Millionen von Tonnen Schwefelsäuretröpfchen vermutet, die die Sonneneinstrahlung verändert haben sollen. Dadurch hatten die klimatischen Bedingungen in Mexiko noch lange negative Wirkungen auf die Ernten. Da der Eintrag der Aerosole in die Stratosphäre erfolgte, konnten die Wirkungen dieses Ausbruchs bis nach Australien verfolgt werden. Allein in der Umgebung des Vulkans und der entfernteren Siedlungen waren rund 150 000 Menschen von dem Ausbruch betroffen und mussten durch das Militär mit Trinkwasser und Nahrungsmitteln versorgt werden.

Die mexikanischen Vulkane waren ein bevorzugtes Forschungsgebiet für Alexander von Humboldt während seiner Forschungsreisen.

Nevado de Colima

Popocatépetl (19.12.2000)

Die Vulkane Mexikos halten manche Überraschung bereit und sind durch sehr unterschiedliche Ausbruchstätigkeit gekennzeichnet. Die Beispiele vom **Paricutin** und **Chichonal** unterstreichen das deutlich. Ebenso ist das Alter der Vulkane sehr unterschiedlich. Die genaue Zahl von Vulkanen, die in der rund 15 Mio. Jahre währenden vulkanischen Geschichte Mexikos entstanden sind, ist nicht erfasst. 16 tätige Vulkane, historisch verbürgt, gibt es bisher, von einigen Vulkanen könnten noch weiter zurückreichende Berichte in Archiven aus vorkolumbianischer Zeit entdeckt werden.

Neben einigen regelmäßig tätigen Vulkanen (Popocatépetl, Nevado de Colima, Ceboruco) existieren noch unberechenbare Vulkanberge, die im Laufe von Jahrhunderten nur vereinzelt tätig wurden. So gilt der **Pico de Orizaba** immer noch als potentielle Gefahrenquelle. Der „jüngste" Ausbruch liegt immerhin über 300 Jahre zurück.

Der **Nevado de Colima** (vgl. S. 153) wird gelegentlich als der **„Feuerteufel von Mexiko"** bezeichnet, da er der aktivste Vulkan ist. Seine jüngeren, seit etwa 30 Jahren beobachteten Eruptionen werden gerne als Touristenattraktion vorgeführt.

Die aztekische Legende sagt, dass der Krieger Popo sich auf einem Feldzug befand, als seine Tochter ums Leben kam. Aus Gram schuf er zwei Berge. Auf dem erloschenen Ixtaccihuati, der „schlafenden Dame", bestattete er seine Tochter, auf dem benachbarten **Popocatépetl**, dem „rauchenden Krieger", steht er mit einer Fackel und demonstriert seine Anwesenheit.

Der Popocatépetl hat fast jährlich einen Ausbruch. Die umliegenden Ortschaften wurden regelmäßig evakuiert, zahlreiche Touristen von Lavabrocken verletzt oder getötet. Der mexikanische Zivilschutz erklärte weite Teile des Vulkankegels zum Sperrgebiet. Er bedroht durch Asche und

Vulkan	Höhe [in m]	Land/Region	Beobachtung älteste	Beobachtung jüngste
Ajusco	3930	Mexiko		1979
Ceboruco	1875	Mexiko	1870	24.09.1987
Cerro de San Juan	2103	Mexiko		
Chinchonal/Chichon, El	1150	Mexiko/Sierra Madre	Pleistozän	28.03.1982
Fuego de Colima/Colima	3850	Mexiko	1749	24.06.1905
Guadalajara	2875	Mexiko	solfatarisch	solfatarisch
Jorullo/Michoacan	1320	Mexiko	1759	1952
Las tres Virgenes	1996	Mexiko/Niederkalifornien	1746	1857
Nevado de Colima	4320	Mexiko	Pleistozän	2002
Pico de Orizaba/Ciltlaltepetl	5675	Mexiko	1547	1687
Paricutin/Michoacan	2775	Mexiko	20.02.1943	04.03.1952
Popocatépetl	5426	Mexiko	1354	02.03.2002
San Benedicto/Barcena	332	Mexiko/Revillagigedo-In.		
San Martin/Tuxtla	1380	Mexiko	1664	1933
Socorro/Cerro Evermann	1050	Mexiko/Revillagigedo-In.	16.06.1905	1951
Tacaná/San Antonio	4110	Mexiko/Guatemala	1855	1986

Ausbruch des Popocatépetl im Dezember 1998

Lava die nähere Umgebung des Kraters. Auch schmelzendes Eis auf dem Gipfel birgt Gefahren – ebenso die häufig ausgestoßenen großen Mengen an Schwefeldioxid, Fluorgasen und Salzsäure. Mit den Abgasen in der nahe gelegenen Hauptstadt und anderen Ballungszentren bildet sich ein gesundheitsgefährdendes Gasgemisch. Katastrophenpläne sehen die Evakuierung von 400 000 Bewohnern der Region vor. Bauern in der näheren Kraterregion verlassen dadurch häufig ihre Dörfer.

Bemerkungen
prähistorische Werkzeuge von Lava überströmt, Fumarolen
Evakuierung von Ortschaften unumgänglich, Glutwolken, Lavaströme
legendenhafter Ausbruch
wurde nach rund 200 000 Jahren 1982 tätig, bedrohte Städte, Dörfer, Lavakuppel, 200 Opfer
Glutwolken, 1795 von ALEXANDER VON HUMBOLDT untersucht, auch MERCALLI forschte intensiv am Fuego de Colima
Glutwolken und ausgedehnte Lavafelder, historische Beschreibung durch ALEXANDER VON HUMBOLDT
ganz selten tätig
unbedeutende Aktivität
gelegentlich von früheren Forschern mit Popocatépetl verwechselt, solfatarisch tätiger Stratovulkan
unter öffentlicher Beachtung entstanden, EGON ERWIN KISCH verfasste Reportage über Paricutin
häufig tätiger Stratovulkan, enorme CO_2-Produktion, große Mengen in Stratosphäre
explosive Initialeruption, untermeerischer Basaltschild
Stratovulkan mit 10 km Basisdurchmesser, Laharanfälliges Terrain, phreatische Eruptionen

Mittelamerika und Karibische Inseln

1 : 20 000 000
0 200 400 600 km
Bermuda (brit.)
Hamilton
ATLANTISCHER OZEAN
Sargassosee
Nördl. Wendekreis
Turks- u. Caicosinseln (brit.)
Grand Turk
Great Inagua
DOMINIKANISCHE REP.
HAITI
PORT-AU-PRINCE
SANTO DOMINGO
Hispaniola
Puerto Rico (USA)
SAN JUAN
Amerik. Jungferninseln (USA)
Brit. Jungferninseln
SAINT KITTS UND NEVIS
ANTIGUA UND BARBUDA
Guadeloupe (frz.)
DOMINICA
Martinique (frz.)
SAINT LUCIA
SAINT VINCENT UND DIE GRENADINEN
BARBADOS
GRENADA
TRINIDAD UND TOBAGO
Kleine Antillen
Niederländ. Antillen
Aruba (ndl.)
CARACAS
MARACAIBO
VENEZUELA
GUYANA
GEORGETOWN
SURINAME
KOLUMBIEN

Ein Blick auf die Plattenstruktur zwischen dem nordamerikanischen und südamerikanischen Kontinent (vgl. Karte S. 16 f.) zeigt die relativ kleine Karibische Platte, die von der östlichen Seite durch die angrenzenden Platten und vom Westen durch große Plattenbewegungen bedrängt wird. Allseits beobachtet man eine Subduktion, ein Unterschieben unter die kleine Platte, an deren Rändern sich dann die typischen Bogenstrukturen auf der Oberfläche abbilden. Dabei fallen Vulkanreihen auf, die sich auch bei Betrachtung ihrer Eruptionsgeschichte als **Subduktionsvulkane** ausweisen: gefährliche explosive Stratovulkane mit hoher Materialförderung, die den Raum Mittelamerikas und der Karibik immer wieder in die Schlagzeilen gebracht haben.

Der östliche Rand der Platte wird von dem Inselbogen der **Kleinen Antillen** gebildet. Jede der Inseln ist für sich ein älteres oder jüngeres Vulkangebilde, zwischen 6 Mio. Jahre alten Vulkanruinen und jungen Kegeln, die in den letzten hundert Jahren alle Stadien vulkanischer Aktivitäten durchlebt haben. Besonders energiereich und auffällig brach der **Montagne Pelée** auf der **Insel Martinique** im Jahre 1902 aus. Fast alle Einwohner der Stadt Saint Pierre wurden durch eine Glutwolke getötet: Die Opferzahlen betrugen mindestens 28 000 Menschen. Nur ein Sträfling in einer unterirdischen Gefangenenzelle im örtlichen Gefängnis überlebte sowie ein Handwerker. Ein glücklicher Umstand ließ ihn den Sturm aus glühenden Gasen und Lockergesteinsmaterial überstehen, der sich über die gesamte Hafenstadt wälzte.

Bericht eines Seemanns
„Die glühende Wolke stürzte sich wie ein aufflammender Blitz auf und über uns hinweg. Sie glich einem Hurrikan von Feuer, der sich in voller Masse direkt auf St. Pierre und die Schiffe wälzte. … Der Feuersturm vom Vulkan hielt nur wenige Minuten an. Er schrumpfte zusammen und setzte alles

Vulkan Turrialba

was er antraf in Brand. Brennender Rum rann in Strömen die Straßen von St. Pierre hinab in das Meer. … Nach der Explosion war keine einzige lebende Seele mehr an Land zu sehen. … Das Feuer hatte die Schiffsmasten und Schornsteine hinweggerissen, als wären sie mit einem Messer abgeschnitten."

Spätere Besucher der grauenvoll verwüsteten Stadt beobachteten, wie sich aus der Krateröffnung des Vulkans eine fast 300 m hohe Staukuppe aus dem Schlot erhob, bestehend aus zähflüssigem Gesteinsmaterial. Nach ihrer Abkühlung bestand sie noch für einige Zeit und überragte den Vulkanberg um nach kurzer Zeit in Gesteinsschutt zu zerfallen.

Immer wieder brechen in dieser Zone Inselvulkane aus, begleitet von Glutwolken und mächtigen Ascheeruptionen. Jüngstes Beispiel ist der seit 1995 immer wieder ausbrechende **Soufrière Hills** auf der Insel Montserrat, die nach mehrfachen Fehlalarmen schließlich noch evakuiert werden konnte.

Die **Vulkane der Mittelamerikanischen Staaten** zwischen Guatemala und Panama sind nicht weniger gefährlich. In historischer Zeit waren über 50 Vulkane aktiv und haben ein Vielfaches an Gesteinsmaterial von dem der karibischen Vulkane gefördert. Ihre Höhe und Ausdehnung belegen eine seit dem Mittleren Tertiär andauernde Aktivität. Sie sind um Millionen Jahre älter als die Vulkane der Kleinen Antillen. Auch hier sind es **Subduktionsvulkane**, erzeugt durch das Abtauchen der Cocos-Platte unter die Karibische Platte. Die Vulkane Mittelamerikas vervollständigen hier den **Pazifischen Feuerring** zwischen den Vulkanen der nordamerikanischen Westküste und den Andenvulkanen Südamerikas.

Namhafte Feuerberge in Nicaragua, Costa Rica, Guatemala und El Salvador sind in den letzten Jahrzehnten tätig gewesen. Bedeutende deutsche Forscher wie ALEXANDER VON HUMBOLDT und KARL VON SEEBACH haben als Erste einige dieser Vulkane wissenschaftlich erforscht und beschrieben und dadurch auf diese einzigartigen Landschaften international aufmerksam gemacht.

Auch für die Vulkane Mittelamerikas gilt, dass die fruchtbaren Ebenen der Vulkanregionen begehrtes Siedlungsland sind, dessen Einwohner immer wieder durch Vulkanausbrüche bedroht werden. Insbesondere Nicaragua hatte in den letzten Jahren häufig unter den Eruptionen des **Cerro Negro** zu leiden. Der **Izalco** in El Salvador und der **Irazú** in Costa Rica gehören zu den attraktivsten Vulkanen der Region. Auch die nachvulkanischen Phänomene, wie heiße Quellen, Schlammkrater und Kraterseen tragen zur Vielfalt vulkanischer Landschaften bei. Die Erdwärme wird heute vielfach zur Wärmegewinnung und Energieerzeugung genutzt.

Der Spanier FERNANDEZ DE OVIEDO begeisterte sich bereits 1539 an den heißen Quellen Nicaraguas und auch deutsche Reisende schilderten, dass unweit des **Momotombo** „hunderte von kleinen Sprudeln das Kiesufer durchbrechen. Ihr Wasser ist ca. 90 Grad heiß … und in Perioden von im Mittel 90 Sekunden steigen die heißen Gewässer tosend und bis zu drei Meter hoch … empor.“

Saint Pierre nach Ausbruch des Montagne Pelée 1902

Vulkan	Höhe [in m]	Land/Region	Beobachtung älteste	jüngste
Arenal/Argenal	1657	Costa Rica	1968	1998/2000
Gongora	1499	Costa Rica	Konquistaz.	19. Jh.
Irazú	3432	Costa Rica	1723	1994
Orosi	1659	Costa Rica	1844	1994
Poas	2708	Costa Rica	1838	1996
Rincon de la Vieja	1916	Costa Rica	1851	1998
Turrialba	3340	Costa Rica	1723	1868
Grande Soufriere/Soufriere v. Dominika	1242	Dominica/Kl. Antillen	1880	
Morne au Diable	861	Dominica/Kl. Antillen		
Morne Diablotin	1421	Dominica/Kl. Antillen		
Chinameca	1228	El Salvador		aktiv
Conchagua/Conchagua	1225	El Salvador	1522	1947
Concheguita	505	El Salvador	1892	aktiv
Ilopango/Caldera von Ilopango	450	El Salvador	1880	1884
Izalco	1950	El Salvador	1770	1966
Menaguera	506	El Salvador		aktiv
San Miguel/Bosotlan	2130	El Salvador	1669	1997
San Salvador/Boqueron, Quezaltepeque	1893	El Salvador	1669	1916
Santa Ana/Lamatepec	2385	El Salvador	1520	1920
San Vicente	2182	El Salvador	1643	
Tecapa	1592	El Salvador		
Soufrière	1467	F/Guadeloupe		
Montagne Pelée	1397	F/Martinique, Kl. Antillen	22.01.1792	05.04.1905
Soufrière Hills	914	GB/Montserrat, Kl. Antillen	17. Jh.	01.07.1995
Acatenango	3976	Guatemala	1924	1972
Agua	3766	Guatemala	1524	aktiv (1979)
Almolonga	3197	Guatemala	1818	
Atitlan	3535	Guatemala	1496	1853
Cerro Quemado/Vulkan von Quezaltenango	3027	Guatemala	1785	1870
Fuego	3763	Guatemala	1707	2000
Pacaya	2552	Guatemala	1775	18.01.2001
Santa Maria	3772	Guatemala	1902	2002
Santiaquito	2500	Guatemala	Okt. 1902	11.07.1983
Tacaná/San Antonio	4110	Guatemala/Mexiko	1855	1986
Tajomulco	4220	Guatemala	19. Jh.	1893
Tecuamburro	1845	Guatemala		1979
Toliman	3158	Guatemala		aktiv (1979)
Cerro Negro	728	Nicaragua	1867	08.08.1999
Coseguina	872	Nicaragua	1521	23.01.1835
Las Pilas/Pilas	1088	Nicaragua	13.04.1850	1968
Masaya/Nindiri	635	Nicaragua	1529	18.06.1988
Momotombo	1297	Nicaragua	1522	16.01.1905
Ometepe/Conception	1700	Nicaragua	1883	1999
San Cristobal/El Viejo	1745	Nicaragua		2001
Telica	1061	Nicaragua	16. Jh.	2000
Saba/Maynti	887	Nördl. Antillen/Saba		solfatarisch
Quill/Kvill	601	Nördl. Antillen/St. Eustadius		
Chiriqui	3343	Panama	16. Jh.	
Mount Misery/St. Christopher	1175	St. Kitts u. Nevis/Kl. Antillen		
Qualibou	777	St. Lucia/Kl. Antillen	1766	
Soufrière/a St. Vincent, La Soufrière	1220	St. Vincent u. d. Gren./Kl. A.		1979

Bemerkungen

häufig explosiv tätig, selten Lavaströme, Touristen in Hotels gefährdet und gelegentlich evakuiert, 1995: 78 Opfer

Kratersee mit heißem Wasser und wechselnder Färbung, starke Ascheausbrüche 1963–1965

Kratersee in 2 500 m Höhe, 1927 verschwunden, extrem saures Wasser
gelegentliche Ascheausbrüche beobachtet, Kratersee mit saurem Wasser, Seebach-Krater
Stratovulkan mit pyroklastischen Ausbrüchen, hohe Materialförderung
zahlreiche kleinere Vulkankegel in der Umgebung (Parasitärkrater) „Boiling Lake"

Stratovulkan, 16 km Basisdurchmesser
Stratovulkan, Fumarolenfelder
an der Spitze des Stratovulkans aktive Doppelkegel
Inselvulkan
Caldera mit Kratersee bei 427 m, explosiver Wasseraustritt, El Salvadors größter See

mehrere Gipfelkrater
Stratovulkan fördert basaltische Lava, 1 669 Lavaflüsse
ständig aktiv nach einigen Literaturquellen
Stratovulkan, 1722: 13 km langer Lavastrom
heiße Quellen und Fumarolen
wichtiges Element: Berlin-Caldera

08.05.1902 Staukuppe mit folgender Glutwolke vernichtete Hafen von Saint Pierre, 28 000 Opfer
6 000 Einwohner evakuiert, Lava und Ascheregen machen Insel und Plymouth unbewohnbar, 100 Opfer
Fumarolentätigkeit
„Wasservulkan", 11.09.1541 Schlammströme bis nach Vieja, erste Hauptstadt von Nicaragua
Thermalfeld in der Erschließung
Stratovulkan, Lockermassenausbrüche
Fumarolentätigkeit bis zur Gegenwart
Stratovulkan
Orte von Lava umschlossen, 2 000: zahlreiche Dörfer evakuiert, 17 Opfer
1902 nach Glutwolken und Explosionen hohe Opferzahlen, 6 000 Opfer
pyroklastische Ereignisse mit hoher Materialförderung
Stratovulkan mit 10 km Basisdurchmesser, laharanfälliges Terrain, phreatische Eruptionen
Stratovulkan
Fumarolentätigkeit, Berg liegt etwa 60 km von Ciudad de Guatemala (Guatemala-City) in einer Riftzone
im Krater der Lake Toliman, mit Fumarolenfeldern
Asche-Konus-Erstausbruch: 1867, 1992, 1995 und 1999, Evakuierung von 1 000–1 500 Einwohnern
nach Alexander von Humboldt 1835 Gipfel 500 m abgetragen, ca. 150 km^3 Auswurf, Asche bis Mexiko
Stratovulkan
Nationalpark, Blick in neue Krater, Konquistadoren sahen im Krater „geschmolzenes Gold"
Stratovulkan

Stratovulkan, Lahare wurden mehrfach beobachtet
Bildung eines Magmasees im Krater des Stratovulkans
dünne Laven gefördert
Stratovulkan, im Pleistozän angelegt, pyroklastisches Material, andesitisch
die Berichte über die Tätigkeit von 1912 erwiesen sich als falsch

1990 vermutete vulkanisch initiierte Erdbeben

VEREINIGTE STAATEN
DALLAS
HOUSTON
SAN ANTONIO
Rio Grande
Mississippi
Jacksonville
K. Canaveral
Miami
Floridastr.
Golf von Mexiko
Golf von Campeche
MONTERREY
MEXIKO
MEXIKO
PUEBLO
Popocatepetl
5426
Acapulco
K. Catoche
Yucatánstraße
HAVANNA
KUBA
BAHAMAS
Bahama-In.
Nassau
Turks- u. Caicos-In. (brit.)
Hispaniola
HAITI
DOMINIKAN. REP.
Port-au-Prince
STO. DOMINGO
Navassa (USA)
JAMAIKA
Kaiman-In. (brit.)
Sargassosee
Bermuda (brit.)
ATLANTISCHER OZEAN
Jungfern-In. (USA)(brit.)
Anguilla (brit.)
Puerto Rico (USA)
ANTIGUA U. BARBUDA
Soufrière Hills 915
SAINT KITTS UND NEVIS
Montserrat (brit.)
Guadeloupe (frz.)
DOMINICA
Martinique (frz.)
Montagne Pelée 1397
SAINT LUCIA
BARBADOS
SAINT VINCENT U. DIE GRENADINEN
GRENADA
TRINIDAD UND TOBAGO
Aruba (ndl.)
Ndl. Antillen
Karibisches Meer
Kap Gallinas
MARACAIBO
Maracaibosee
CARACAS
VENEZUELA
Orinoco
Auyan Tepuy 2560
Roraima 2810
GUYANA
Georgetown
SURINAME
Paramaribo
Frz.-Guayana
Cayenne
BELIZE
HONDURAS
Golf v. Honduras
GUATEMALA
Tegucigalpa
EL SALVADOR
NICARAGUA
Nicaraguasee
Momotombo
1297
Fuego
3763
COSTA RICA
3820
PANAMA
Panamá
Panamakanal
G. v. Panama
Providencia (Kol.)
San Andrés
BARRANQUILLA
5775
Magdalena
MEDELLÍN
5493
Nevado del Ruiz 5321
BOGOTÁ
KOLUMBIEN
CALI
Meta
Pico da Neblina 3014
R. Branco
Rio Negro
Japurá
Caquetá
Putumayo
Amazonas
MANAUS
Malpelo (Kol.)
Kokos-I. (C. R.)
Galápagos-In. (Ecuad.)
QUITO
ECUADOR
Chimborazo 6310
GUAYAQUIL
Punta Negra
PERU
Marañon
Ucayali
Huascarán 6768
LIMA
6425
3812
Titicacasee
La Paz
BOLIVIEN
Beni
Mamoré
Guaporé
Juruá
Purus
Madeira
Tapajós
Xingu
Tocantins
Parnaíba
São Francisco
Sobradinho-Stausee
BRASILIEN
BELÉM
BRASÍLIA
1349
FORTALEZA
Rocas
RECIFE
Kap São Roque
Fernando de Noronha
São Paulo (Bras.)
SALVADOR
PAZIFI

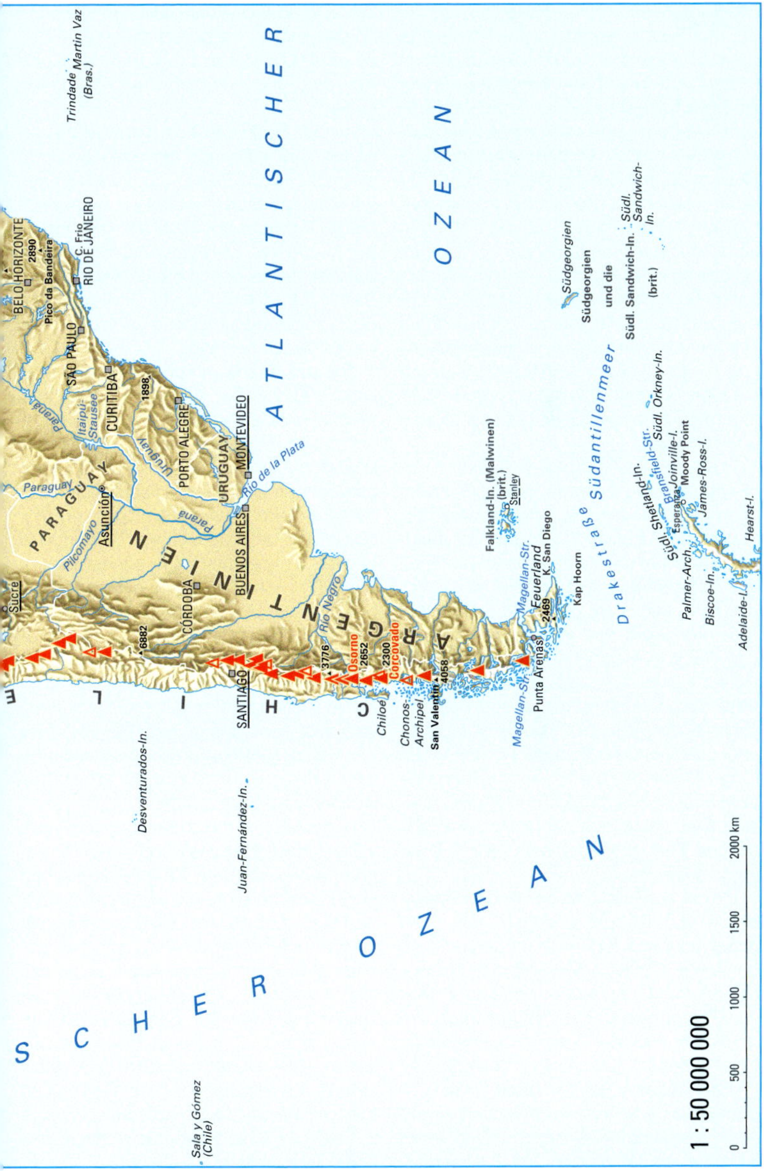
ATLANTISCHER OZEAN
SCHER OZEAN
Trindade
Martin Vaz (Bras.)
BELO HORIZONTE
2890
Pico da Bandeira
C. Frio
RIO DE JANEIRO
SÃO PAULO
CURITIBA
Itaipu-Stausee
Paraná
1898
PORTO ALEGRE
Uruguay
URUGUAY
MONTEVIDEO
Río de la Plata
BUENOS AIRES
PARAGUAY
Paraguay
Asunción
Pilcomayo
Sucre
CÓRDOBA
ARGENTINIEN
CHILE
6882
SANTIAGO
3776
Osorno
2652
2300
Corcovado
Río Negro
Chiloé
Chonos-Archipel
San Valentín
4058
Desventurados-In.
Juan-Fernández-In.
Sala y Gómez (Chile)
Magellan-Str.
Punta Arenas
Feuerland
2469
K. San Diego
Kap Hoorn
Falkland-In. (Malwinen) (brit.)
Stanley
Drakestraße
Südantillenmeer
Südgeorgien
Südgeorgien und die Südl. Sandwich-In. (brit.)
Südl. Sandwich-In.
Südl. Orkney-In.
Südl. Shetland-In.
Bransfield-Str.
Joinville-I.
Esperanza
Moody Point
James-Ross-I.
Palmer-Arch.
Biscoe-In.
Adelaide-I.
Hearst-I.
1 : 50 000 000
0
500
1000
1500
2000 km

Die Südamerikanische Platte hat sich, an den markanten Konturen des Kontinents deutlich erkennbar, von der Afrikanischen Platte entfernt. Der **Mittelatlantische Rücken** förderte ständig neues Material zur Erweiterung des Meeresbodens zwischen den beiden Kontinentaltafeln. Diese Bewegung in Richtung Westen führte zur Konfrontation mit der Richtung Osten treibenden Nazca-Platte, die sich auf den südamerikanischen Kontinent von Westen zu bewegt. Sie taucht in steilem Winkel unter die Südamerikanische Platte ab, bildet zunächst einen bis zu 7 000 m tiefen Graben vor dem südamerikanischen Kontinent, an dessen Westküste sich im Gefolge dieses Prozesses modellhaft mächtige Gebirge aufwölben, falten und überschieben.

In mehreren Etappen hat dieser gebirgsbildende Prozess stattgefunden, denn im Hinterland der aktiven Vulkankette der Anden befindet sich, getrennt durch das Hochland der Zentralanden, eine weitere Vulkankette, die zu einem weit früheren Zeitpunkt aktiv gewesen sein muss. Teile Boliviens und Argentiniens waren von diesem Vulkanismus betroffen. Eine Vielfalt vulkanischer Gesteine in den Zentralanden belegen eine bewegte vulkanische Geschichte am Ende der Kreidezeit und zu Beginn des Tertiärs. Es sind in der Regel Gesteine, die typisch für den hier herrschenden **Subduktionsvulkanismus** sind. Das muss eine geologisch dramatischere Zeit gewesen sein, als wir sie heute erleben.

In den Hochländern der Anden Chiles, Perus und Boliviens werden fast 50 m dicke Gesteinsdecken gefunden, die auf gewaltige Glutwolkeneruptionen hinweisen. Dazwischen deuten sich immer wieder Ruhephasen des Vulkanismus an, denen dann wieder Gesteinslagen solcher Glutwolkenart folgen. Der Vulkanismus und die tektonischen Prozesse die ihn begünstigten sind hier am Kontinentalrand nicht gleichmäßig, sondern in mehreren Schüben erfolgt. Die jüngeren Vulkane erhalten ihren Gesteinsnachschub aus alten Förderkanälen, die bereits früher den Weg zu den 200 km tiefen magmatischen Quellen des alten Vulkanismus gefunden haben.

An der **Ostküste des Kontinents** befinden sich mächtige Basaltflächen von mehr als 600 m Dicke. Sie stammen aus der Zeit, als sich die uralte Kontinentalmasse Pangaea am Ende der Triasformation auflöste. Die Verwandtschaft der Basalte mit denen in der Antarktis (vgl. S. 114 ff.), in Afrika und in Indien haben die Kontinentaldrifttheorie Alfred Wegeners seinerzeit bestätigt.

Die **südamerikanischen Vulkane** sind nicht gleichmäßig auf den Kontinentalrand im Westen verteilt. Eine Gruppe befindet sich im Gebiet von Kolumbien und Ecuador. Die Vulkane der zu Ecuador gehörenden Galápagos-Inseln haben andere Entstehungsursachen (vgl. S. 166 f.). Schließlich befindet sich ein Zentrum des aktiven Vulkanismus im Länderdreieck Peru–Bolivien–Chile. Wie eine Kette reihen sich die Vulkane der Anden in Chile bis nach Feuerland aneinander. Möglicherweise ist die große Lücke aktiver Vulkane zwischen dem 5. und 15. südlichen Breitengrad darauf zurückzuführen, dass hier der Kollisionsprozess zwischen der Nazca-Platte und der Südamerikanischen Platte nicht so ausgeprägt ist. Das ist aber reine Spekulation.

Allgemein ist festzustellen, dass alle vulkanischen Prozesse und deren Hintergründe hier auf dem südamerikanischen Kontinent beispielhaft abgelaufen sind und die theoretischen Überlegungen zur Plattentektonik modellartig sichtbar machen. Südamerika kann durchaus als das Musterbeispiel der Plattentektonik bezeichnet werden. Von den kartierten Vulkanen sind 122 mit einer Eiskappe versehen. Die Gletscher verdecken viele unbekannte Aktivitäten dieser Region und halten daher etliche Überraschungen, z. B. → **Lahars**, für die Bewohner in den fruchtbaren Tälern bereit.

Andenkette

Schematische Darstellungen der Andenregion

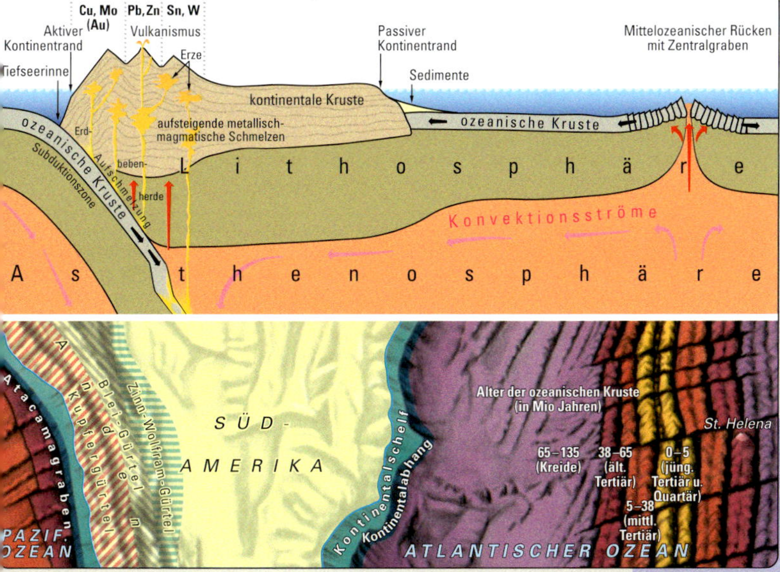

Die ausschließlich vulkanischen Inseln der Galápagos-Gruppe stellen wie viele andere Inseln im Pazifik eine Ausnahme des pazifischen Vulkanismus dar. Etwa 1 000 km westlich von der südamerikanischen Küste entfernt, sind sie auf einem **ozeanischen Rift** entstanden, dass an dieser Stelle von einem aufsteigenden Magmaherd gespeist wird. Dieser Galápagosrücken erstreckt sich über wenige Kilometer Länge von Nord nach Süd.

Acht Inseln sind das Ergebnis vulkanischer Ausbrüche, die im Tertiär begonnen haben. Fast alle Inseln zeigen Spuren von frischen Vulkanen. Die jüngste Aktivität auf den **Galápagos-Inseln** wurde auf dem **Cerro Azul** im Jahr 1998 beobachtet. Er wird von einer großen Caldera gekrönt, deren Boden 650 m unterhalb des Kraterrandes liegt. Tauchexpeditionen mit Tiefseetauchbooten haben den Unterbau dieser Vulkaninseln sorgfältig untersucht und dabei in dem Rift zahlreiche hydrothermale Quellen entdeckt. Bei diesem Tauchgang wurden erstmals die schon erwähnten „Raucher" oder „Schlote", hohle Gesteinssäulen, ausfindig gemacht, denen sehr heiße Wasserströme entstiegen.

Einer der Forscher war der Geologe ROBERT BALLARD, der später die Titanic auf dem Boden des Atlantiks entdeckte. Diese Wasserströme enthalten interessante chemische Verbindungen, die in ihrer Umgebung mit unterschiedlichen Metallen angereicherte Schichten ablagern. Eine völlig neue Unterwasserwelt wurde hier entdeckt, die mittlerweile auch an vielen anderen Stellen der Ozeane gefunden wurde und einen Hinweis darauf gibt, wie möglicherweise metallische Lagerstätten entstanden sind. Die Forscher fanden bis dahin unbekannte Lebensformen die an dieses heiße Wasser gebunden sind.

Diese weit vom Festland entfernte und isolierte Inselwelt bot die Voraussetzung für die Entwicklung der von CHARLES DARWIN entdeckten Lebenswelten und ihrer Abwandlungen. DARWIN hat sich aber auf den Galápagos-Inseln auch mit geologischen Prozessen beschäftigt. Ein Vulkan auf der **Insel Isabela** erweckte DARWINS Interesse und war Gegenstand ausgiebiger Untersuchungen über die Entstehung der Galápagos-Inseln. Ihm zu Ehren erhielt der Vulkan später den Namen Darwin. An dem Vulkan **Santiago** entdeckte DARWIN in Lava eingeschlossene Gläser mit eingeprägten Herstellungsdaten, aus denen der Forscher das Alter der Lava ermitteln konnte.

Es ist ein bemerkenswerter Zufall, dass nahe den Galápagos-Inseln rund 175 Jahre nach DARWIN, Entdeckungen zur Entwicklung des Lebens gemacht wurden, die unser Weltbild revolutioniert haben. Die Wiege der Vulkaninseln, das ahnte DARWIN nicht, halten möglicherweise wichtige Fährten für die Lebensentstehung auf der Erde bereit.

Vulkan	Höhe [in m]	Land/Region	Beobachtung älteste	Beobachtung jüngste
Alcedo/Alcado	1130	EC/Galáp.-In., In. Isabela	1954	
Cerro Azul	1690	EC/Galáp.-In., In. Isabela	unbekannt	1998
Charles/Santa Maria	640	EC/Galáp.-In., In. Santa Maria	1813	1993
Cumbre/Fernandina	1476	EC/Galáp.-In., In. Fernandina	unbekannt	1988
Darwin	1330	EC/Galáp.-In., In. Isabela		1813
Espanola	205	EC/Galáp.-In., In. Española		
Genovesa/Tower	64	EC/Galáp.-In., In. Genovesa	unbekannt	
Marchena/Bindlo	343	EC/Galáp.-In., In. Marchena	unbekannt	1991
Pinta/Abington	780	EC/Galáp.-In., In. Pinta	unbekannt	1928
Santa Cruz	864	EC/Galáp.-In., In. Santa Cruz	1520	1904
Santiago/James	920	EC/Galáp.-In., In. San Salvad.	1684	1906
Sierra Negra/Santo Tomas	1490	EC/Galáp.-In., In. Isabela	1932	1980
Wolf/Wulf	1710	EC/Galáp.-In., In. Isabela	1797	1982

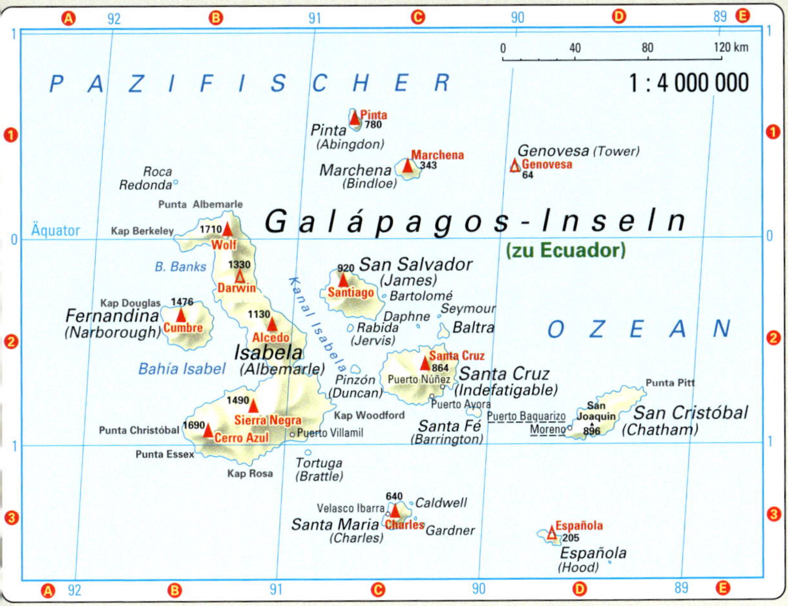

„Wir hatten etwas grundlegend Neues auf unserer Erde entdeckt.", schreibt der bedeutendste Ozeanograph der Gegenwart BALLARD über die Ergebnisse einer Tauchfahrt zum Galápagosgraben. „Vor unserer Untersuchung der hydrothermalen Schlote auf dem Galápagos-Rift war man immer davon ausgegangen, dass alle wichtigen Ökosysteme von der Photosynthese abhängen. ... Innerhalb dieses Schlotfeldes gab es zum ersten Mal Beweise für eine Gemeinschaft tierischer Lebewesen, die sich mittels Chemosynthese am Leben erhielten. Das waren Geschöpfe, die überhaupt kein Sonnenlicht brauchten und ihre Existenz der Wärme und den chemischen Nährstoffen verdankten, die die Erde selbst lieferte."

Bemerkungen
in der Caldera ein großes Hydrothermalgebiet
Schildvulkan, Solfataren in der Caldera, Caldera 650 m tief vom Gipfel
Schildvulkan, umgeben von zahlreichen Nebenkratern (Aschekonus)
aktivster Vulkan der Inseln, Schildvulkan, kreisrunde Caldera
DARWIN stellte an diesem Ort geologische Untersuchungen über die Galápagos-Inseln an
Insel ist Gipfel eines Schildvulkans, Kratersee
1991 erster beobachteter Ausbruch
nördlichster aktiver Vulkan der Galápagos-Inseln
Schildvulkan
ermittelte durch in Lava eingeschlossene Gläser das Ausbruchsjahr 1684
Caldera mit jungen Lavaströmen ausgefüllt
Caldera von 7 km Durchmesser, höchster Vulkan der Galápagos-Inseln

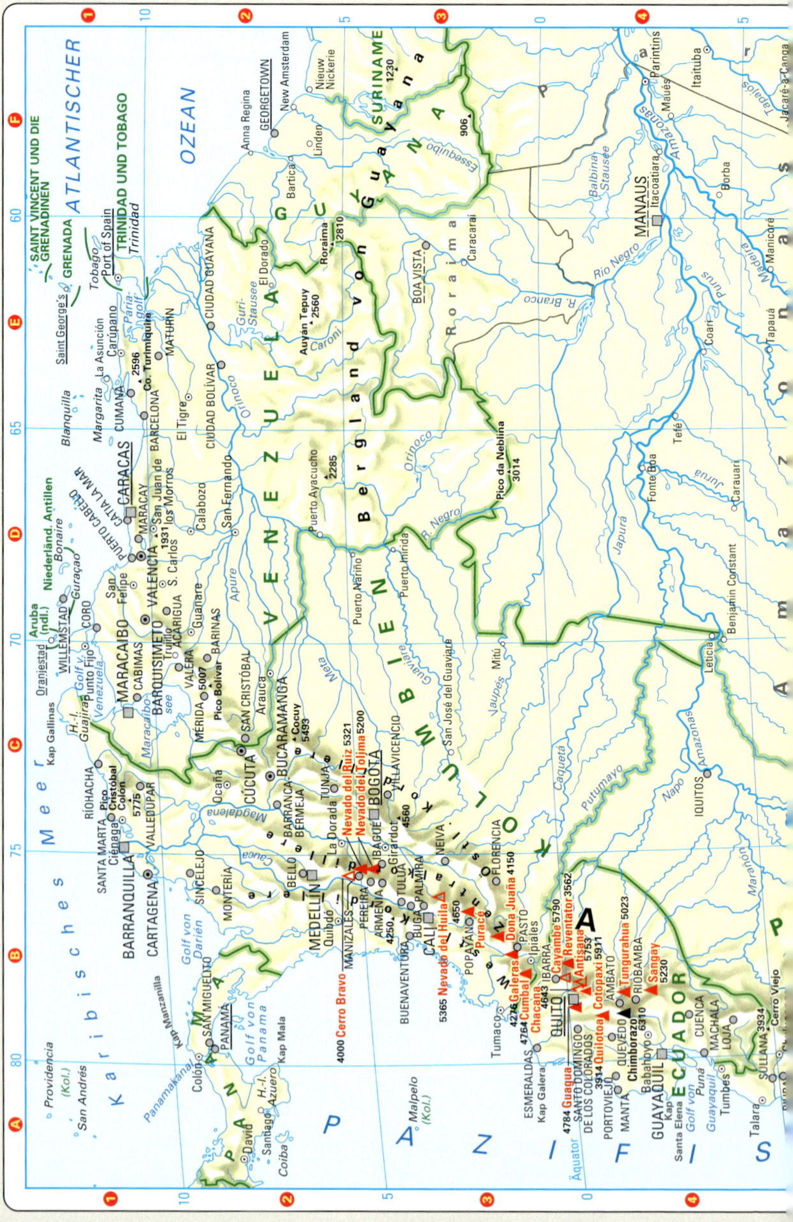

ATLANTISCHER
OZEAN
Karibisches Meer
PAZIFISCHER OZEAN
SAINT VINCENT UND DIE GRENADINEN
GRENADA
TRINIDAD UND TOBAGO
Port of Spain
Saint George's
Niederländ. Antillen
Aruba (ndl.)
Oranjestad
WILLEMSTAD
Curaçao
Bonaire
GEORGETOWN
SURINAME
Guyana
VENEZUELA
KOLUMBIEN
ECUADOR
PANAMA
PERU
Bergland von Guayana
Amazonas
CARACAS
MARACAIBO
BARQUISIMETO
VALENCIA
MARACAY
BARCELONA
CUMANÁ
MATURÍN
CIUDAD GUAYANA
CIUDAD BOLÍVAR
BOGOTÁ
MEDELLÍN
CALI
BARRANQUILLA
CARTAGENA
CÚCUTA
BUCARAMANGA
QUITO
GUAYAQUIL
CUENCA
IQUITOS
MANAUS
BOA VISTA
PANAMÁ
Orinoco
Rio Negro
Chimborazo 6310
Cotopaxi 5911
Pico Bolívar 5007
Pico da Neblina 3014
Roraima 2810
Nevado del Huila 5365
Äquator

B R A S I L I E N
B O L I V I E N
P A R A G U A Y
A R G E N T I N I E N
C H I L E
P E R U
P A Z I F I S C H E R O Z E A N
Mato Grosso
Mato Grosso do Sul
Rondônia
Acre
Pantanal
Gran Chaco
Altiplano
Atacama
Östliche Kordillere
Westliche Kordillere
Zentralkordillere
Anden
PORTO VELHO
RIO BRANCO
CUIABÁ
VÁRZEA GRANDE
Cáceres
Diamantino
Mato Grosso
Sinop
Vilhena
Ji-Paraná
Ariquemes
Boca do Acre
Tarauacá
Corumbá
Aquidauana
Porto Murtinho
Ponta Porã
Pedro Juan Caballero
Concepción
ASUNCIÓN
SAN LORENZO
LA PAZ
EL ALTO
SANTA CRUZ
COCHABAMBA
SUCRE
POTOSÍ
ORURO
TARIJA
Trinidad
Santa Ana
Montero
Yacuiba
Tupiza
Uyuni
Tartagal
SAN SALVADOR DE JUJUY
San Pedro
SALTA
San Ramón de la Nueva Orán
LIMA
CALLAO
CUSCO
AREQUIPA
JULIACA
Puno
Puerto Maldonado
HUANCAYO
AYACUCHO
ICA
Pisco
CHINCHA ALTA
HUÁNUCO
Cerro de Pasco
PUCALLPA
Tarapoto
Cajamarca
CHICLAYO
TRUJILLO
CHIMBOTE
Huaraz
TACNA
Ilo
ARICA
IQUIQUE
Tocopilla
ANTOFAGASTA
CALAMA
Punta Negra
Kap Carreta
Kap Angamos
Südl. Wendekreis
Titicacasee
Poopósee
Jurúena
Roosevelt
Guaporé
Paraguay
Mamoré
Beni
Purus
Ucayali
Huallaga
Pilcomayo
Bermejo
Huascarán 6768
Salcantay 6271
Coropuna 6425
Sabancaya 5967
Misti 5822
Ubinas 5672
Tutupaca 5818
Yucamane 5550
Ancohuma 6427
Illimani 6462
Sajama 6542
Aucanquilcha 6176
Putana 5890
Llullaillaco 6723
6020
790
883
1 : 20 000 000
0 200 400 600 km

Die hier ausgewählten und besprochenen Vulkane gehören zu den höchsten tätigen Vulkanen der Erde. Allein 13 Berge erreichen die 5 000 m-Marke. Zwei Vulkane, der **Cotopaxi** und der **Sabancaya** sind über 5 900 m hoch. Diese gewaltigen Höhen unterstreichen das Alter der Vulkane. Zusätzlich zu der vulkanischen Aktivität sind sie dem ständigen Hebungsprozess ausgesetzt, dem die Randgebirge Südamerikas unterliegen.

Die Vulkane liegen mit ihren Eruptionszentren meist außerhalb der unmittelbaren Siedlungsgebiete, der zumeist bäuerlichen Bewohner dieser Gebirgsregionen. Erstbeschreibungen und Namensgebungen gehen häufig auf die hier ansässigen Ureinwohner zurück. Aber auch die spanischen Konquistadoren haben die Vulkane sorgfältig beobachtet und Beschreibungen geliefert. Sofern von Bedrohungen der Bevölkerung berichtet wird, rührt sie zumeist von Ascheausbrüchen her, die häufig auch weiter entfernte Ortschaften betreffen. Für derartige Ereignisse ist der **Nevado del Huila** bekannt, der zugleich auch der höchste Vulkan Kolumbiens ist. Der **Reventator** in Ecuador belästigt mit seinen Aschefällen die Hauptstadt Quito, deren Flughafen schon häufiger wegen der Aschefälle gesperrt werden musste.

Die häufige **Vergletscherung** der Vulkane hängt mit deren großer Höhe zusammen. Das führt zu einer vielfach beobachteten Eis- bzw. Schneeschmelze schon bei relativ geringen Vulkanausbrüchen. In der Chronik zahlreicher Vulkane wird von solchen Ereignissen berichtet. Die relativ große Entfernung der Siedlungen und Städte von den Gipfelkratern hat daher selten das Leben der Bewohner gefährdet. Umso tragischer ist die Katastrophe am **Nevado del Ruiz** zu bewerten, die 1985 zur Zerstörung einer ganzen Stadt und zum Tod von 26 000 Einwohnern führte. Die Stadt **Armero** liegt 50 km vom Krater des Vulkans entfernt. Der von Seismologen beobachtete Ausbruch schien zunächst keine Bedrohung für die Stadt zu sein. Doch ohne Vorwarnung ergoss sich bereits zweieinhalb Stunden nach dem Ausbruch ein zerstörender Schlammstrom, ein → **Lahar**, in die im Tal liegende Stadt und begrub Häuser und Bewohner unter einer mehrere Meter dicken zähen Schlammschicht, die auf ihrem Weg auch Baumstämme und Felsbrocken mit sich gerissen hatte. Obwohl bereits einmal im Jahre 1845 ein ähnliches Unglück die benachbarte Stadt Ambalema heimgesucht hatte, war man auf dieses Ereignis unzureichend oder überhaupt nicht vorbereitet. Eine rechtzeitige Warnung hätte die Bewohner allein dadurch retten können, dass sie sich in höher gelegene Regionen geflüchtet hätten. Zeit genug wäre gewesen. Wieder einmal wurde erst im Nachhinein einer solchen Katastrophe die Konsequenz gezogen, ein Warnsystem für künftige Fälle zu organisieren. Über 4 000 Gebäude von Armero sind durch diese indirekte Wirkung des Vulkanausbruchs zerstört worden.

Die Schäden der jüngsten Katastrophe liegen weit höher, als im Jahrhundert zuvor. Möglicherweise sind die Dimensionen des Ausbruchs geringer gewesen, aber sicher ist, dass seither die Siedlungsdichte in dieser Region wesentlich größer geworden ist und daher auch die Schäden und Todesfälle um ein Vielfaches höher liegen. Die Vorgeschichte des Ausbruches von 1985 hatte im Nachhinein schon wesentlich früher eingesetzt, und eine sorgfältige Bewertung der Signale hätte den großen Schaden wenigstens in Grenzen halten können.

Ein Randkrater des Nevado del Ruiz zeigte sich schon einige Jahre zuvor in Tätigkeit und hatte Teile der Eiskappe aufgeschmolzen. 1984 wurde eine Serie von Erdbeben beobachtet, deren Zentrum in unmittelbarer Nähe des Vulkanberges lag. Aus einigen Eisspalten drangen Dampfsäulen hervor und kleinere Explosionen wurden von den Mitarbeitern des **vulkanologischen Observatoriums** beobachtet. Alle Vorzeichen deuteten daraufhin, dass im Krater frisches Magma aufgestie-

Schlammlawine von Armero

gen war. Dass man sie nicht ausreichend würdigte, wurde für die Bewohner der Region zum Verhängnis.

Lahars treten in unterschiedlicher Zusammensetzung und Intensität in verschiedenen Ländern der Erde auf. Je nach den Erfahrungen der Anwohner dieser Gebiete fallen die Schutzmaßnahmen und Vorrichtungen unterschiedlich aus. In **Japan** entstehen Lahars durch Niederschläge und Eruptionen von wassergefüllten Kratern. Die Zugwege und die Zusammensetzung sind mehr oder weniger bekannt, so dass feste Kanäle in den Tälern errichtet werden, durch die die erwarteten **Schutt- und Wassergemisch-Lawinen** zwangsgeleitet und zum Teil durch ausgebaute Stufensysteme auch in ihrer Gewalt gebrochen werden. An anderer Stelle werden einfache Vorwarnsysteme eingerichtet, Signaldrähte über die gefährdeten Täler gespannt, die bei Berührung bzw. bei Passage des Stroms durch das Tal Signale auslösen und die Zivilschutzbehörden bzw. Polizeistationen alarmieren. So ist es möglich, die Bevölkerung gegebenenfalls in höhere Regionen zu evakuieren.

In **Island** werden die subglazialen Vulkanausbrüche von den **seismologischen Stationen** registriert, und aus dem Anstieg des Wassers unter dem Eis der zu erwartende Gletscherlauf (Hlaup) zeitlich prognostiziert. Die Anwohner einschließlich des Weideviehs können so rechtzeitig evakuiert werden. An klar definierten Stellen werden die Straßendämme im Gletschervorland unterbrochen, um den zu erwartenden Fluten mit ihrer Eis- und Gesteinsfracht Zwangswege zu schaffen. So werden Schäden an der Infrastruktur verhindert, bzw. an vorbestimmten Orten provoziert. Die Ausgestaltung dieser Sicherungsmaßnahmen ist abhängig von der Fracht der Fluten und Lawinen, ob es sich um Schutt und Schlamm, Gesteinsbrocken, Eisbruchstücke oder Bäume handelt.

Cotopaxi (Radaraufnahme)

Vulkan	Höhe [in m]	Land/Region	Beobachtung älteste	Beobachtung jüngste
Putana	5 890	Bolivien/Chile	unbekannt	1972
Antisana	5 753	Ecuador	1590	1802
Cayambe	5 790	Ecuador		1786
Chacana	4 643	Ecuador		1773
Cotopaxi/Coto Paxi	5 911	Ecuador	1768	1940
Guagua/Pichincha	4 784	Ecuador	17.10.1566	2001
Quilotoa	3 914	Ecuador	1050	solfatarisch
Reventator	3 562	Ecuador	1973	1976
Sangay	5 230	Ecuador	1728	1937
Tungurahua/Tunguragua	5 023	Ecuador	1641	18.10.1999
Cerro Bravo/Cerro	4 000	Kolumbien	1720	
Cumbal	4 764	Kolumbien	1877	1926
Dona Juaña	4 150	Kolumbien	1899	1906
Galeras/Pasto	4 276	Kolumbien		2000
Nevado del Huila	5 365	Kolumbien		1555
Nevado del Ruiz	5 321	Kolumbien	1829	14.11.1985
Nevado del Tolima	5 200	Kolumbien	1869	1943
Puracé	4 650	Kolumbien	1869	1977
Misti/Vulkan von Arequipa	5 822	Peru	1774	unbekannt
Sabancaya	5 967	Peru	1750	2000
Tutupaca	5 818	Peru	1802	1902
Ubinas/Uvillas, Uvinas	5 672	Peru	16. Jh.	1969
Yucamane	5 550	Peru		1787

Tungurahua in Ecuador

Bemerkungen
Stratovulkan eines Vulkansystems an der Grenze zu Chile, sehr starke Fumarolen
im 18. Jahrhundert wurde Lava beobachtet, Basisdurchmesser des Vulkans: 20 km
Stratovulkan, Gletscher bedeckt, in der beobachteten Geschichte nur eine Eruption!
grosse Caldera: über 30 km, elliptisch, aktueller Vulkanausbruch in der Caldera
Extremausbruch 1877, typisch: pyroklastische Ausbrüche, 1 000 Opfer
20 000 m hohe Rauchsäule, Gasvergiftungen, Luftverkehr in Quito unterbrochen, mehrere Todesopfer
Kratersee mit heißem Wasser in 3 570 m Höhe, Caldera 3 x 5 km Durchmesser
Aschewolken bis Quito, häufige Lahars
ständig tätig, Stratovulkan, 1728 strombolianisch
Stadt Banos mit 13 000 Einwohnern vor Ascheregen evakuiert
plinianische Eruptionen, Datum über Radiokarbonmethode gesichert
explosive Tätigkeit beobachtet: im Gipfelkrater starke Fumarolen
pyroklastische Ausbrüche, Stratovulkan mit ca. 50 km Durchmesser
spanische Konquistadoren haben Vulkan erstmals tätig beobachtet und beschrieben
Rauch steigt ständig aus dem höchsten und vergletscherten Vulkan Kolumbiens
Eiskappe schmilzt nach Vulkanausbruch, Lahars begraben Armero in 20 km Entfernung vom Gipfel, 26 000 Tote
starke Schneeschmelzen, dadurch verursachte Überschwemmungen (1825/26)
gelegentlich Lahars auch durch Eisschmelze, dadurch ca. 1 000 Todesopfer verursacht
Stratovulkan mit 10 km Durchmesser, Zentralkrater 825 m Durchmesser
„Feuerzunge“ in indianischer Sprache
periodische Vulkanausbrüche
kleinere Explosionen bekannt
einzelne Eruption, kleine Explosionen bekannt

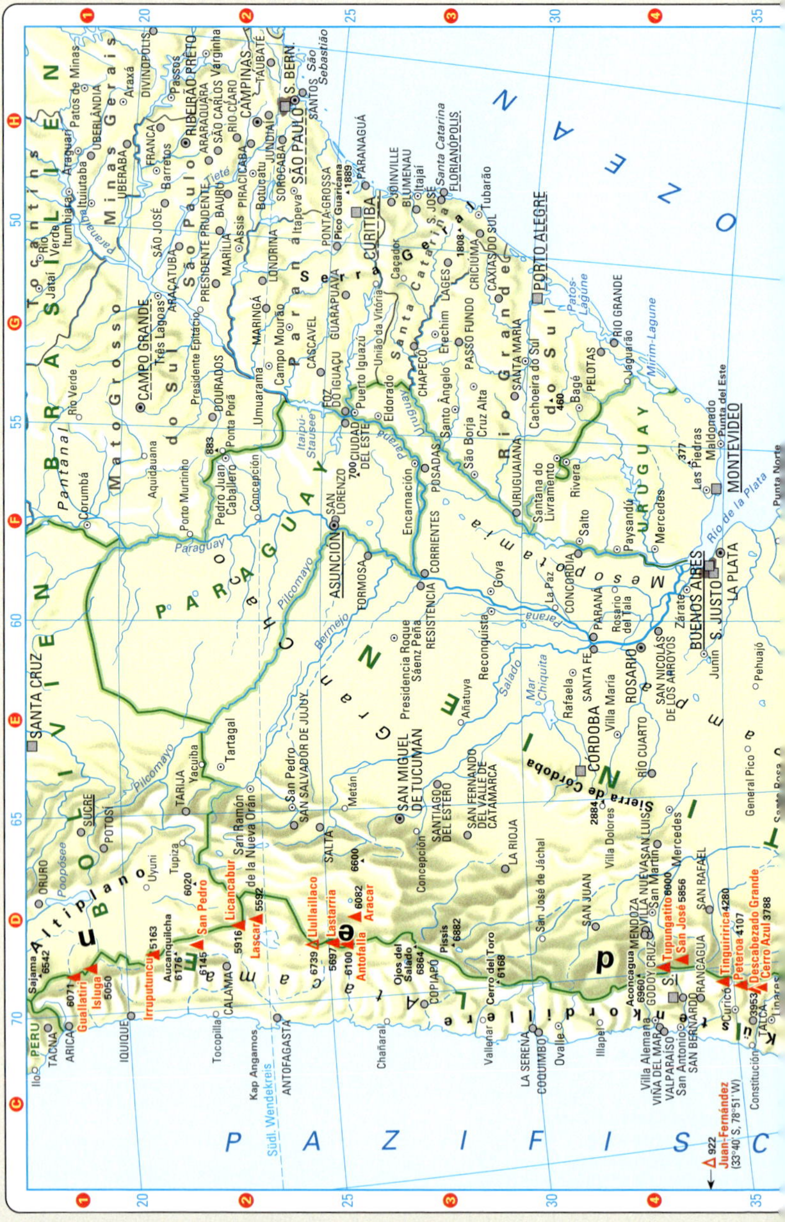
B R A S I L I E N
P A R A G U A Y
U R U G U A Y
A R G E N T I N I E N
C H I L E
B O L I V I E N
PERU
P A Z I F I S C
O Z E A N
Gran Chaco
Pantanal
Mato Grosso
Mato Grosso do Sul
Minas Gerais
São Paulo
Paraná
Santa Catarina
Rio Grande do Sul
Serra Geral
Sierra de Córdoba
Altiplano
Südl. Wendekreis
Río de la Plata
Mirim-Lagune
Patos-Lagune
Itaipu-Stausee
Mar Chiquita
SÃO PAULO
CURITIBA
FLORIANÓPOLIS
PORTO ALEGRE
CAMPO GRANDE
ASUNCIÓN
MONTEVIDEO
BUENOS AIRES
LA PLATA
ROSARIO
CÓRDOBA
SAN MIGUEL DE TUCUMÁN
SALTA
MENDOZA
SANTIAGO DEL ESTERO
CORRIENTES
RESISTENCIA
POSADAS
FORMOSA
SANTA FE
PARANÁ
SUCRE
POTOSÍ
SANTA CRUZ
ORURO
ANTOFAGASTA
IQUIQUE
ARICA
CALAMA
COPIAPÓ
LA SERENA
COQUIMBO
VALPARAÍSO
VIÑA DEL MAR
TALCA
CURITIBA
SANTOS
CAMPINAS
RIBEIRÃO PRETO
UBERLÂNDIA
LONDRINA
MARINGÁ
Aconcagua 6960
Ojos del Salado 6864
Llullaillaco 6739
Juan-Fernández (33°40' S, 78°51' W)

ATLANTISCHER OZEAN
S. SANTIAGO DE CHILE
1 : 20 000 000
0
200
400
600 km
CHILE
ARGENTINIEN
PATAGONIEN
CONCEPCIÓN
Kap Lavapié
Coronel
LOS ANGELES
Angol
TEMUCO
VALDIVIA
OSORNO
PUERTO MONTT
Castro
Chiloé
Kap Pabellón
Corcovado-Golf
Chonos-Arch.
Puerto Aisén
H.-I. Taitao
Golf von Penas
Campana
Wellington
Madre de Dios
Queen-Adelaide-Arch.
Magellanstraße
Cabo Deseado
Santa Inés
Riesko
Brunswick-H.-I.
Dawson
PUNTA ARENAS
Porvenir
Puerto Natales
El Calafate
L. Argentino
Viedmasee
San-Martin-See
Gobernador Gregores
Buenos-Aires-See
Chubut
Chico
NEUQUÉN
General Roca
San Carlos de Bariloche
Tres Picos
Río Negro
Colorado
BAHÍA BLANCA
Punta Alta
Bahía Blanca
Tres Arroyos
Tandil
Necochea
MAR DEL PLATA
Carmen de Patagones
Viedma
Punta Rasa
San-Matías-Golf
H.-I. Valdés
Puerto Madryn
Trelew
Rawson
K. Dos Bahías
COMODORO RIVADAVIA
San-Jorge-Golf
Caleta Olivia
K. Tres Puntas
Puerto Deseado
Puerto San Julián
Puerto Santa Cruz
Bahía Grande
Río Gallegos
K. Virgenes
Magellanstraße
Feuerland
Río Grande
Ushuaia
Yogan
Hoste
Navarino
Wollaston-In.
Kap Hoorn
K. San Diego
Staaten-I.
Falklandinseln (Malwinen) (brit.)
West Falkland
East Falkland
Stanley
705
Südgeorgien (brit.)
Grytviken
Puconmahuida
2847 Antuco 2997
Copahue 2956
Lonquimay
2865
Llaima 3125
Villarica 2847
Lanín 3776
El Mocho
2430
1114 Riñinahue
2652 Osorno
2003
Calbuco
1318 Huequi
2492
2604 Minchinmávida
2300 Corcovado
2050 Cerro Yanteles
Mentolat
Magdalena 1660
Cerro Hudson
1905
San Valentín 4058
3380 Lautaro
1300 Viedma
Murallón
2831
1758 Monte Burney
2469
1243
390
5
6
7
8
A
B
C
D
E
F
G
H
J
K
40
45
50
55
60
65
70
75
80

In diesem Kapitel sind alle Vulkane zusammengefasst, die in den chilenischen Anden und dem argentinischen Grenzgebiet als tätig erfasst und beschrieben sind. Es sind ausschließlich mächtige **Subduktionsvulkane**, die hier auf dem besonders eindrucksvoll aufgestauchten Gebirgsmassiv der nördlichen Anden aufsitzen.

Der **höchst gelegene, tätige Vulkan der Erde** gehört zu den Besonderheiten dieses Landstriches: Der **Llullaillaco** erhebt sich auf insgesamt 6 739 m. Er hatte einige Ausbrüche in den letzten Jahrhunderten mit deutlichen Explosionswolken, blieb aber für die weit vom Gipfel entfernt wohnenden Menschen dieser Region ungefährlich.

Es gibt noch einige Vulkane in den Anden, die in diesen großen Höhen aktiv sind, von deren Tätigkeit aber nur selten Notiz genommen wird. Anders von den archäologischen Sensationen hier oben: Funde von Kindermumien aus der Zeit der Inka-Völker, die in dieser gewaltigen Höhe geopfert und bestattet wurden. Der **Licancabur** zeichnet sich durch einen tiefen Kratersee aus. An seinen Rändern wurden ebenfalls archäologische Funde gemacht. Die höchsten Berge waren also auch hier Kultstätten der sie bewohnenden Völker.

Der **Lastarria**, auch „Cerro de Azufre“ Berg des Schwefels genannt, hat seinen Namen von Schwefelrinnsalen, die sich unabhängig von vulkanischen Eruptionen über bis zu 20 – 30 m erstrecken. Aus den Auswurfprodukten und den sublimierenden schwefelhaltigen Dämpfen des Vulkans wieder aufgeschmolzene Schwefelbestandteile werden durch die Hitze des Berges flüssig und fließen über eine gewisse Strecke den Hang abwärts. Sie haben mit Lavaströmen nichts zu tun, ähneln ihnen allenfalls im Fließverhalten, es sind sekundäre Lagerstätten, die hier abgebaut werden.

Osorno

Bemerkenswert ist auch der im südlichen Chile gelegene tätige Vulkan, der **Viedma** in Patagonien, an der Grenze zu Argentinien, dessen aktive Phasen unter dem Eis gelegentlich durch heftige Gletscherläufe sichtbar werden, eine Erscheinung, die besonders unter den Vulkanen Islands typisch ist.

Das Vulkanfeld um den **Osorno** ist eine besonders reizvolle und viel besuchte Vulkanlandschaft Chiles. Die Vulkangebiete sind an einigen Stellen von solfatarischen Feldern und hydrothermalen Gebieten mit vielen heißen Quellen und z. T. sehr aktiven Geysiren umgeben, die auch als Erholungsgebiete erschlossen sind. Der bedeutendste Geysir ist **El Tatio**. Der 1998 wieder ausgebrochene Vulkan **Corcovado** wurde erstmals von Charles Darwin beschrieben.

Der **Ostpazifische Rücken** mit seinem aufsteigenden Magma liefert gewissermaßen den Antrieb für die **Nazca-Platte**, die sich mit großer Geschwindigkeit unter die Südamerikanische Platte drückt und die Randgebirge aufstaucht. Der dadurch initiierte Vulkanismus hat hier die höchsten Vulkane der Erde hervorgebracht. Der große Reichtum an Erzen in Chile und andern Staaten in der Nähe der pazifischen Randgebirge hat seinen Ursprung auch in den vulkanischen Prozessen, die in geologischer Vergangenheit für die Lagerstättenbildung verantwortlich waren.

Mit der Subduktion stiegen metallische Schmelzen auf, die durch die zunehmende Tiefe der → **Benioffzone**, der abtauchenden Platte, chemisch sogar differen-

Erholungslandschaft unter dem Osorno

ziert wurden, so dass in bestimmter Entfernung von der Grenze zwischen den Platten unterschiedliche „Metallzonen" ausgewiesen werden (vgl. Abb. S. 165).

Unmittelbar an den (Peru- und Atacama)-Tiefseegraben werden **Eisenerzlagerstätten** angetroffen, gefolgt von einem Kupfergürtel, dem die größten Kupferlagerstätten der Welt – in Chile – ihre Herkunft verdanken. Weiter nach Osten, also in Richtung des Kontinents, folgen Zink-, Blei- und Zinnlagerstätten. Wir bewegen uns hier in theoretischen Bereichen, die nicht Gegenstand dieses Kapitels sein sollen. Wichtig ist aber dennoch, dass die Heraushebung der Anden und der damit verbundenen Prozesse vor etwa 45 Mio. Jahren, im **Eozän** begann, in einer erdgeschichtlich relativ jungen Periode. Die schroffen Formen belegen dieses jugendliche Alter des mit Vulkanen eng besetzten Gebirges, das zu einem großen Teil unter Eis verborgen ist.

Die Vulkangebiete des südlichen Südamerika sind nicht durch sonderlich spektakuläre Ereignisse bekannt geworden. Ihr großer Reiz liegt in der landschaftlichen Schönheit. In **Nationalparks** sind diese

San Pedro und San Pablo

geologischen Anschauungsobjekte junger Erdgeschichte erschlossen und geschützt. In lang gestreckter Kette reihen sich die Vulkane aneinander. Dass auf einigen Gipfeln über 5 000 m Höhe **archäologische Funde** gemacht wurden, unterstreicht die lange Ruhe, in der sich die Vulkanberge befunden haben, denn die Bewohner mussten die Vulkane beobachten, um die Opferstätten dort oben gefahrlos anzulegen. Die große Höhe der Vulkane und die geringe Besiedlungsdichte haben Anteil daran, dass die bekannt gewordenen Ausbrüche wenig Opfer unter den Bewohner forderten. Die Verkehrserschließung des Luftraumes ist eher unterentwickelt und daher nicht so gefährdet, wie in der Nordpolarregion. Das sind Gründe dafür, dass die Öffentlichkeit vom geologischen Geschehen dieser Region weniger Notiz nimmt.

Dennoch gibt es einige bemerkenswerte Ereignisse. Die Vulkane unterscheiden sich von der Mehrzahl der Feuerberge dadurch, dass sie nicht auf dem Meeresboden ent-

Vulkan	Höhe [in m]	Land/Region	Beobachtung	
			älteste	jüngste
Antofalla	6 100	Argentinien	unbekannt	1911
Aracar	6 082	Argentinien		1993
Puconmahuida/Pomahuida	2 847	Argentinien	1828	2002
San José/Maipu	5 856	Argentinien	19.11.1822	1960
Tupungatito	6 000	Argentinien	1889	1901
Viedma	1 300	Argentinien/Südchile, Patag.		1988
Antuco/Volcan de la Laxa	2 997	Chile	31.01.1752	1863
Calbuco	2 003	Chile	19. Jh.	1961
Cerro Azul	3 788	Chile	26.01.1847	1967
Cerro Hudson	1 905	Chile, Chile-Chico	20.08.1971	11.08.1991
Cerro Yanteles	2 050	Chile/Südchile	1835	unbekannt
Copahue/Copake	2 956	Chile	18. Jh.	aktiv
Corcovado	2 300	Chile/Südchile	1834	17.05.1998
Descabezado Grande	3 953	Chile	1913	18.04.1983
El Mocho	2 430	Chile	1864	1979?
Guallatiri	6 071	Chile/Nordchile	19. Jh.	1960
Hue*q*ui/Huepuen	1 318	Chile/Südchile	1893	1920
/rruputuncu	5 163	Chile/Nordchile, Atacama		1995
/sluga	5 050	Chile/Nordchile, Atacama	1878	1913
Juan-Fernández/Mas-a-Tierra	922	Chile/Juan-Fernández-/n.	1743	1835
Lascar	5 592	Chile/Nordchile, Atacama	vor 9 000 J.	1993
Lastarria/Cerro de Azufre	5 697	Chile/Nordchile		1956
Lautaro	3 380	Chile/Südchile	1944	1960
Licancabur/Licancaur-Vulkan von Atacama	5 916	Chile/Nordchile, Atacama	1877	1902
Llaima/Llaymas, Llayma	3 125	Chile	17. Jh.	1998
Llullaillaco	6 739	Chile/Nordchile	1854	solfatarisch
Lon*q*uimay	2 865	Chile	1889	1990
Mentolat	1 660	Chile/Südchile	um 1710	unbekannt
Minchinmávida/Minchinmahuida	2 604	Chile/Südchile, Patag. Kordill.	1835	unbekannt
Monte Burney	1 758	Chile/Südchile		1910
Nevados de Chillan	3 212	Chile	1750	1987
Osorno/Pise	2 652	Chile	1719	1907
Peteroa	4 107	Chile	1762	1998
Riñinahue	1 114	Chile	1907	1979
San Pedro	6 145	Chile/Nordchile	19. Jh.	1938
Tinguiririca	4 280	Chile	unbekannt	1956
Villarica	2 847	Chile	1640	2002

standen sind, sondern auf den bereits angehobenen Gebirgssockeln. Sieben Vulkane übersteigen die 6 000 m-Marke. Auch hier sind, wie an zahlreichen Subduktionsvulkanen, pyroklastische Ströme beobachtet worden. Einige Vulkane sind strombolianisch tätig, die aber nur selten beobachtet oder gar zu einer Touristenattraktion geworden sind. Unerwartet explodierte 1991 der **Cerro Hudson** und vertrieb die Anwohner aus einer der reizvollsten Landschaften Südchiles. Im Schatten des San-Valentin-Massivs hatte sich hier eine klimatisch begünstigte Region entwickelt, in der Vieh- und Weidewirtschaft gediehen und eine Tourismuswirtschaft entstanden war. Meterdicke Ascheschichten unterbrachen diese Entwicklung und zerstörten die Zufahrtswege, da dieser Teil Chiles nur auf dem Landweg über Argentinien zu reichen ist. Dass die Aktivität des Vulkans **Lautaro** erst durch Luftbilder ausgemacht wurde, unterstreicht die Abgeschiedenheit dieser Region.

Bemerkungen
soll noch Rauchwolken ausstoßen, Basisdurchmesser 30 km
Gipfelkrater mit starken Aschewolken beobachtet
Lockermassenausbrüche angegeben, nur bei SAPPER, keine neueren Meldungen
Stratovulkan, zwei aktive Krater, Maipu ist einer der Krater, Ascheausbrüche beobachtet
Tätigkeit neuerlich nicht gesichert
Eruption, unter Eis, Schlammströme durch Eisschmelze
1828 von EDUARD POEPPIG erstmalig erstiegen, Basisdurchmesser 10 km
ständig aktiv, explosiver Charakter, 1917, extrem stark 1929
1932 Ascheförderung und Wolke über dem ganzen Kontinent zum Atlantik beobachtet
Ascheeruptionen und Evakuierung von Dörfern
strombolianische Tätigkeit beobachtet
Stratovulkan, Basisdurchmesser 20 km, im Zentralkrater See, tätige Parasitärkrater
erstmals von CHARLES DARWIN beschrieben, Stratovulkan mit 20 km Basisdurchmesser
Lavaergüsse aus dem 19. Jahrhundert
Zwillingsvulkan, Gipfelkrater Shoshuenko mit einer Höhe von 2 260 m
kleinere Explosionen bekannt, viskose Lavaströme
explosive Eruptionen
pyroklastische Ströme, starke Aschewolken
Hauptkrater des Stratovulkans tätig, zerstört 1878 umliegende Ortschaften
submarine Vulkane in der Nachbarschaft, Robinson-Crusoe-Insel
pyroklastische Ströme, über 8 km vom Hauptkrater
Stratovulkan, Basisdurchmesser 20 km, Schwefellagerstätten
Tätigkeit durch Luftbilder festgestellt
Kratersee in 5 966 m hohem Krater, archäologische Funde am Kraterrand
explosive Eruptionen
heiße Quellen in der Nähe des Vulkans, Lava und Rauch, Erdbeben, keine Schäden
eisgefüllte Caldera, junge Lavaströme
30 Jahre andauernde Tätigkeit, CHARLES DARWIN besuchte 1834 den Krater
einzige Tätigkeit beschrieben, Stratovulkan in pleistozäner Caldera
mehrere Ausbrüche im 19. Jahrhundert, Gletscherbrüche, Wechselwirkungen mit schmelzendem Eis
das Gebiet ist touristisch erschlossen, Eisbedeckung
Seitenausbrüche
vermutlich von Plateau gemessen, 1907 entstandener Explosionskrater
klimatisch zur Atacama-Wüste gehörig
Schwefellagerstätten
strombolianisch tätig, Gletscherkappe, Lahars gefährden die Umgebung

Erdbebenschaden in Akrotiri (1500 v. Chr.)

Kontinentaler Bereich

Bruchzone, Graben

Alpidisch gefaltete Gebiete

- Alpidische Faltenstrukturen
- Verlauf der Faltenstränge

Mesozoisch gefaltete Gebiete

- Mesozoische Faltenstrukturen
- Verlauf der Faltenstränge

Paläozoisch gefaltete Gebiete

- Bedeckte kaledonische und variskische Faltenstrukturen
- Variskische Faltenstrukturen
- Kaledonische Faltenstrukturen
- Plateaubasalte
- Granitplutone

Präkambrisch gefaltete Gebiete

- Präkambrische „Kontinentalkerne" (Schilde u. präkambrische Tafeln)

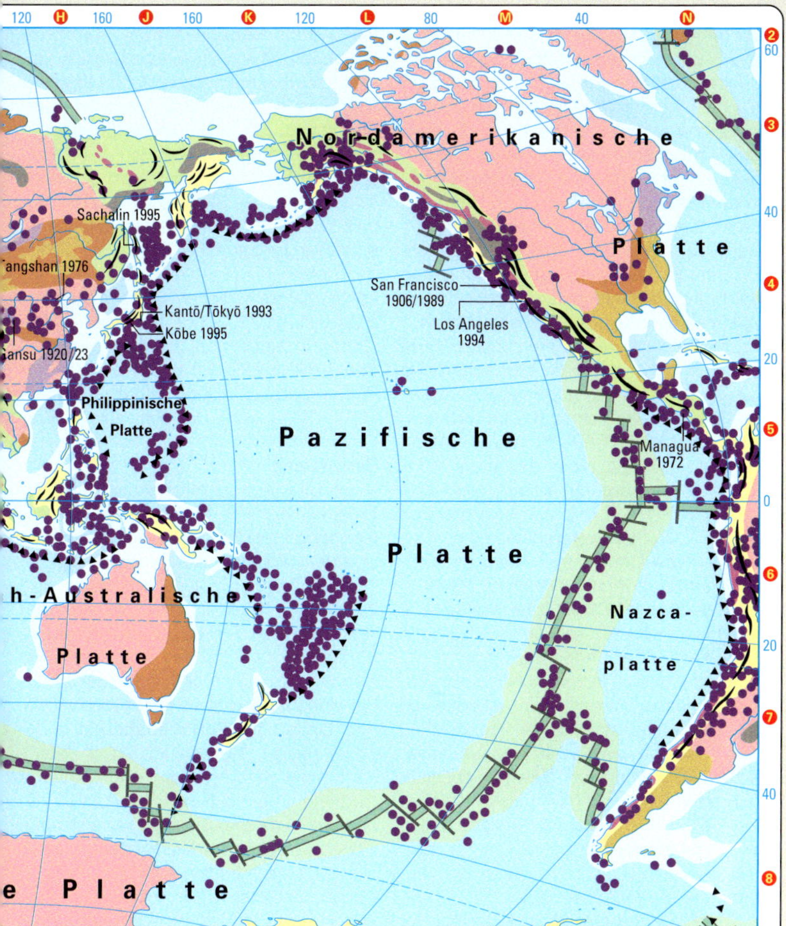

Ozeanischer Bereich

Kontinentale Lithosphäre

- Schelfbereich mit Fortsetzung kontinentaler Strukturen

Ozeanische Lithosphäre

- Mittelozeanische Rücken
- Tiefseebecken
- Ozeanische Riftzone
- Subduktionszone
- Transformstörung

Seismisch aktive Gebiete der Erde

- Erdbeben unterschiedlicher Herdtiefe
- Kobe 1995 — Erdbebenkatastrophe nach 1900 mit Jahreszahl (Auswahl)

1 : 160 000 000

0 1000 2000 3000 4000 5000 km

Erdbeben sind plötzliche Erschütterungen des Erdbodens. Sie entstehen durch Entladungen natürlich gespeicherter Energien, die bei unterirdischen Bewegungsprozessen an nachträglich definierbaren Punkten, den Erdbebenherden, → **Hypozentren**, gespeichert wurden. Sie haben meist einen in der Natur der Erde liegenden Ursprung. Es können aber auch ungewollte (durch Bergbau, Talsperren) oder beabsichtigte Eingriffe in das Gefüge oberer Schichten der Erdkruste (Sprengungen, Explosionen) zu künstlich induzierten Erdbeben führen.

Die Dynamik des Inneren unserer Erde und der Lithosphäre erzeugt erhebliche Masseverlagerungen und Energietransporte. Über die Lage eines **Bebenherdes** in Bezug auf seine Tiefe und seine Position zur Erdoberfläche geben die unterschiedlichen Wellen Auskunft, die vom Herd ausgesendet werden und ihre zerstörenden Kräfte in den → **Epizentren** und deren konzentrischem Umfeld freisetzen. Ein Erdbeben erzeugt **P**(primär)**-Wellen**, **S**(sekundär)**-Wellen** und **Oberflächenwellen**. Sie durchlaufen die Entfernung vom Herd bis zum Mess- bzw. Beobachtungspunkt mit unterschiedlicher, extrem hoher Geschwindigkeit. Dabei werden sie in Abhängigkeit von der Gesteinsstruktur, der Schichtung, der Viskosität plastischer und zähplastischer Materialien, mehr oder weniger stark gebremst, abgelenkt bzw. reflektiert. Diese Laufzeiten der Erdbebenwellen geben wichtige Hinweise auf den Ursprungsort und die durchlaufenen Materialien der Umgebung eines Erdbebenherdes.

Die **Seismologie** ist im Ergebnis der Untersuchungen und Interpretation der Erdbebenwellen zu einem unverzichtbaren Wissenschaftszweig bei der Erforschung und Erkundung der Erde geworden. Das moderne Bild von der Zusammensetzung und Struktur der Erde ist wesentlich dieser Wissenschaft zu verdanken. Eine Erklärung des Erdbebenmechanismus liefert die „Plattentektonik“ (vgl. S. 14ff.).

Sowohl die Kollision der Platten als auch deren Abtauchen unter die Kontinentalplatten und die Bewegungen an Transformstörungen führen zu einem Ungleichgewicht der Bewegungsabläufe. Im Ergebnis kommt es zu großen Spannungen, die sich gewaltsam, d.h. durch Freisetzen der gespeicherten Energien entladen. Die klassischen und hier angesprochenen Erdbeben sind im weitesten Sinne eine Folge der Mobilität der Platten. Wo Platten abtauchen, entstehen Erdbebenherde an den Flächen der Platten, an denen sie unter die Lithosphärenplatten „gleiten“. Dieser Gleitprozess verursacht heftige seismische Aktivitäten in einer recht genau begrenzten Zone, die jeweils mit dem Absinken der Platten parallel verläuft und daher bis in 700 km Tiefe reicht. Die Mehrzahl aller Erdbeben entsteht weltweit im Bereich dieser **Benioffzone**.

Ein Blick auf die tektonische Karte der Erde (vgl. Karte S. 16f.) lässt den Zusammenhang zwischen Erdbebenverbreitung und den wichtigsten Strukturen der Erdkruste erkennen. Diese Erdbeben sind weltweit verbreitet und stellen den Hauptanteil der Beben dar. Die Erdbebenherde sind der direkten instrumentellen Beobachtung entzogen. Das beeinträchtigt eine Vorhersage von Erdbeben erheblich. Die großen **Schadensbeben** in der Türkei, Italien, Afghanistan, China, Japan, Kalifornien Mittelamerika und im Himalaya sind eng an die aktiven Plattenränder gekoppelt. In diesem Sinne lassen sich auch Zonen ausgrenzen. Das bedeutet, dass sich tektonisch bedingte Erdbeben in entfernten Gebieten – z.B. Erdbeben in den südöstlichen Alpen (Friaul) bis weit in den Norden (Vogtland, Berlin) – fortsetzen und hier heftige Erschütterungen verursachen. Dort, wo sich Massen bewegen (auch zähplastische Magmen), kann es ebenfalls zu Erdbeben kommen. **Mittelozeanische Rücken** sind daher Gebiete mit regelmäßigem, wenn auch nicht so dramatischem Erdbebengeschehen (Island, Azoren).

Eine besondere Form der Erdbeben sind die **lokal wirkenden Beben** vulkanischer Entstehung. Sie bilden sich durch explodierende Vulkane oder Einbrüche in und von ganzen Magmenkammern heraus. Durch diese Genese ist der Wirkungskreis begrenzt. Die dabei freigesetzten Energien sind mit denen tektonischer Beben schwer vergleichbar.

Ebenso haben **Einsturzbeben**, seltener als „Karstbeben“ bezeichnet, lokalen Charakter, indem sie an Einstürze u.a. in Karstgebieten und bei Salzauslaugungen (z.B. in Thüringen) gebunden sind. Die Auswirkungen dieser Beben bleiben auf die Regionen ihrer Entstehung begrenzt. Zu nennen sind hier noch durch menschliche Aktivität **indizierte Beben** und so genannte „Bergschläge“. Sie sind eine untergeordnete Quelle von Erschütterungen der Erdkruste und damit eng an ehemalige und aktuelle Bergbaugebiete gebunden. Sie können typische Folgelandschaften (Einsturztrichter und Absenkungen) hinterlassen. In jüngerer Zeit spielten militärisch veranlasste unterirdische **Atomexplosionen** bei der Betrachtung seismischer Vorgänge eine Rolle. Bei der Interpretation von Erdbebenwellen, die von den Explosionsherden ausgingen, war der Charakter der Explosionen und deren seismische Wirkung behilflich, Ursprungsorte derartiger Versuche ausfindig zu machen. Um dieser weltweiten Lokalisierung zu entgehen, haben die beteiligten Länder derartige Versuchsanlagen z.T. in „klassische“ Erdbebengebiete verlegt, um ihre Versuche zu verschleiern.

Die Wirkungen der Erdbeben auf Zentren der Zivilisationen (vgl. S. 188f.) haben sich in letzter Zeit deutlich erhöht. Das ist allerdings abhängig von der ständigen Ausdehnung der Besiedlungsfläche in erdbebenhöffigen Gebieten. Auch eine Prognose in den betreffenden Gebieten ist nach wie vor ungenügend (vgl. S. 190ff.). Erdbeben werden vorerst nicht vorhersagbar sein. Aber die rechtzeitige Lokalisierung eines Bebens und Warnung kann in Minutenbruchteilen Leben retten.

Japan: Stadtautobahn von Kobe nach Erdbeben

Erdbebenspuren sind zunächst sehr flüchtig: eingestürzte Häuser, zerborstene Brücken, demolierte Fahrzeuge, Trümmerberge, umgestürzte Masten, brennende Häuser – kurzum eine oft totale Beschädigung der betroffenen Zivilisation. Die Bilder ähneln sich weltweit, wirken in großen Städten und reichen Ländern dramatischer, weil die sichtbaren Schäden zunächst größer erscheinen. Zudem offenbaren die Spuren der Erdbeben vorhandene **Baumängel**, seien sie durch Unwissenheit, ungeeignete Baustoffe oder kriminelle Unterlassungen entstanden. Intakte Häuser stehen neben völlig verwüsteten Gebäudekomplexen.

Das Leid und Elend, dass derartige Katastrophen in armen Regionen erzeugen, wird erst sichtbar und nachvollziehbar, wenn man total zerstörte Dörfer in Bergregionen Pakistans oder Indiens sieht, in denen den Menschen jede Grundlage für das Weiterleben genommen worden ist. Erdbeben hinterlassen auch in den Menschen Spuren. Besonders in religiös orientierten Kulturen und in Ländern, in denen die Bevölkerung nicht über die Vorgänge und Ursachen eines Erdbebens informiert ist, erweisen sich die Folgen als besonders schwerwiegend.

Erdbeben haben im Mittelalter in Europa politische und kulturelle Entwicklungen beeinflusst, durch die Schäden sie sogar gehemmt. Als Beispiel wird häufig das schwere **Erdbeben von Lissabon** im Jahre 1755 zitiert, „Gott," – so schreibt JOHANN WOLFGANG VON GOETHE – „der Schöpfer und Erhalter Himmels und der Erden, ... hatte sich, indem er die Gerechten und Ungerechten gleichem Verderben preis gab, keineswegs väterlich bewiesen" und er fügt hinzu, dass „die Weisen und Schriftgelehrten selbst (sich nicht vereinigen konnten), wie man ein solches Phänomen anzusehen habe!"

Um Hinweise auf seismisch gefährdete Gebiete zu erhalten, ist es erforderlich, Spuren von Erdbeben in den unterschiedlichsten Medien zu suchen. Sofern man sich Gewissheit über historische, d.h. im Laufe der menschlichen Besiedlung erfolgte Erdbeben, verschaffen will, sind zunächst **mündliche Überlieferungen** bedeutsam, insbesondere in Gebieten in denen schriftliche Aufzeichnungen unbekannt oder selten sind. Das trifft für weite Gebiete Afrikas und Lateinamerikas zu. Schriftliche Aufzeichnungen reichen regional in sehr unterschiedliche Zeithorizonte zurück. Aus China und dem Fernen Osten sind Nachrichten von Erdbeben über 4000 Jahre alt, in Europa findet man derartige Aufzeichnungen aus über 2500 Jahren. ARISTOTELES machte sich bereits Gedanken über die Ursachen solcher Erdbeben. Bei sorgsamer Suche und Interpretation von Texten findet man in der Bibel eine Reihe von Hinweisen auf Erdbeben, die zumeist auch als **Strafe Gottes** dargestellt werden. In der Antike sind die Götter, Zeus und Poseidon für die Elemente und deren Bewegungen (Erde und Wasser) die Auslöser der Erdbeben. Unter griechischen Philosophen der Antike werden sogar Überlegungen angestellt, wie derartige Erdbeben entstehen könnten – beispielsweise durch „Austrocknung" der Erde oder Einstürzen von Höhlen in der Erdkruste.

Spuren haben Erdbeben längst vor dem Auftauchen des Menschen hinterlassen. In jungen Sedimenten, d.h. durch Wasser oder Wind abgelagerte Schichten, haben sich Erdbeben „abgebildet", indem durchgehende Schichten bei plötzlichen Ereignissen abreißen oder sich versetzt im Zentimeter- oder Meterbereich fortsetzen. In solchen künstlich aufgeschürften oder anderweitig freigelegten Aufschlüssen kann der Fachmann Hinweise auf unterschiedlich schwere Erdbeben erlangen. Daraus aber eine akute Erdbebengefährdung abzuleiten ist höchst fragwürdig.

In dünnen Tonablagerungen lassen sich gelegentlich Spuren erkennen, die auf eine spontane Unterbrechung des Wasserzuflusses hinweisen und nur durch ein Erdbeben erklärbar sind. Auf diese Weise, so glauben Experten, kann man Ereignisse nachvollziehen, die bis zu 50 000 Jahre zurückliegen. Besonders in den **Anden**, in **Alaska** und im unbesiedelten **Himalaya** ereignen sich immer wieder schwere, in Seismogrammen nachweisbare Erdbeben. Sie haben auf die Zivilisation kaum Auswirkungen und werden deshalb auch in der Öffentlichkeit nicht oder nur ungenau wahrgenommen. Dabei kann es jedoch zu dramatischen Veränderungen in der Landschaft kommen, Gebirgszüge können sich verändern, Flussläufe ihre Richtung ändern, fließendes Wasser durch plötzliche Hindernisse aufgestaut werden. Darüber gibt es eine Reihe von Nachrichten von Reisenden, die derartige Gebiete aus vergangenen Begehungen kannten. Der Züricher Geologe ARNOLD HEIM berichtete 1953 von einer extremen Wirkung eines Erdbebens von **Assam 1950**, in der Folge dieses Bebens soll der Mount Everest „um einen Ruck (von 30 m) herausgehoben" worden sein. Unter den mühevollen Bedingungen der Vermessung seinerzeit sicher eine Aufsehen erregende Feststellung. Mit den Mitteln **moderner Satellitenaufnahmen** dürften künftig wesentlich mehr derartige Spuren in der Topographie unseres Planeten entdeckt werden.

Izmit/Türkei nach dem Erdbeben (17.08.1999)

In unserer Betrachtung gehen wir davon aus, dass ein Erdbeben, wo immer es auftritt, **keine direkte Gefahr** für das menschliche Leben bedeutet. Schäden tragen die Gebäude und Bäume, gegebenenfalls die Gebirge davon. Durch die plötzliche Beschleunigung des Bodens werden Bergstürze ausgelöst, Bäume stürzen um, Kunstbauten, Häuser, Kirchen, Dämme, Brücken, Straßen und Bahnanlagen werden zerstört. Erst in der Folge dieser Ereignisse kommen Menschen zu Schaden.

Die Gefahr, dass Erdbeben beträchtliche materielle Schäden anrichten, wird allerdings immer größer je mehr Flächen bebaut werden, da die **Zivilisation** in bisher nicht besiedelte Flächen eindringt. Dadurch werden auch Gebiete bebaut und für Erdbeben anfällig, auf denen die Erschütterungen bisher schadlos geblieben sind. Ein beeindruckendes Beispiel für die **Sorglosigkeit**, mit der sich die Industrie neue Standorte erschlossen hatte, bot das Beben vom 28. Mai 1995 von Ocha und Neftogorsk. Mit der → **Magnitude** 7,5 traf es völlig unvorbereitet diese Siedlung auf der **Halbinsel Sachalin** im nordöstlichen Russland, obwohl das gesamte Gebiet von Kamtschatka bis nach Sachalin als hochgradig erdbebengefährdet gilt. Ohne jede Sicherung oder erdbebenprognostische Bauweise wurden die in Russland traditionellen Plattenbauten errichtet. Fast 2 000 Bewohner waren völlig unerwartet von den zusammenstürzenden Gebäuden zu Hunderten erschlagen und eine weit höhere Zahl verschüttet und verletzt worden. Weder durch den Zivilschutz noch durch ingenieurtechnische Vorkehrungen wurden die Menschen vorbereitet. Vorbeugende Maßnahmen zur Rettung betroffener Bewohner waren nicht getroffen worden – ganz abgesehen von den Schäden an den neu errichteten Industrieanlagen der Erdölfirmen.

Die von Versicherungen ausgewiesenen **Schäden durch Erdbeben** haben stets zugenommen. Allein am Beispiel der USA lässt sich diese Entwicklung halbwegs demonstrieren: 1906 wurden bei dem Erdbeben von **San Francisco** 524 Mio. US-$ materieller Schäden registriert. Die Schadenssumme erhöhte sich 1989 bei einem ähnlich starken Erdbeben in San Francisco auf rund 6 Mrd. US-$. Bereits 5 Jahre später richtete das Erdbeben von Los Angeles Schäden von rund 44 Mrd. US-$ an.

Auch Zahlen, die die Münchener Rückversicherungsgesellschaft für verheerende Beben in China angibt, sprechen eine eindeutige Sprache: Bei einem Beben im Jahre 1920, bei dem etwa 200 000 Menschen ums Leben kamen, schätzte man den Schaden auf 25 Mio. US-$, das desaströse Erdbeben 1976 von **Tangshan** verursachte einen Sachschaden von 5,6 Mrd. US-$. Berücksichtigt man die unterschiedliche industrielle Entwicklung beider Länder, ergibt sich dennoch eine Vervielfachung der Schäden. In diesen Zahlen kommt zum Ausdruck, dass eine zunehmende industrielle Entwicklung in allen Fällen auch höhere Schäden bei ähnlich gearteten Katastrophen verursacht.

Diese Entwicklung lässt sich sicher auch in **Japan** und anderen Industrieländern nachweisen und nachvollziehen. Es wird außerdem deutlich, dass neuerlich Erdbeben mit geringerer Magnitude größere Schäden anrichten können. Mit großer Sicherheit muss mit enormen Störungen der Infrastruktur gerechnet werden, die zusätzliche Schadwirkungen erzeugen und in industrialisierten Staaten weit größere Ausmaße erreichen, als in weniger entwickelten Ländern. In Japan muss beispielsweise ein hochtechnisches Bahnsystem vor Erdstößen gesichert werden, während in nördlichen Teilen Indiens „nur" Straßen und die regionalen Verkehrsbeziehungen unterbrochen werden.

Ein Erdbeben in **Alaska** würde heute möglicherweise gewaltige Infrastrukturschäden anrichten und Pipelines zerstören, die das extrem dünn besiedelte Land durchziehen und damit die Ölversorgung gefährden. Demzufolge muss man sich auf solch ein Ereignis durch geeignete **Schutzmaßnahmen** an den Pipelines einrichten.

Die eingangs aufgestellte These, dass Menschen erst in zweiter Konsequenz Opfer von Erdbeben werden, lässt sich auch daran bemessen, dass trotz steigender materieller Verluste in den Ländern die **Zahl der Todesopfer** deutlich zurückgeht, in denen der Zivilschutz sowie Bildungseinrichtungen die Bewohner erdbebengefährdeter Gebieten sorgfältig auf die drohenden Gefahren vorbereiten. Japan und die USA haben von diesen Investitionen deutlich profitiert.

International sind Bestrebungen und Forschungen im Gange, die eine rechtzeitige Vorhersage von Erdbeben betreiben. Die Ergebnisse dieser Arbeiten lassen aber immer noch auf sich warten. Eine wichtige Grundlage für den Schutz vor den Erdbebengefahren ist zurzeit die kartographische Erfassung von Gebieten mit der Gefährdung durch starke Erdbeben. Dadurch werden wichtige Entscheidungshilfen für den Bau von Industrieanlagen und Wohngebieten geliefert und eine sorgfältige **prognostische Bauweise** ermöglicht.

Der gelegentlich geäußerte Verdacht, dass durch **anthropogene** – durch Menschen verursachte – **Einwirkungen** die Zahl der Erdbeben und damit der Opfer und Schäden zugenommen habe, ist nicht richtig. Vielmehr wird durch die genannten zivilisatorischen Effekte wie sie oben beschrieben wurden, die Gefahr verstärkt, die von Erdbeben ausgeht. Bisher unbesiedelte Gebiete werden besiedelt und industrialisiert. Außerdem hat die Nachrichtendichte und Informationsfreundlichkeit weltweit so zugenommen, dass Meldungen über Erdbebenschäden heute viel häufiger und detaillierter die sensibilisierte Öffentlichkeit erreichen.

San Francisco 1906 nach dem Beben

Wenn man schon nicht Gebäude verschieben kann, um sie aus dem gefährdeten Erdbebengebiet zu entfernen, so wäre es ein Segen für die Menschheit, rechtzeitig gewarnt zu werden, damit sich die Bewohner, die Arbeiter, die Schüler oder die Kranken in den Krankenhäusern vor den zusammenstürzenden Bauten in Sicherheit bringen können.

Solange menschliche Behausungen und Bauwerke in **erdbebengefährdeten Gebieten** stehen, richten sich die Bemühungen auf die **Vorhersage** von Erdstößen, auf Vorboten solcher Stöße. Einfachste Geräte, rollende Kugeln, Gefäße, die Kugeln spien und bei einem Beben mit lautem Klang in eine darunter stehende Bronzeschale fielen, dürften die ersten Anzeiger von Erdbeben gewesen sein (vgl. S. 215f). Sie stellten fest, dass die Erde ins Wanken geraten war. Die Kugeln gerieten aus dem Gleichgewicht und bewegten sich. Derartig einfache, aber auch kunstvoll gestaltete **Seismometer** gaben Kunde von einem Erdbeben. Vor knapp 2 000 Jahren wurden in China erste Geräte dieser Art bekannt. Sie informierten die Herrscher und Priester über entfernte Beben lange bevor Nachrichten über diese Katastrophen im Lande eintrafen. Die Geräte warnten nicht, sie stellten fest.

Allein die Gottheiten in den verschiedenen Religionen galten als Verursacher dieser Strafen für die Menschheit. Sollte man sich diesem Strafgericht entgegenstellen, indem man die Vorzeichen aufspürte?

Sicher spielen religiöse Überzeugungen, Tabus und fehlendes Wissen eine Rolle dabei, dass es erst in jüngerer Zeit Bemühungen gibt, **Erdbebenherde** aufzuspüren und die Energieentladungen am richtigen Ort und zur richtigen Zeit vorherzusagen.

Bevor die Quellen und die **Physik der Erdbeben** bekannt waren, versuchte man bereits am Verhalten der Natur, Hinweise auf Erdbeben rechtzeitig zu erkennen. Besonders das fließende **Wasser** und die Wasserstände in Brunnen konnten dafür Anhaltspunkte liefern. Plötzliches Versiegen von Quellen und Bächen, ebenso unerwartetes Auftreten neuer Quellen wurde oft erst später einem Erdbeben zugeordnet.

Einen Ansatzpunkt für eine gewisse Vorhersage bildeten die **Tiere** und deren Verhalten. Dabei wird unterstellt, dass die Sinnesorgane verschiedener Tierarten möglicherweise empfindlicher auf Veränderungen des Luftdrucks, des Magnetfeldes, des Schwerefeldes, elektrischen Feldes reagieren und so gewisse Spannungen, die sich in der Erdkruste bilden, als Abweichung von der Norm empfinden.

Gerade in den am häufigsten von Erdbeben heimgesuchten Ländern wie China, Japan, Peru u.a. werden vielfältige **Tierbeobachtungen** angestellt und für Prognosen verwertet und in China wissenschaftlich ausgewertet. Hunde, Katzen und Ratten verlassen unerwartet ihre Behausungen. Stall- und Zootiere wie Schweine, Rinder, Affen und Tiger zeigen im Abstand vom Epizentrum und in der Zeit vor dem Beben sichtbare Verhaltensänderungen. Das gleiche gilt für zahme wie für wilde Vögel und Reptilien.

In Japan wird das Verhalten von Fischen beobachtet, um vor Erdbeben zu warnen. Wissenschaftlich sind die zahlreichen Nachrichten über **Tierbeobachtungen** im Vorfeld von Erdbeben umstritten, in China werden allerdings Forschungen in eigens dafür eingerichteten Beobachtungslabors durchgeführt und die Bevölkerung zur massenhaften Beobachtung von Tieren aufgefordert. Zahlreiche Berichte über abweichendes Verhalten von Tieren entstehen zumeist erst nach einem Erdbeben und wurden dann in einen Zusammenhang mit dem Ereignis gebracht.

Es gibt einen belegten Fall, indem man eine biologisch gesteuerte Prognose eines Erdbebens gewonnen hat: Nach einer Reihe von Vorbeben in der chinesischen Provinz **Liaoning** wurde ein Schadensbeben für den 4. Februar 1975 auf der Basis von Tierbeobachtungen vorhergesagt. Die Bewohner wurden zum Verlassen der Häuser aufgefordert. Nach einer Vorwarnzeit von nur 5 Stunden ereignete sich das prognostizierte Beben in der dicht besiedelten Region. Die Zahl der Todesopfer war gemessen an anderen Erdbeben der Region mit etwa 300 sehr gering.

Die Aktivität der Forscher richtete sich zunächst auf die Verbreitung von Erdbeben und eine **kartographische Erfassung** dieser katastrophalen Ereignisse, um damit auch dem Ort eines möglichen Bebens nahe zu kommen. Eine erste Verbreitungskarte von Erdbeben wurde 1857 erstellt. Die Anregungen für eine derartige Karte und eine erste Bewertung der Erdbeben nach ihrem angerichteten Schaden stammten aus Italien.

Durch die Feststellung, dass sich Erdbeben wellenförmig von einem Zentrum ausbreiten, waren die Voraussetzungen für eine Bestimmung von **Epizentrum** und **Hypozentrum** durch Aufzeichnungsgeräte, die **Seismographen**, gegeben. Zunächst konnte man durch Staffelung der Erdbebenschäden mit Hilfe von Skalen die Intensität eines Erdbebens bestimmen, den Schaden, den ein Beben an einem bestimmten Ort angerichtet hat (vgl. S. 246f.).

Der Geologieprofessor John Milne entwickelte einen ersten Seismographen, indem er die Schwingungen eines Pendels aufzeichnete, die bei einem Erdbeben am Standort des Pendels entstanden.

Mittlerweile sind moderne Seismographen entwickelt, die die Schwingungen mit einem Laser übertragen und so eine Aufzeichnung per Computer ermöglichen (vgl. Abb. S. 193). Die vielen Daten aus verschiedenen Schwingungsebenen können derzeitig nur noch über elektronische Messverfahren erfasst werden und erreichen eine hohe Genauigkeit, um auch kleinste Veränderungen der Erdphysik erfassen zu können. Diese Messgeräte sind weiträumig verteilt und liefern aus unterschiedlichen Richtungen Daten aller Beben im Beobachtungsgebiet beispielsweise rund um Tōkyō. Außerdem werden hier Windgeschwindigkeit, Hebung und Senkung der Erdkruste und Wasserbewegungen erfasst. In zentralen Einsatzstäben des Zivilschutzes und der Observatorien (**EPOS = Earthquake Phenomena Observation System**) werden die Daten gesammelt und wie am Beispiel Tōkyōs im Informationszentrum für Erdbebenvorhersage demonstriert, ausgewertet und für die Frühwarnung der Bevölkerung und

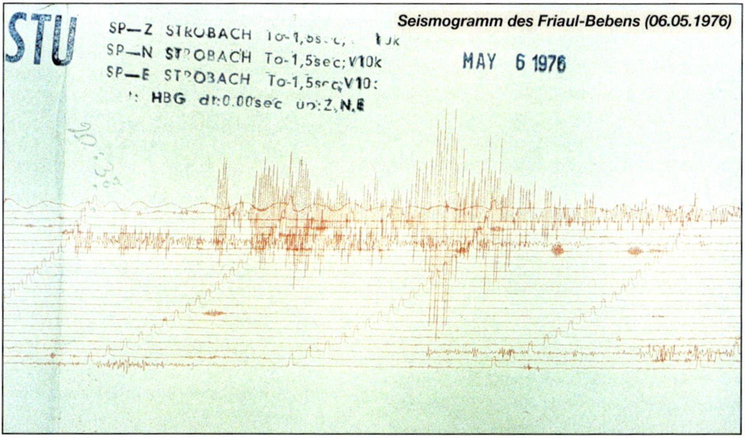

Seismogramm des Friaul-Bebens (06.05.1976)

technischer Versorgungsbetriebe aufbereitet. Züge werden bei derartigen Alarmen gestoppt, Versorgungsleitungen verriegelt, Hotels und Krankenhäuser benachrichtigt. Jede Sekunde Vorwarnzeit hilft Menschenleben zu retten.

Es gibt viele Beispiele, an denen abzulesen ist, dass allein eine Vorwarnung bei einem eingetretenen Erdbeben Schäden vermeiden kann. Rechtzeitige Abriegelung von Gas-, Strom- und Wasserleitungen verhindern Folgeschäden eines Erdbebens.

Ebenso ist in erdbebengefährdeten Gebieten (vgl. S. 196ff.) besonders darauf zu achten, dass man sich der Gefahren bewusst ist, die durch ein Erdbeben entstehen, und dass man prognostisch, d.h. vorausschauend, auf diese Gefahren reagiert. So muss darauf geachtet werden, dass nicht ausgerechnet im Notfall wichtige Einrichtungen, wie Krankenhäuser, Feuerwehren und Depots mit Hilfsmitteln durch ein Erdbeben beschädigt werden. Es müssen dezentrale Stromversorgungen eingerichtet sein, um gerade im Notfall diese genannten Zentren auch zu betreiben. In einem Bericht der Vereinigung **EPICenter** heißt es programmatisch: „Unsere Zielsetzung ist der Transfer von wissenschaftlichen Erkenntnissen und technologischen Know-how in die Praxis des Erdbebenschutzes und der Katastrophenabwehr. Wir folgen dabei dem Konzept der Erdbebenprognostik, einer Gesamtstrategie zur Abwehr drohender Erdbebenkatastrophen, angefangen bei der Nutzbarmachung zunehmender Erkenntnisse zur Ursache von Erdbeben, über Vorauserkennung der natürlichen Erdbebengefahr, Vorabschätzung der Gefährdung des menschlichen Umfeldes bis hin zu vorbeugenden Schutz-und Abwehrmaßnahmen."

Ein Pilotprojekt dieser Vereinigung ist die Konzeption und Errichtung von speziellen **Krankenhäusern in Erdbebengebieten** Chinas und der Türkei. Besonders Unternehmen des Hoch- und Tiefbaus wenden sich verstärkt der Erdbebenprognostik zu. Erdbebensicheres Bauen wird zunehmend ein Wirtschaftsfaktor, angesichts der erheblichen Zerstörungen in Erdbebengebieten. Das betrifft auch Industriebetriebe, die in den Ländern mit ausgeprägter Erdbebengefährdung Anlagen errichten. Eine Ausstellung unter dem

Verhaltensregeln bei Erdbeben

Vorsorge

1. Sichern Sie Bücherregale und Küchenmöbel durch Befestigung an der Wand.
2. Statten Sie Ihr Haus mit Feuerlöschern aus.
3. Überprüfen Sie die Standfestigkeit tragbarer Heizgeräte.
4. Bereiten Sie einen Arzneikasten vor.
5. Halten Sie einen Vorrat an Wasser, Konserven und haltbaren Lebensmitteln für mindestens 3 Tage bereit.
6. Bereiten Sie Notfallgegenstände für den Fall einer Evakuierung vor, u.a. Radio, Taschenlampe, persönliche Unterlagen.

Während des Erdbebens

1. Achten Sie auf die 3 Hauptrisiken: umfallende Möbel, splitterndes Fensterglas und Feuer.
2. Schalten Sie die Feuerquellen aus.
3. Öffnen Sie die Zimmertüren weit, um ein Verkeilen zu verhindern und einen Fluchtweg offen zu halten.

Nach dem Erdbeben

1. Falls Sie zu Hause und unverletzt sind, überprüfen Sie alle möglichen Feuerquellen.
2. Füllen Sie Badewannen und Waschbecken mit Wasser.
3. Hören Sie auf das Radio!
4. Es gibt voraussichtlich Nachbeben geringer Stärke. Seien Sie darauf vorbereitet, sich selbst und anderen zu helfen.

GPS-Satellitenmessungen des Antofagasta-Bebens (30.07.1995)

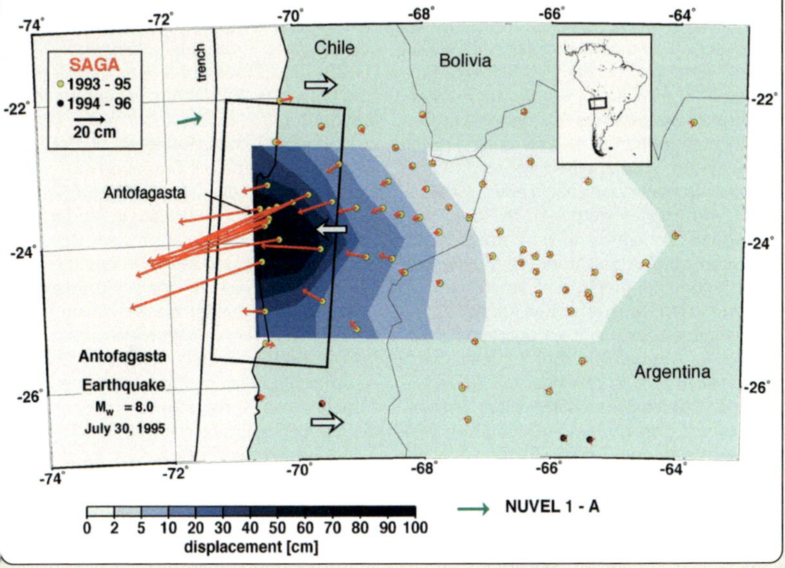

Zivilschutzübung für Erdbeben

Thema „Erdbebengefährdung des Asien-Pazifik-Raumes, Herausforderung an Wirtschaft und Wissenschaft“ in Berlin 1997 unterstrich diese internationale Problematik. Hier sollte der Versuch unternommen werden, das Ausmaß von Erdbebenkatastrophen zu minimieren und durch geeignete Schutzmaßnahmen von vornherein Schäden auszuschließen. Begründet wird dieses Vorgehen mit dem bisherigen Scheitern aller Bemühungen, wissenschaftlich begründete Muster von Anzeichen zu finden, aus denen man ein drohendes Beben erkennen könnte.

Dagegen erscheint es durchaus möglich, das Ausmaß künftiger Schäden durch Erdbeben auf ein Mindestmaß zu verringern. Ingenieure müssten nicht wissen, wann ein Erdbeben eintritt, sondern vielmehr „wie stark und welcher Art die Bodenerschütterungen sind, die maximal während der **Lebenszeit eines Bauwerkes** zu erwarten sind“, nur so wäre es möglich, ein Bauwerk z. B. Brücke, Hochhaus, Wohnkomplex, Ölraffinerie, Kernkraftwerk und Staudamm, gegen Erdbeben zu sichern und auszubauen.

Eine wichtige Aufgabe bei der Bekämpfung von Erdbebenfolgeschäden ist zunächst eine breite **Aufklärung der Öffentlichkeit** in den betroffenen Ländern. Das trifft auch für Deutschland zu, denn die aufgeführten Erdbebengefährdungen im westdeutschen Raum sind durch zahlreiche kleinere Erdbeben untersetzt (vgl. S. 234 ff.). Ebenso werden durch die zunehmenden Wirtschaftsverflechtungen und den internationalen Tourismus in stark erdbebengefährdete Regionen auch Reisende aus Europa mit Erdbeben konfrontiert und gefährdet.

Dazu wird auch die Nutzung moderner Informationstechnologien forciert. Besonders wird eine „Akutwarnung“ empfohlen, bei der erste, so genannte Stoßwellen eines Bebens genutzt werden sollen, um vor Schäden der nachfolgenden zerstörerischen **Scherwellen** zu schützen. Damit ist unter anderem das automatische Abschalten von Kernkraftwerken, Schnellbahnen und Gasleitungen verbunden.

Um Bauwerke vor Erdbeben zu schützen, müssen die **Wechselwirkungen von Bodenbewegungen** und der darauf errichteten Bauten genau untersucht werden. Dabei sollten die zu erwartenden Erschütterungen realistisch erfasst werden. Eine sorgfältige Auswertung vorangegangener Erdbeben in den betreffenden Zonen ist dabei von ausschlaggebender Bedeutung. Gebäudeschäden werden genau untersucht und die Verarbeitung der Konstruktionen und Baumaterialien bewertet. Die registrierten Erdbebeninten-

Vergleichende Darstellung gebräuchlicher Erdbebenskalen

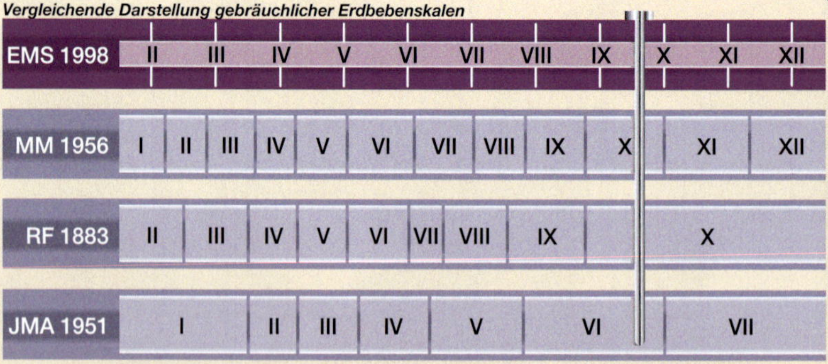

EMS: European Macroseismic Scale, **MM:** Modified Mercalli, **RF:** Rossi-Forel
JMA: Japan Meteorological Agency

sitäten werden zu Rate gezogen. Aus den Ergebnissen können entsprechende Simulationen abgeleitet werden. Computersimulationen und künstliche Erschütterungen bei neuen Konstruktionen sind unerlässlich, um Schäden in Zukunft vorzubeugen. Ingenieurbüros verfügen bereits über geeignete Versuchslabors. Ein wichtiges Instrument sind dort die so genannten „Schütteltische".

In vielen Ländern der Erdbebenregionen gibt es Normen für die Ausführung **erdbebengeschützter Bauwerke**. Gebäude, insbesondere Hochhäuser, werden gegen Beben geschützt, wenn sie in erdbebengefährdeten Bereichen errichtet werden müssen. Dazu zählen Verkehrseinrichtungen, Pipelines, Stromversorgungsleitungen, Krankenhäuser und Tunnelbauten. Bauliche Maßnahmen zur **Dämpfung von Schwingungen** haben bereits in vielen Ländern ihre Bewährung bestanden. Kunststoffisolierungen von Gebäuden und hydraulische Federungen spielen bei der Schadensvorbeugung eine wichtige Rolle (vgl. Abb. S. 195). Auch die Standortwahl ist wichtig bei der Vorbeugung von Erdbebenschäden.

Schutz und Hilfe für die Bewohner

Um auch die betroffenen Bewohner und Nutzer erdbebengefährdeter Regionen ordnungsgemäß zu versorgen, müssen Hilfsmittel und **Katastrophenschutzeinrichtungen** bereitgehalten werden. Notunterkünfte, Zeltlager, transportable Ambulanzen, Trinkwasservorräte und ausreichend Nahrungsmittel für eine klar definierte Bevölkerungsgruppe sind vorzubereiten. Einsatzpläne für Hilfskräfte und Evakuierungspläne helfen den Schaden in Grenzen zu halten. Eine sorgfältige Bewertung des Erdbebenrisikos ist für die Versicherungspartner von großer wirtschaftlicher Bedeutung.

All diese Bewertungen und Bemerkungen zur Erdbebenprognostik setzen voraus, dass in den betreffenden Regionen Bevölkerung und öffentliche Institutionen über die Zugehörigkeit zu einer Erdbebenregion und über vorhergegangene Erschütterungen sorgfältig informiert sind.

Andernfalls kann es zu Katastrophen wie auf der **Halbinsel Sachalin** kommen, wo in Unkenntnis der Gefährdung, völlig ungeeignete Wohnungsbauten und Industrieanlagen errichtet wurden. Sowohl die Menschen als auch die Anlagen sind Opfer eines katastrophalen Erdbebens geworden (vgl. S. 188). Der gegenteilige Fall ist aus Los Angeles bekannt geworden, wo sich die Schäden bei einem Extremerdbeben sowohl unter der Bevölkerung als auch im Hochbau in Grenzen gehalten haben.

Nicht von ungefähr ist der statistische Nachweis von Erdbeben und ihre Zusammenfassung in Erdbebenzonen eine der ältesten **Vorbeugungsmaßnahmen** gegen Erdbebenkatastrophen gewesen. 1857 erarbeitete der englische Ingenieur ROBERT MALLET eine erste Verbreitungskarte von Erdbeben in der Mittelmeerregion. Er hatte alle zugänglichen Informationen über Erdbeben zusammengetragen, ohne zu wissen, welche Ursachen sie haben.

Der Mittelmeerraum wurde immer wieder von Beben unterschiedlichster Stärke heimgesucht. Anlass genug, für Regierungen, Naturwissenschaftler und Ingenieure sich diesem Phänomen statistisch anzunähern. Die damaligen Arbeiten stimmen übrigens mit heutigen Aufzeichnungen weitgehend überein.

Sichere Bauausführung von Hochhäusern

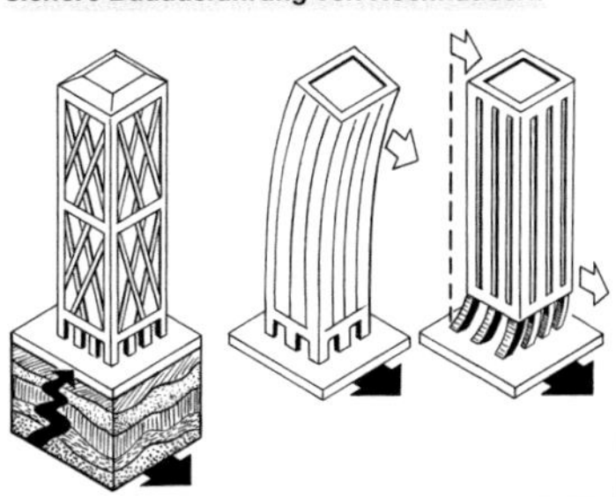

Nordpolarmeer
Beaufortsee
Beringstr.
Baffin Bay
Davisstr.
Europäisches Nordmeer
Dänemarkstr.
Nördl. Polarkreis
Golf von Alaska
Hudson Bay
Labradorsee
200–201
Nordsee
235
225
VIII
NORDAMERIKA
I
EUROPA
229
Golf von Mexiko
ATLANTISCHER OZEAN
Nördl. Wendekreis
IX
X
Karibisches Meer
XI
AFRIKA
Äquator
PAZIFISCHER OZEAN
Golf von Guinea
SÜDAMERIKA
XII
Südl. Wendekreis
Magellanstraße
230–231
Südantillenmeer
Drakestr.
Bellingshausensee
Südl. Polarkreis
Weddellsee
ANTARKTIS
1 : 120 000 000
0 1000 2000 3000 km

Karasee
Laptewsee
Ostsibirische See
Beaufortsee
Beringstr.
arentssee
VII
Beringmeer
223
Ochotskisches Meer
O P A
II
III
A S I E N
IV
VI
Japanisches Meer
Schw. M.
209
PAZIFISCHER
212–213
Rotes Meer
Arabisches Meer
Golf von Bengalen
V
Südchinesisches Meer
04–205
K A
OZEAN
Äquator
INDISCHER
218–219
Str. v. Mosambik
Korallensee
AUSTRALIEN
OZEAN
Tasmansee
K T I K A
235
Ausschnitt der Erdbebenkarte mit Seitenzahl
VI
Erdbebenzone, Begrenzung und Nummer

Verfluchte Stadt

Bis zum **Erdbeben von Lissabon** 1755 galten sie als schicksalhaft und gottgewollt, als Strafe für Ungehorsam. Überlebende wurden sogar als Ketzer verfolgt. In der späten Folge dieser Katastrophe begann weltweit ein Umdenken. Man fing an, die Erdstöße sowohl an den verschiedenen Orten als auch in ihrer zeitlichen Verbreitung zur Kenntnis zu nehmen und zu registrieren. Nach der Zahl und Verbreitung zu urteilen, schien ein räumlicher Zusammenhang zwischen den Beben zu bestehen. Über die Ursachen gab es noch keine fundierten und übereinstimmenden Ansichten. Die Wirkungen wie einstürzende Gebäude und der Tod von Menschen waren furchterregend, denn Feuersbrünste und Epidemien waren die unmittelbare Folge.

Das **Erfassen** der Erdbeben war ein erster Ansatz zum Schutz vor den Wirkungen. Es wurde absehbar, in welchen Gebieten sie auftreten können. Mit zunehmender Besiedlung und Industrialisierung bestand Bedarf an der Ausweisung von Regionen, die nicht durch Erdbeben gefährdet waren.

Der englische Priester JOHN MICHEL stellte um 1750 aus Naturbeobachtungen die Hypothese auf, dass Erdbeben wellenförmige Stöße seien, die auf die Gebäude einwirkten. Würde man diese Wellen an verschiedenen Orten beobachten, käme man dem Ursprungsort eines Bebens näher.

BENJAMIN FRANKLIN entwickelte 1782 Gedanken über den Ursprung der Bewegungen unter der festen Erdkruste, die schließlich zu Erdbeben führen würden. Er unterstellte ein zähflüssiges Material im Inneren der Erde, auf dem die Erdteile gewissermaßen schwimmen würden.

Es dauerte noch fast 100 Jahre bis man diese Ideen wieder aufgriff und besonders im Mittelmeerraum an neuen Ideen zur Erkenntnis des Phänomens arbeitete. Hier entstand gewissermaßen eine erste Karte einer Erdbebenzone, die bis heute noch ihre Gültigkeit besitzt.

Durch die Erfassung aller bekannt gewordenen Erschütterungen und ihrer **kartographischen Darstellung** glaubte man jene Gebiete herauszufiltern, in denen sich künftige Erdbeben abspielen könnten. Die Karte des Engländers MALLET brachte die Erkenntnis, dass es auf der ganzen Welt zusammenhängende Erdbebenzonen gab.

Die Karte zur Erdbebenverbreitung (vgl. Karte S. 182f.) lässt den Zusammenhang mit den wichtigsten Elementen der modernen **Plattentektonik** erkennen. Die Beben sind demzufolge an die Dynamik der Erdkruste gebunden und bilden „spürbar“ die Grenzen der wichtigsten Bauelemente. Aus diesen Bauelementen ergeben sich gewisse Zonen auf dem Globus, die durch das Auftreten von Erdbeben gekennzeichnet und gefährdet sind.

Versucht man die Erdbeben in ihrer Intensität, ihrer zerstörerischen Gewalt zu erfassen, dann können diese Gebiete noch genauer unterschieden werden. Das ist für die Wirtschaft und die zunehmende Besiedlung von großer Bedeutung.

Dennoch lässt sich nicht jeder Fall eines Erdbebens auf die Plattengrenzen zurückführen. Wie sonst erklären sich Beben in Finnland, Australien, England oder Mecklenburg-Vorpommern? Gegenden, die außerhalb der Plattengrenzen und den damit gekoppelten Folgen der Plattentektonik auftreten. Es sind längst nicht alle Fragen der Entstehung von Erdbeben und ihrer Anordnung auf der Erde geklärt.

Zugegeben, die Kopplung der Erdbeben an die Plattentektonik ist derzeit eine schlüssige Erklärung, lässt aber im Hinblick auf die Mechanik der Entstehung der Erschütterung noch viele Fragen offen. Sie hier zu erörtern, würde den Rahmen dieses Atlasses überschreiten.

Könnten bei einer fiktiven Weltreise alle verfügbaren Daten der jüngsten und älteren Erdbeben gesammelt werden, ließen sich zusammenhängende Erdbebenzonen ausmachen – Regionen, in denen damit gerechnet werden muss, über kurz oder lang ein Erdbeben mitzuerleben. Damit ist zwar der Großraum vorgegeben, in dem mit einem Beben zu rechnen ist, aber nicht der tatsächliche **Ort des Geschehens** und schon gar nicht der **Zeitpunkt**.

Alle Forschungsprogramme gehen zunächst davon aus, aufgetretene Erdbeben mit den wichtigsten Daten und deren Auswirkungen zu erfassen und auszuwerten, um über Zeit und Raum bisheriger Ereignisse informiert zu sein. Aus der Stärke und der Lage der Erdbebenzentren werden Daten gewonnen, die auf kommende Ereignisse vorausschauen helfen.

Wenn im Folgenden einzelne **Zonen** ausgewiesen werden, in denen charakteristische Erdbeben aufgetreten sind, dann erhebt die Darstellung keinen Anspruch auf Vollständigkeit. In diesen Zonen sind nur Erdbeben dargestellt, die als **„Schadensbeben"** in die Fachliteratur und die Menschheitsgeschichte eingegangen sind. Zahlreiche Beben, die von ihrer Magnitude, der gemessenen Energie am Entladungsort, dem Hypozentrum, bedeutend stärker waren, als bei zerstörerischen Beben, die große menschliche und materielle Schäden angerichtet haben, sind nicht erfasst, ebenso die vielen kleinen Erdstöße, die alltäglich registriert werden, aber in der Landschaft keine Veränderungen erzeugen oder körperlich gespürt werden. Es gibt unterschiedliche Darstellungen der Erdbebenzonen, die sich immer dann decken, wenn ausgewählte Schadensorte zusammengefasst werden und sich gelegentlich, wie auch in dieser Darstellung, überschneiden.

Erdbeben, die keine sind

Bei den gewählten Erdbebenzonen sind eine Reihe von Beben ausgeklammert. Es handelt sich um lokale Erschütterungen, die an unterschiedlichsten Orten auftreten oder verursacht werden können. Dazu gehören Einsturzbeben über ausgelaugten Salzschichten, Beben, die beim Einsturz von Höhlen entstehen und Erdschläge, die beim Einbruch von bergbaulichen Anlagen die nähere Umgebung erschüttern. Bei der Anlage von Stauwerken und deren Flutung entstehen im Untergrund Spannungen, die für regionale Erschütterungen verantwortlich sein können.

Gibt es immer mehr Erdbeben?

Ein immer wieder entstehender Eindruck, dass Erdbeben heute häufiger auftreten als früher ist falsch und täuscht über einige Entwicklungen hinweg. Zunächst ist der Informationsfluss über globale Ereignisse wesentlich schneller, als vor 50 Jahren oder gar im Zeitalter nichtelektronischer Medien. Die Besiedlungsdichte ist in erdbebengefährdeten Regionen erheblich größer geworden, Infrastruktureinrichtungen wie Straßen, Brücken, Tunnels, Rohrleitungen oder Industrieanlagen haben sich in den letzten 50 Jahren vervielfacht. Es sind Regionen bebaut und besiedelt worden, in denen das Erdbebengeschehen bisher nicht oder nur unvollständig beobachtet worden ist, und die durch die Bebauung erst in das Blickfeld der Seismologen geraten sind. Schließlich ist nicht zu vernachlässigen, dass das Netz von Beobachtungs- und Messstationen deutlich ausgeweitet wurde, so dass heute mehr Daten erfasst und gemessen werden, als in den vergangenen Forschungsperioden.

Sicherung erdbebengeschädigter Häuser

1 : 30 000 000
0 250 500 750 1000 km
ATLANTISCHER OZEAN
Dänemarkstraße
Nordpo
Europäische
Nordmeer
Nördl. Polarkreis
Jan Mayen (norw.)
2277
Reykjavík
ISLAND
1491 Hekla
Färöer (dän.)
Shetland-In.
Orkney-In.
Rockall
Britische Inseln
Hebriden
Ben Nevis 1343
Glasgow
GROSS-BRITANNIEN
IRLAND
Dublin
1041
1085
BIRMINGHAM
LONDON
Land's End
Kanal
Kanal-In.
Nordsee
Skagerrak
Kattegat
DÄNEMARK
KOPENHAGEN
2286
2469
Galdhøpiggen
Oslo
HAMBURG
Bremen
Amsterdam
NIEDER-LANDE
Rotterdam
Ibbenbüren
Roermond
Hannover
BERLI
Brüssel
Aachen
Lüttich
Düsseldorf
Köln
Bonn
Ronneburg
LUX.
Maas
Frankfurt
Erzgeb.
DEUTSCH-LAND
Elbe
Rhein
Stuttgart
PARIS
Seine
Loire
Remiremont
FRANKREICH
MÜNCHEN
Donau
Basel
Konstanz
Berchtes Land
Bern
SCHWEIZ
Jura
ÖSTERREI
Mont Blanc 4807
3798 Großg
Rhônetal
Graubünd.
Friaul
Zentralmassiv
Turin
MAILAND
Po
Genua
MON.
Golf von Biscaya
Kap Finisterre
Kantabrisches Geb.
SPANIEN
PORTUGAL
Pyrenäen
3404 Aneto
AND.
Ebro
Zaragoza
Marseille
Ligurisches Meer
Perugia
Assisi
Umbr.
Avezzano
Lissabon
2592
Tajo
MADRID
BARCELONA
Korsika
2706
VAT.
ROM
1281 Vesuv
NEAPEL
Ischia
Pompeji
Azoren (Port.)
Kap São Vicente
Sevilla
Valencia
Balearen
Menorca
Mallorca
Ibiza
Sardinien
1834
Tyrrhenisches Meer
Madeira (Port.)
Str. v. Gibraltar
Málaga
Sa. Nevada
Mulhacén 3481
Mittelmeer
926 Stromboli
Palermo
Ätna
Sizilien
Str. v. Sizilien
C. Bon
2465
Er Rif
Oran
ALGIER
CASABLANCA
RABAT
Fez
Ech-Cheliff
Küstenatlas
Tunis
La Palma
Kanarische In. (Spanien)
Teide 3718
Teneriffa
Marrakech
Mittl. Atlas
3737
MAROKKO
2328
TUNESIEN
MALTA
Agadir
Hoher Atlas
4165 Toubkal
Saharaatlas
-30
Gran Canaria
Fuerteventura
Antiatlas
Djerba
El-Aaiún
Westsahara
ALGERIEN
TRIPOLIS
Westl. Länge von Greenwich 0 Östl. Länge von Greenwich

Barentssee
Nordkap
Kolgujew
Narodnaja 1895
Inarisee
Kebnekaise 2111
1191
Weißes Meer
Timanberge
Petschora
Ob
Irtysch
Ural
Nördl. Dwina
Tjumen
Bottnischer Meerb.
FINNLAND
SCHWEDEN
Ylistaro
Onegasee
Nordrussischer Landrücken
Kama
JEKATERINBURG
PERM
TSCHELJABINSK
RUSSLAND
Ladogasee
Ishewsk
Jamantau 1640
Helsinki
Finn. Meerb.
ST. PETERSBURG
Rybinsker Stausee
KASAN
UFA
Stockholm
Tallinn
Jaroslawl
Nabereshnyje Tschelny
ESTLAND
Peipussee
Saaremaa
Waldai-höhe 343
Wolga
NISHNI NOWGOROD
Uljanowsk
SAMARA
Orenburg
Gotland
Riga
MOSKAU
LETTLAND
Öland
Wolgahöhen
370
LITAUEN
Tula
Rjasan
Pensa
KASACHSTAN
Bornholm
Mittelrussische Platte
(Russland)
Vilnius
Saratow
MINSK
Dnepr
WEISSRUSSLAND
Woronesh
WARSCHAU
Homjel
POLEN
Weichsel (Wisła)
Don
Wolgograd
Breslau
Łódź
Piotrków Trybunalski
Schlesien
Oder
KIEW
CHARKIW
Luhansk
Krakau
UKRAINE
367
Donezplatte
Lemberg
Bug
Ustjurt-Plateau
DNIPROPETROWSK
DONEZK
ROSTOW
Dnister
SLOWAKEI
Karpaten
Ostkarpaten
MOLDAU
Preßburg
Krywyj Rig
Mariupol
-132
BUDAPEST
Chişinău
Mykolajiw
Asowsches Meer
Kaspisches Meer
UNGARN
ODESSA
Krasnodar
TURKMENISTAN
Zagreb
RUMÄNIEN
1545
Elbrus 5642
Kasbek 5033
Kaukasus
Theiß
Südkarpaten
2544
Şamaxı
KROATIEN
BELGRAD
BUKAREST
GEORGIEN
TIFLIS
BAKU
BOSNIEN U. HERZEGOWINA
SERBIEN
Craiova
Donau
Schwarzes Meer
Kura
Gümri
ASERBAIDSCHAN
ARMENIEN
SOFIA
Balkan
Pontisches Gebirge
ERIWAN
Aras
MONTENEGRO
Leposavic
BULGARIEN
Bosporus
Horasan
Ararat 5165
Skopje
Rhodopen
Erzurum
Erzincan
Varto
TÄBRIS
TEHERAN
MAZED.
Tirana
ISTANBUL
Düzce
İzmit
Mudurnu
Kızılırmak
ALBANIEN
BURSA
ANKARA
Urmiasee
Qazvin
Brindisi
Olymp 2917
Athos 2033
Vansee
Diyarbakır
IRAN
Pindos
Yenice
TÜRKEI
Gediz
Elâzığ
Tigris
Hamadan
Qom
Korfu
Lesbos
İZMIR
Zagrosgebirge
Ionisches Meer
GRIECHENLAND
Korinth
Ägäisches Meer
Konya
Gaziantep
Mosul
Kefallinia
Athen
Mersin
Taurus
ADANA
Bakhtaran
Golf v. Korinth
2407
Antalya
Antakya
Euphrat
Zard Kuh 4548
Latakia
ALEPPO
SYRIEN
BAGDAD
Rodos
1951
Homs
Ahvaz
Thíra (Santorin)
ZYPERN
LIBANON
3083
IRAK
Idi 2456
Paphos
BEIRUT
DAMASKUS
Kreta
Mittelmeer
Jordantal
2814
Basra
ISRAEL
Amman
Pers. Golf
KUWAIT
Jerusalem
-401
Totes Meer
876
Dj. el-Akhdar
ALEXANDRIA
JORDANIEN
SAUDI-ARABIEN
Große Syrte
ÄGYPTEN

Die Azoren, die Nordküste Afrikas und das Adriatische Meer markieren jene Nahtstelle, an der die großen Plattensysteme der Afrikanischen und der Eurasischen Platte kollidieren und große Spannungen aufbauen, die sich dann in verheerenden Erdbeben entladen.

Obwohl nicht unmittelbar an dieser Störung gelegen, wurde Lissabon im Jahre 1755 von einem Erdbeben erschüttert, dessen Wellen sich vom Hypozentrum konzentrisch ausbreiteten, die Oberfläche in großer Entfernung zerstörten und 60 000 Opfer forderte. Das **Beben von Lissabon** hat in der europäischen Kulturgeschichte einen tiefen Eindruck hinterlassen, da man das Ereignis und seine Folgen als Strafe Gottes empfand. Die Zerstörung von 75 % aller Gebäude der Stadt sprach sich in ganz Europa herum. Es war wohl das schwerste bisher in Europa aufgetretene Beben, wobei das Epizentrum einige hundert Kilometer entfernt im Atlantik lag. Schiffe wurden von gewaltigen Wellen erfasst, das Hafengemäuer versank in den Fluten wiederkehrender Wogen von über 15 m Höhe. In der Folge setzten offene Feuerstellen Häuser in Brand. Die dem Beben folgenden Ereignisse vergrößerten die unmittelbaren Erdbebenschäden um ein Vielfaches.

Der russische Schriftsteller Maxim Gorki schreibt über das **Erdbeben von Messina** am 22. Dezember 1908 und die Tragik des Geschehens: „Um 5 Uhr 20 Minuten erzitterte die Erde, ihr erstes Beben dauerte fast zehn Sekunden.“ Unter den Trümmern fanden fast 100 000 Einwohner den Tod. Ihr Schicksal war besiegelt, da das Erdbeben die Menschen im Schlaf überraschte. Die Trümmer ihrer einstürzenden Häuser versperrten den Weg in die Freiheit. Noch heute, gibt es in Messina jene Siedlungen, die als Notbehelf für die Überlebenden errichtet wurden. Darüber hinaus findet man

Land	Schadensort/*Epizentrum*	Datum	M.	Schadensbilanz/Opfer
Albanien		01.06.1905		120
Algerien		Mai 1715		20 000
Algerien	Ech-Cheliff (Orleansville)	09.09.1954	7	1 243
Algerien	Ech-Cheliff (Orleansville)	10.10.1980	8	3 000
Belgien	Lüttich (Liege)	08.11.1983	5	Sachschäden
Finnland	Ylistaro	17.11.1983	2	
Griechenland	Ägäisches Meer	1201		100 000
Griechenland	Athen	07.09.1999	6	hohe Sachschäden/über 150
Griechenland	Golf von Korinth/Ägion	15.06.1995	6	hohe Sachschäden/über 25
Griechenland	Kefallinia	12.08.1953	7	445
Griechenland	Korfu (Kérkyra)	07.06.1750		2 000
Griechenland	Korinth	Dez. 856		45 000
Griechenland	Kreta	16.02.1810		2 000
Griechenland	Kreta	21.05.2002	6	
Griechenland	Lesbos (Lésvos)	Aug. 1384		500
Griechenland	Thíra (Santorin)	1560 v. Chr.		zahlreiche Opfer
Italien	Ariano	23.07.1930	7	1 425
Italien	Avellino	23.11.1980	7	über 4 000
Italien	Avezzano	13.01.1905	8	32 610
Italien	Avezzano	07.09.1920		1 400
Italien	Friaul	06.05.1976	7	929
Italien	Ischia	26.07.1883		2 300
Italien	Kalabrien	05.02.1783		30 000
Italien	Messina	22.12.1908	8	580 000
Italien	Mittelitalien	16.12.1857		12 000
Italien	Neapel, Brindisi	05.12.1456		30 000
Italien	Perugia	16.10.1982		extreme Sachschäden

Spuren dieses verheerenden Erdbebens, dessen Stöße bis nach Rom und über die ganze Insel Sizilien zu spüren waren.

Die Reihe der zerstörenden Erdbeben ließe sich erheblich erweitern. Die Kulturvölker an den Ufern des Mittelmeeres haben sehr früh die Bekanntschaft mit dieser Naturgewalt gemacht. Besonders küstennahe Siedlungen wurden immer von den durch Beben ausgelösten Flutwellen zerstört. Das Erdbeben von **Agadir** in Marokko 1960, mit über 50 000 Toten, und zahlreiche Beben in Griechenland zeichnen die Spur der Plattenränder nach.

Eine kleine sehr dynamische Platte bewirkt die häufigen Erdbeben in der weiten Umgebung der Adria, z.B. in Mittel- und Norditalien, Albanien und Kroatien. Selbst Rumänien und die entferntere Balkanregion leiden unter heftigen Erdstößen. Die **Stadt Bukarest** wurde am Nachmittag des 4. März 1977 von einem Beben heimgesucht, bei dem man „nur“ 1 500 Opfer beklagte. Die Tatsache, dass sich die Bukarester nicht in ihren Wohnungen befanden, hielt die Opferzahl in Grenzen, der Gebäudeschaden war aber erheblich.

Agadir nach dem Erdbeben 1960

Land	Schadensort/*Epizentrum*	Datum	M.	Schadensbilanz/Opfer
Italien	Pompeji	63 n. Chr.		zahlreiche Opfer
Italien	Sizilien	09.01.1693		60 000
Italien	Sizilien	15.01.1968	6	281
Italien	Sizilien, Palermo	06.09.2002	6	Gebäudeschäden/3 Verletzte
Italien	Umbria	29.04.1984	5	extreme Sachschäden
Italien	Umbrien/Assisi	26.09.1997	6	extreme Sachschäden/über 10
Kroatien	Dubrovnik	11.01.1963		extreme Sachschäden
Marokko	Agadir	29.02.1960	6	12 000
Mazedonien	Skopje	26.07.1963	6	1 070
Montenegro		15.04.1979	7	156
Montenegro	Leposavic	17.05.1980	7	hohe Sachschäden
Österreich	Wien	02.12.1963	3	Schwarmbeben/geringer Schaden
Polen	Piotrków Trybunalski	30.11.1980	5	
Polen	Schlesien	02.02.1950	4	Bergbau
Polen	Schlesien	16.07.1952	4	Bergbau
Polen	Schlesien	04.02.1956	4	Bergbau
Portugal	Azoren	18.02.1964		Sachschäden
Portugal	Lissabon	01.11.1755		60 000
Rumänien	Bukarest, Craiova	04.03.1977	7	1 506
Rumänien	Ostkarpaten	26.11.1802		
Rumänien	Südkarpaten	10.10.1940	7	1 000
Schweiz	Kanton Graubünden	18.02.1992	3	keine Berichte über Schäden
Schweiz	Rhônetal	27.12.1981	3	
Zypern		77 n. Chr.		
Zypern		1953		hohe Sachschäden/über 60
Zypern	Paphos	25.02.1995	6	Sachschäden in 25 Orten

Schwarzes Meer
Mittelmeer
Rotes Meer
BULGARIEN
MAZED.
SKOPJE
ALB.
TIRANË (TIRANA)
ITALIEN
GRIECHENLAND
ATHINA (ATHEN)
TÜRKEI
İSTANBUL
ANKARA
İZMİR
BURSA
ANTALYA
KONYA
ADANA
MERSİN
Taurus
Kurdistan
GEORGIEN
TBILISI (TIFLIS)
ARM.
ERIWAN
RUSSLAND
Kaukasus
TABRIZ (TÄBRIS)
Urmiasee
Kreta
Thíra (Santorin)
Kérkira (Korfu)
Kefallinia
Lésvos (Lesbos)
Golf v. Korinth
ZYPERN
LEFKOSÍA/LEFKOŞA (Nikosia)
SYRIEN
HALAB
DIMASHQ (DAMASKUS)
HIMS
HAMĀH
LIBANON
BAYRŪT (BEIRUT)
ISRAEL
TEL AVIV-YAFO
YERUSHALAYIM/AL-QUDS (JERUSALEM)
JORDAN.
AMMĀN
IRAK
BAGHDĀD (BAGDAD)
AL-MAWSIL
Mesopotamien
Euphrat
Tigris
AL-BASRA (BASRA)
LIBYEN
Libysche Wüste
BANGHĀZĪ (BENGASI)
Große Syrte
Cyrenaica
TUBRUQ
ÄGYPTEN
EL-QÂHIRA (KAIRO)
EL-ISKANDARÎYA (ALEXANDRIA)
EL-GÎZA
BÛR SAÎD
ES-SUWEIS
Suezkanal
Kattarasenke
H.-I. Sinai
ASYÛT
EL-UQSUR (LUXOR)
ASWÂN (ASSUAN)
Nassersee
Nil
Nördl. Wendekreis
Nubische Wüste
Jabal al-Uwaynāt 1893
SAUDI-ARABIEN
An-Nafūd
Ad-Dahna
Nedschd
Hedschas
Asir
Rub al-Khali
AR-RIYĀD (RIAD)
MAKKAH (MEKKA)
AL-MADĪNAH (MEDINA)
JIDDAH
SUDAN
KHARTOUM (KHARTUM)
OMDURMAN
KHARTOUM NORTH
PORT SUDAN
Atbara
Weißer Nil
Blauer Nil
TSCHAD
Ennedi
ZENTRALAFR. REP.
ERITREA
ASMARA
ÄTHIOPIEN
Tanasee
Ras Dashen 4620
JEMEN
SAN'Ā (SANAA)
ADAN (ADEN)
DSCHIBUTI
DJIBOUTI (DSCHIBUTI)
Bab el-Mandeb

KASACHSTAN
MACHATSCHKALA
Derbent
Şamaxı
SUMQAYIT
BAKI (BAKU)
Kaspisches Meer
Aras
Türkmenbaschi
Nebitdag
Gysylarbat
TURKMENISTAN
Kunghirot
NUKUS
URGANTSCH
Turtkul
DASCHCHOWUS
Karakum
Amu-Darja
Kysylkum
USBEKISTAN
NAWOI
BUCHORO
SAMARKAND
KARSCHI
TSCHARDSHOU
SCHYMKENT
KASACHST.
TOSCHKENT (TASCHKENT)
Syr-Darja
Tienschan
KIRGISISTAN
NAMANGAN
ANDISHON
OSCH
KUKON
CHUDSHAND
FARGHONA
SHISSACH
DUSCHANBE
Gissar
Kurghonteppa
TERMIS
TADSCHIKISTAN
Pamir
Wachsch
Pik Samani 7495
KASHI (KASCHGAR)
CHINA
Kongur 7719
ARDABĪL
RASHT
Gīlān
Elburs
SĀRĪ
5671
Demavend
GORGĀN
GONBAD-E KĀVŪS
ZANJĀN
QAZVĪN
KARAJ
TEHRĀN (TEHERAN)
SANANDAJ
QOM
HAMADĀN
ARĀK
KĀSHĀN
BORŪJERD
KHORRAMĀBĀD
DEZFŪL
Zagros
ESFAHĀN (ISFAHĀN)
Zard Kūh 4548
MASJED-E SOLEYMĀN
AL-AMĀRAH
AHVĀZ
KHORRAMSHAHR
ĀBĀDĀN
KUWAIT
Al-Kuwayt (Kuwait)
AS-SĀLIMĪYAH
Kopetdag
2942
Quchan
ASCHGABAT
MARY
SABZEVĀR
EMĀMSHAHR
MASHHAD
Torbat-e Heydariyeh
IRAN
Tabas
BĪRJAND
YAZD
Rafsanjan
KERMĀN
MARV DASHT
SHĪRĀZ
SĪRJĀN
Bam
BANDAR-E BŪSHEHR
Fasā
Lār
Bastak
Furgun 3280
BANDAR-E ABBĀS
Hāmūn-e Sāberī
ZĀBOL
ZĀHEDĀN
Kūh-e Taftān 4042
2457
Īrānshahr
Belutschistan
Turbat
HERAT
Hari Rud
Qaleh-ye Now
MAZĀR-E SHARĪF
Feyzābād
Nahrin
Kunduz
Doāb
KĀBUL
5143
Hindukusch
Asadābād
Jalālābād
AFGHANISTAN
Helmand
KANDAHĀR
Chaman
Jammu
Karakorum
8611 K2
7690
8125
Nanga Parbat
und: SRINAGAR
Kaschmir
ISLĀMĀBĀD
RAWALPINDI
PESHĀWAR
JHELUM
JAMMU
GUJRĀNWĀLA
SIALKOT
Him. Prad.
SARGODHA
AMRITSAR
Dera Ismāīl Khān
LAHORE
FAISALĀBĀD
JALAND.
JHANG
LUDH.
CHANDIGARH
SAHIWAL
Multān
DERA GHĀZI KH.
GANGĀNAGAR
HISĀR
QUETTA
BAHĀWALPUR
Sutlej
Indus
1264
KHĀNPUR
158
Thar
SĪKAR
BĪKANER
RAHĪMYĀR KHĀN
SUKKUR
KHAIRPUR
Khuzdār
LĀRKĀNA
PAKISTAN
Rājasthan
JAIPUR
AJMER
JODHPUR
BEAWAR
Bārmer
975
NAWĀBSHĀH
HYDERĀBĀD
MĪRPUR KHĀS
INDIEN
UDAIPUR
KARĀCHI
Pātan
RATLĀM
Kutch
GĀNDHINAGAR
Gujarāt
AHMAD-ĀBĀD
Godhra
BHUJ
GĀNDHIDHĀM
M. Pr.
Golf v. Kutch
RĀJKOT
JĀMNAGAR
BHARUCH
VADOD.
Kathiawar
PORBANDAR
BHAVNAGAR
JŪNĀGADH
1117
SURAT
Diu
Damān
Silvassa
Damān und Diu
Dādra und Nagar Haveli
KALYĀN
1646
(BOMBAY) MUMBAI
PUNE
Sātāra
Mahārāshtra
Ratnāgiri
Persischer Golf
AD-DAMMĀM
DHARAN
AL-MANĀMAH (MANAMA)
BAHRAIN
KATAR
AL-HUFŪF
AD-DAWHAH (DOHA)
Al-Kharj
Str. v. Hormuz
(zu Oman)
SHARJAH
DUBAI
ABU DHABI
Suhār
VEREINIGTE ARAB. EMIRATE
Golf von Oman
Masqat (Maskat)
2980
Nizwa
Sūr
Ras al-Hadd
OMAN
Masirah
Rub al-Khali
JEMEN
Dhofar
1463
Kuria-Muria-In.
Arabisches Meer
Sayūn
Hadhramaut
AL-MUKALLĀ
Golf von Aden
Sokotra
K. Guardafui
Boosaaso
SOMALIA
Amindiven
Lakshadweep
Lakkadiven
Kavaratti
1 : 25 000 000
0
200
400
600
800 km

Ursache für die hier sehr häufig und stark auftretenden Erdbeben ist die Ausprägung der sich zueinander bewegenden Platten. Subduktionsbereiche des geschlossenen Ozeanbeckens im Raum der Türkei stehen sich unmittelbar gegenüber. Kollisionen der Afrikanischen und Eurasischen Platte sowie das Zusammentreffen der Iranischen und Arabischen Platte komplizieren die Verhältnisse in über 120 km Tiefe und bedingen jeweils die heftigen Erdbeben.

Die hohen Verluste unter den Einwohnern des **Iran** sind darauf zurückzuführen, dass in den ländlichen Gebieten erdbebensicheres Bauen weitgehend unbekannt und die Bevölkerung nur unzureichend auf die Gefahren bei Erdbeben vorbereitet ist. Hinzu kommen häufig größere Bergrutsche, die Siedlungen und Bewohner gefährden. Erdbebenstärken der Magnitude über 7 sind im Iran keine Seltenheit.

In dieser Region liegt auch die **Türkei**, die oft von Erdbeben heimgesucht wird. Sowohl an der Ägäisküste als auch an der Schwarzmeerküste haben sich in den letzten 100 Jahren 22 schwere Schadensbeben ereignet, die tausende Opfer gekostet haben. Eine Eigenart ist, dass die Erdbebenzentren „gewandert“ sind. Die Bebenherde bewegen sich bedrohlich auf İstanbul zu. Aus den Erdbeben von Düzce und İzmit im Jahr 1999 können Seismologen einige Anhaltspunkte für künftige Erdbeben gewinnen. Wenn nicht der Zeitpunkt eines

Land	Schadensort/*Epizentrum*	Datum	M.	Schadensbilanz/Opfer
Afghanistan	Doāb	12.04.2002		1000
Afghanistan	Kābul	06.07.1505		
Afghanistan	Nahrin	25.03.2002	6	Totalzerstörung von Dörfern/4800
Afghanistan	Shahar-i-Buzurg/Feyzābād	01.06.1998	7	5000
Armenien	Kaukasus/Gümri	07.12.1988	7	extreme Sachschäden/25000, 55000
Aserbaidschan	*Şamaxı*	Nov. 1667		80000
Georgien	Tbilisi (Tiflis)	25.04.2002	6	starke Gebäudeschäden/4
Iran	Abegharm	02.07.1957	7	1200
Iran	Bastak	31.10.1956	7	410
Iran	Esfahān (Isfahan)	11.07.1853		10000
Iran	Esfahān (Isfahan)	23.01.1909	7	5000
Iran	Gīlān, Sanjan/Rudba-Tal	22.06.1990	7	50000
Iran	Hamadān	13.12.1957	7	1130
Iran	Kermān	11.06.1981		5000
Iran	Kermān	28.07.1981	7	4000
Iran	Lār	24.04.1950	6	420
Iran	Mashhad	23.05.1923	6	2219
Iran	Mashhad	31.08.1968	7	12100
Iran	Nordwesten	22.06.2002		500
Iran	Ost-Chorassan	11.05.1997	7	2400
Iran	Ostiran, Ţabas	16.09.1978	8	15000
Iran	Qazvīn	01.09.1962	7	12225
Iran	Quain	1549		3000
Iran	Quchan	17.06.1755		40000
Iran	Shīrāz	21.04.1853		12000
Iran	Südiran	10.04.1972	7	5374
Iran	Tabrīz (Täbris)	05.02.1641		30000
Iran	Tabrīz (Täbris)	18.11.1727		77000
Jemen	Dhamār	13.12.1982	6	2800
Libanon	Jordan-Tal	30.10.1759		20000
Pakistan	Darel-Tal	14.09.1981	6	extreme Sachschäden/200
Pakistan	Germab	01.05.1929	7	5800
Pakistan	Karāchi	27.11.1945	8	4100

weiteren Erdbebens klar prognostiziert werden kann, dann wäre die Bestimmung des zu erwartenden Ortes bereits eine Voraussetzung für den Schutz der Bewohner. Besondere Aufmerksamkeit gilt den Lücken zwischen bekannten Erdbebenherden, da hier mit Spannungen zu rechnen ist, die sich innerhalb der Bebenaktivität nicht entladen haben.

An der Störungszone zwischen kollidierender Indischer und Chinesischer Platte ereignen sich sehr starke Erdbeben in Afghanistan und **Pakistan**. Karāchi war 1945 Schauplatz eines Bebens der Stärke 8,3 mit beachtlichen Landschaftsveränderungen. In den letzten Jahren gab es ebenfalls große Erdbeben in **Afghanistan**.

Suchhund im Einsatz (Iran)

Land	Schadensort/*Epizentrum*	Datum	M.	Schadensbilanz/Opfer
Pakistan	Quetta	30.05.1935	8	25 000
Tadschikistan	Duschanbe	21.10.1910	8	12 000
Tadschikistan	Duschanbe	10.07.1949	8	3 500
Tadschikistan	Gissar, Sharora	23.01.1989	8	hohe Sachschäden/1 000
Türkei		28.04.1903	6	2 200
Türkei	Anatolien	20.12.1942	7	3 000
Türkei	Anatolien, Yenice	18.03.1953	8	1 103
Türkei	Antakya	342 n. Chr.		40 000
Türkei	Antakya	13.04.1872		1 800
Türkei	Düzce/Nordwesttürkei	12.11.1999	7	600
Türkei	Elâziğ	26.03.1977		
Türkei	Erzincan	26.12.1939	8	32 700
Türkei	Erzincan	13.03.1992	7	1 000
Türkei	Erzurum	06.09.1975	7	2 370
Türkei	Gediz	28.03.1970	7	1 086
Türkei	Grenze Georgien	22.10.1926	6	355
Türkei	Grenze /ran	06.05.1930	7	2 514
Türkei	Grenze /ran	24.11.1976	7	5 000
Türkei	İzmir	23.02.1653		15 000
Türkei	İzmir	15.07.1688		15 000
Türkei	İzmit	17.08.1999	8	17 840
Türkei	Mudurnu	19.07.1897		zahlreiche Opfer
Türkei	Rzurum, Horasan	30.10.1983	7	1 330
Türkei	Südtürkei	1268		60 000
Türkei	Varto	19.08.1966	7	2 520
Türkei	Zentralanatolien	26.11.1943	8	4 020
Türkei	Zentralanatolien	01.02.1944	7	2 790
Turkmenistan		16.12.1902	6	4 725
Turkmenistan	Aschgabat	05.11.1948	7	19 800
Syrien	Al-Lādhiqīyah (Latakia)	26.02.1796		1 500
Syrien	Grenze zu Libanon	1183		20 000
Usbekistan	Kysylkum	17.05.1976	9	extreme Sachschäden/5 000
Usbekistan	Toschkent (Taschkent)	26.04.1966	8	extreme Sachschäden/5?

Rund einen Monat nach dem Unglück im indischen Unionsstaat **Gujarāt**, bei dem 30 000 Menschen ums Leben kamen, am 6. März 2001, hätte niemand mehr ums Leben kommen müssen. Man sagt, die Menschen seien an diesem Tag von korrupten Unternehmern und Politikern umgebracht worden.

In der Tat, Erdbeben töten keine Menschen. Es sind die Bauwerke und Häuser, die über den ahnungslosen Menschen zusammenstürzen. In Gujarāt waren 3 000 m^2 bewohnbare Fläche genehmigt, erbaut wurden 6 000. Geschäftemacher umgingen Vorschriften. Die Angst geht um, dass es an anderer Stelle ähnlich zugegangen ist, und die nächste Katastrophe vorprogrammiert sein wird. Das Erdbeben hatte „nur" eine Stärke von 8,0 auf der Richterskala. Das technische Hilfswerk (THW) und das Deutsche Rote Kreuz (DRK) mussten zur Kenntnis nehmen, dass 100 000 Menschen getötet und 200 000 verletzt waren. Krankenhäuser und Ärzte waren dem Elend nicht gewachsen. Wieder einmal hatte in Indien ein Erdbeben zugeschlagen, in einem Land dessen Norden seit Jahrhunderten durch Beben erschüttert wird.

1737 wurden in Kolkata (Kalkutta) 300 000 Opfer beklagt, 1819 kamen in Kutch 2 000 Menschen um. 250 Jahre später ist Kutch wieder betroffen, nur dass sich die Opferzahl verzehnfacht hat. Dichtere Besiedlung, höhere Einwohnerzahlen, leichtsinnigeres Bauen haben ihren Tribut in dieser Erdbebenzone gefordert. Immer wieder (vgl. Tab. S. 210) haben Schadensbeben Indien heimgesucht, verursacht durch das Aneinanderprallen der Asiatischen Platte und des Indischen Subkontinents. Äußeres Zeichen dieser Kollision ist das Auffalten des Himalayas. Ein geologisches Ereignis, das vor 34 Mio. Jahren begann und seinen Höhepunkt längst überschritten hat. Über die Vorgänge an

Trümmer nach Beben im Nordosten Indiens

AFGHANISTAN
Feyzābād
Nahrin
Kunduz
TERMIS
MAZAR-E-SHARIF
Hindukusch
7690
5143
KĀBUL
Asadābād
Jalālābād
Helmand
KANDAHĀR
Chaman
QUETTA
PESHĀWAR
ISLĀMĀBĀD
RAWALPINDI
JHELUM
SIĀLKOT
SARGODHA
GUJRANWALA
LAHORE
AMRITSAR
FAISALĀBĀD
JHANG
SĀHĪWĀL
MULTĀN
DERA GHĀZI KHĀN
BAHĀWALPUR
1264
KHĀNPUR
RAHĪMYĀR KHĀN
Khuzdār
SUKKUR
LĀRKĀNA
KHAIRPUR
NAWĀBSHĀH
MĪRPUR KHAS
HYDERĀBĀD
KARĀCHI
PAKISTAN
Dera Ismāīl Khān
Jammu und Kaschmir
8125
Nanga Parbat
SRINAGAR
JAMMU
Karakorum
K2
8611
Indus
Himāchal Pradesh
6248
Punjab
JALANDHAR
Shimla
CHANDĪGARH
LUDHIĀNA
GANGĀNAGAR
Haryāna
HISĀR
MEERUT
DEHRA DŪN
Utt.
MORĀDĀBĀD
DELHI
NEW DELHI
Sutlej
158
BĪKĀNER
SĪKAR
Thar
Rājasthān
JAIPUR
JODHPUR
AJMER
Bārmer
BEĀWAR
975
TONK
KOTA
UDAIPUR
Pātan
Kutch
Nördl. Wendekreis
BHUJ
GĀNDHIDHĀM
Golf v. Kutch
Gujarāt
GĀNDHĪNAGAR
AHMADĀBĀD
JĀMNAGAR
RĀJKOT
PORBANDAR
Kathiawar
JŪNĀGADH
1117
BHĀVNAGAR
Diu
SŪRAT
Damān
Damān und Diu
Dādra und Nagar Haveli
Silvassa
Godhra
VADODARA
758
BHARUCH
RATLĀM
UJJAIN
INDORE
Madhya Pradesh
BHOPĀL
SĀGAR
MURWĀRA
JABALPUR
KHANDWA
BHUSĀWAL
AMRĀVATI
AKOLA
MĀLEGAON
NĀSHIK
1646
SHĀMBĀJINAGAR
MUMBAI (BOMBAY)
KALYĀN
PUNE
Sātāra
Ratnāgiri
SĀNGLI
SOLĀPUR
KOLHĀPUR
BELGAUM
Goa
Panaji
HUBLI-DHĀRWĀD
Mahārāshtra
NĀNDED
LĀTŪR
NIZĀMĀBĀD
NAGPUR
WARDHA
CHANDRAPUR
Chhattīsgarh
RAIPUR
BHILAINAGAR
BILĀSPUR
GONDIA
Mahānadi
GWALIOR
JHĀNSI
Yamuna
MATHURA
ALĪGARH
ĀGRA
LUCKNOW
KANPUR
ALLAHĀBĀD
JAUNPUR
VĀRĀNASI (BENARES)
Uttar Pradesh
Ganges
BAREILLY
SHĀHJAHĀNPUR
SĪTĀPUR
FAIZĀBĀD
GORAKHPUR
ĀRA
PATNA
GAYA
Bihār
Jharkhand
DHANBĀD
RĀNCHI
JAMSHEDPUR
RAURKELA
SAMBALPUR
Orissa
BHUBANESHWAR
CUTTACK
PURI
BRAHMAPUR
Bāleshwar
KHARAGPUR
West-bengalen
ĀSANSOL
MUNGER
RĀJSHĀHI
DARBHANGA
BIRATNAGAR
KATHMANDU
POKHARA
Dhaulagiri
8167
NEPAL
Mt. Everest
8850
S.
Gangtok
SHILIGURI
Thimphu
Punakha
BHUTAN
A. P.
Tezpur
GUWĀHĀTI
Assam
Dispur
SHILLONG
Meghālaya
SYLHET
MYMENSINGH
RANGPUR
BANGLADESCH
DHAKA
AGARTALA
Tr.
AIZAWL
KHULNA
KOLKATA (KALKUTTA)
CHITTAGONG
Cox's Bazar
INDIEN
Jagdalpur
Devodi Munda
1680
VIZIANAGARAM
VISĀKHAPATNAM
RĀJAHMUNDRY
Pondicherry
Godāvari
WARANGAL
HYDERĀBĀD
GULBARGA
BIJĀPUR
Andhra Pradesh
Krishna
VIJAYAWĀDA
MACHILĪPATNAM
GUNTŪR
RĀICHŪR
GADAG
KURNOOL
BELLARY
PRODDATŪR
NELLORE
Östghats
Westghats
Karnātaka
BHADRĀVATI
1467
MANGALORE
1822
BANGALORE
MYSORE
VELLORE
CHENNAI (MADRAS)
PONDICHERRY
Pondicherry
SALEM
Tamil Nādu
Pond.
COIMBATORE
TRICHŪR
Anai Mudi
2695
THANJĀVŪR
TIRUCHCHIRĀPPALLI
KOCHI
ALAPPUZHA
MADURAI
KOLLAM
THIRUVANANTHAPURAM (TRIVANDRUM)
NĀGERCOIL
Kap Comorin
TUTICORIN
G. v. Mannar
Palk-Str.
YĀPANAYA
Ceylon
ANURADHAPURA
Batticaloa
KANDY
Negombo
2524
Pidurutalagala
SRI LANKA
(COLOMBO) KOLAMBA
SRI JAYAWARDENEPURA
Galle
K. Dondra
Amindiven
Lakshadweep
Lakkadiven
Kavaratti
Minicoy
MALEDIVEN
Arabisches Meer
Golf von Bengalen
INDISCHER OZEAN
CHINA
Hotan
Kunlun
7723
Muztag Feng
Tuotuoheyan
6800
Tibet
Nganglong Kangri
6596
Gêrzê
6300
Nagqu
6230
Salween
Kangrinboqê (Kailasch)
6714
Transhimalaya
6355
7111
LHASA
Saga
Brahmaputra
Himalaya
A. P. Arunāchal Pradesh
Pond. Pondicherry
S. Sikkim
Tr. Tripura
Utt. Uttaranchal
1 : 25 000 000
0 200 400 600 800 km
65 70 75 80 85 90
A B C D E F
35 30 25 20 15 10 5
1 2 3 4 5 6 7

dieser Nahtstelle zweier Kontinentalplatten ist sich die Wissenschaft einig. Man kennt die Folgen, dennoch werden die Schäden durch menschliches Versagen begünstigt. Neben Indien sind Tibet, Bangladesch und Nepal von diesen Vorgängen betroffen. Die Wirkungen sind ähnlich.

Als Indien an die Asiatische Platte herandriftete, schob sich Zentralasien zusammen. 2 000 km hat sich der Subkontinent an Asien herangedrückt. Das Gesteinsmaterial Asiens hat diesem Druck nachgegeben und sich in Falten und Brüche zerlegt. Gesteinspakete schieben sich unter den Himalaya. Auf diese Weise gleicht sich der enorme Druck aus, den der Zusammenstoß verursacht. Ganz Tibet wird dadurch angehoben. Die Erdkruste bricht hier auf. **Heiße Quellen** und **Geysire** sind das äußere Zeichen der zugehörigen vulkanischen Prozesse, die mit der Subduktion verbunden sind. Da der Schweizer Geologe HEIM 1953 eine drastische Hebung des Himalayas um einige Meter beobachtet hat, ist das, gemessen an einer Heraushebung von 3 000 m, noch verhältnismäßig gering. Harte Gesteine werden unter dem großem Druck nahezu plastisch. Es ist die Zeit, die die Eigenschaften des Gesteins verändert: Bewegen sich die großen Platten aufeinander zu, dann verändern sich die Gebirge. Magmaströmungen im Erdinneren werden als „Motor“ für die langsame und passive Bewegung der Platten angenommen.

Gegen diese geologischen Dimensionen können sich die Menschen mit ihren bescheidenen Kräften nicht durchsetzen, aber es gibt ausreichend technische Mittel, diese Bewegungen zu beobachten, auch wenn es nur wenige Zentimeter im Jahr sind.

Das Dach der Welt, wie man den Himalaya wegen seiner großen Höhe gern bezeichnet, ist erst in den letzten 10 Mio. Jahren aufgefaltet worden. Der indische Subkontinent wurde in die Eurasische Platte hineingepresst und verzahnt. Dadurch kam es zu einer Krustenverdickung und Heraushebung des Himalayasystems als Kollisionsgebirge, die bis heute anhält. Große Flüsse tragen die Gesteine, die durch Verwitterung des Gebirgsmassivs entstanden sind und die große Schluchten im Himalaya entstehen ließen, in die Weltmeere.

Es ist nur verständlich, dass diese gewaltigen Kräfte Erdbeben der aufgelisteten Dimensionen erzeugen. Umso unverständlicher ist es, dass angesichts dieser Kräfte die Bemühungen um rechtzeitige Warnung der betroffenen Menschen so vernachlässigt werden.

Erdbeben wird man kaum verhüten können. Eine Warnung der Einwohner von Kutch, wenige Minuten vor den zerstörenden Erdbebenwellen, hätte sie veranlasst, ihre Häuser zu verlassen und so wenigstens ihr Leben zu retten. Die Plattentektonik erklärt heute besser als zuvor den möglichen Mechanismus eines Erdbebens und lässt hoffen, dass kurz bevor die zerstörenden Wellen eintreffen, Warnsignale erkannt werden, die diesen vorher gehen.

Land	Schadensort/*Epizentrum*	Datum	M.	Schadensbilanz/Opfer
Indien	Assam	12.01.1887	9	1500
Indien	Bihār	15.01.1934	8	10 700
Indien	Grenze zu Buthan	21.11.1980	7	
Indien	Grenze zu Nepal	15.08.1950	9	156
Indien	Kangra	10.04.1905	9	19 000
Indien	Kolkata (Kalkutta)	11.10.1737		300 000
Indien	Kutch	16.06.1819		2 000
Indien	Kutch	26.01.2001	8	30 000
Nepal	Kathmandu	20.08.1988	7	Verwüstungen/1 000

Annapurna-Region in Nepal – Vorderer Himalaya

Entstehung des Himalayas

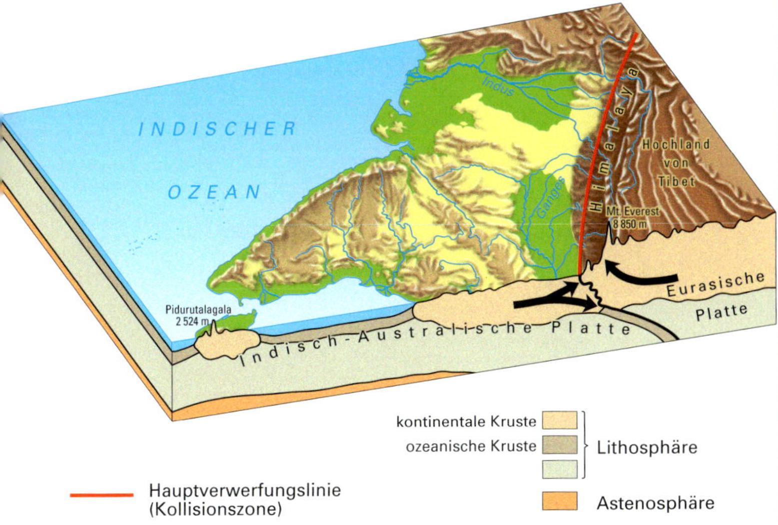

RUSSLAND
KAS.
Belucha 4506
4374
Kysyl
Kl. Jenissej
Munku-Sardyk 3491
ANGARSK
IRKUTSK
Baikalsee
ULAN-UDE
TSCHITA
Schilka
Borsja
Ulaangom
Uws Nuur
Chöwsgöl
Chjargas Nuur
Mörön
Süchbaatar
2523
MANZHOULI
Hulun Nur
HAILA
ALTAY
Irtysch
Chowd
Char-Us Nuur
Dsawchan
Uliastaj
Selenga
Bulgan
Erdenet
Darchan
2751
ULAANBAATAR (ULAN-BATOR)
Onon
Tschojbalsan
Fuyun
4362
3905
Zezerleg
Kerulen
Altai
Changai
MONGOLEI
Arwajcheer
Mandalgow
ÜRÜMQI (URUMTSCHI)
Turpan (Turfan)
-154
Turfan-senke
HAMI/KUMUL
Karlik 4925
Gobi-Altai
3957
Gobi
Sajnschand
Dalandsadgad
Xilinhot
2029
Gaxunsee
Lop Nur
2792
Innere Mongolei
CHIFENG
2250
LINHE
BAOTOU
JINING
ZHANGJIAKOU
HOHHOT
XUANHUA
CHENGDE
Altun Shan
5400
YUMEN
Wüste Badain Jaran
Huang He (Gelber Fluss)
Jiuyuguan
5934
WUHAI
BEIJING (PEKING)
DATONG
5808
Qilian Shan
ZHANGYE
SHIZUISHAN
2149
Dongsheng
TIANJIN
TIENTSIN
BAODING
Qaidambecken
JINCHANG
YINCHUAN
YULIN
XINZHOU
Hebei
SHIJIAZHUANG
CANGZHOU
WUWEI
TAIYUAN
YANGQUAN
DEZHOU
Kunlun
Golmud
Qinghai
Gansu
BAIYIN
YUCI
Shanxi
XINING
YAN'AN
HANDAN
XINGTAI
Huang He
ZIBO
LANZHOU
JINAN
5730
CHANGZHI
ANYANG
TAI'AN
Linxia
5020
Dingxi
PINGLIANG
LINFEN
PUYANG
Shandong
Ngoring-see
Tuotuoheyan
TONGCHUAN
2359
JIAOZUO
XINXIANG
JINING
6800
Jangtsekiang
Yalong Jiang
TIANSHUI
Wei
XIANYANG
YUNCHENG
SANMENXIA
KAIFENG
ZAOZHUANG
BAOJI
XI'AN
LUOYANG
ZHENGZHOU
XUZHOU
Qin Ling
XUCHANG
6230
Jialing Jiang
HANZHONG
PINGDINGSHAN
SUZHOU
Nagqu
CHINA
NANYANG
LUOHE
Henan
FUYANG
BENGBU
HUAIYIN
4720
Salween
GUANGYUAN
ANKANG
SHIYAN
HUAINAN
7111
Transhimalaya
Mekong
Min Jiang
MIANYANG
XIANGFAN
XINYANG
NANJING
LHASA
CHENGDU
NANCHONG
JINGMEN
XIAOGAN
HEFEI
7755
Jangtsekiang
1751
TONGLING
WUHU
Brahmaputra
Sichuan
SUINING
WANXIAN
YICHANG
WUHAN
ANQING
Gongga Shan 7556
YA'AN
LESHAN
NEIJIANG
Hechuan
SHASHI
Jianli
HUANGSHI
Huangshan
FULING
Jinshi
BHUTAN
Arunachal Pradesh
ZIGONG
CHONGQING
Dongtingsee
JIUJIANG
Poyangsee
Itanagar
DIBRUGARH
YIBIN
LUZHOU
CHANGDE
NANCHANG
JINGDEZHEN
Tezpur
Brahmaputra
Tinsukia
XICHANG
YIYANG
CHANGSHA
INDIEN
Assam
Jorhat
ZUNYI
HUAIHUA
XIANGTAN
YICHUN
SHANGRAO
GUW.
Dispur
N.
4816
Lijiang
Zhaotong
1835
LOUDI
ZHUZHOU
SHAOYANG
LINCHUAN
2120
SHILLONG
Meghalaya
Kohima
Myitkyina
PANZHIHUA
GUIYANG
HONGJIANG
HENGYANG
JI'AN
NANPING
SYLHET
IMPHAL
ANSHUN
KAILI
LEIYANG
Man.
DALI
KUNMING
QUJING
DUYUN
FUZHOU
Tr.
AIZAWL
GUILIN
CHENZHOU
GANZHOU
YONG'AN
Putian
AGARTALA
CHUXIONG
1929
LONGYAN
Fujian
Miz.
Yunnan
Nanpan Jiang
HECHI
LIUZHOU
SHAOGUAN
QUANZHOU
Hexian
ZHANGZHOU
Meizhou
CHITTAGONG
LASHIO
KAIYUAN
GEJIU
Bose
XIAMEN
Salween
Roter Fl.
Guangdong
CHAOZHOU
MONYWA
Shwebo
NANNING
WUZHOU
GUANGZHOU (KANTON)
ZHAOQING
Cox's Bazar
MYINGYAN
MANDALAY
Lai Châu
Lao Cai
YULIN
Xi Jiang
FOSHAN
SHANTOU
MYANMAR
2604
3143
THAI NGUYÊN
Qinzhou
JIANGMEN
SHENZHEN
XIANGGANG (HONGKONG)
SITTWE
Irrawaddy
MEIKTILA
Keng Tung
Schw. Fl.
Viêt Tri
BEIHAI
MAOMING
AOMEN (MACAU)
TAUNGGYI
Magway
LAOS
HA NÔI (HANOI)
Golf von Tonking
HAI PHONG
ZHANJIANG
Mekong
NAM ĐINH
H.-I. Leizhou
Südchinesisches Meer
Ramree
Pyinmana
Chiang Rai
Cheduba
PYAY
THAILAND
2499
VIETNAM
HAIKOU
Thandwe
Toungoo
LOUANGPHRABANG
Thanh Hoa
Hainan

Ochotskisches Meer
Sachalin
Alexandrowsk-Sachalinski
Smirnych
Poronaisk
Makarow
Cholmsk
JUSHNO-SACHALINSK
Korsakow
Tatarensund
Onekotan
Matua
Simuschir
Urup
Iturup
Kunaschir
Kurilen
K. Crillon
La-Pérouse-Str.
Wakkanai
Hokkaidō
ASAHIKAWA
2290
Tokachi
EBETSU
OTARU
SAPPORO
KUSHIRO
OBIHIRO
Nemuro
Urakawa
K. Erimo
Okushiri
MURORAN
HAKODATE
Tsugaru-Str.
AOMORI
MORIOKA
AKITA
Chōkai
2230
YAMAGATA
SENDAI
FUKUSHIMA
AIZU-WAKAMATSU
Sado
K. Suzu
NIIGATA
TOYAMA
NAGANO
UTSUNOMIYA
MITO
MAEBASHI
KANAZAWA
FUKUI
GIFU
TOKYO
CHIBA
3776
Fuji
YOKOHAMA
Kanagawa
Shimoda
NAGOYA
KYŌTO
KŌBE
ŌSAKA
Mikawa
Honshū
WAKAYAMA
Izu-Inseln
Oki-In.
MATSUE
TOTTORI
OKAYAMA
HIROSHIMA
SHIMONOSEKI
KITAKYŪSHŪ
FUKUOKA
SAGA
1788
ŌITA
Uwajima
TOKUSHIMA
KŌCHI
Kumanosee
K. Shiono
Shikoku
NAGASAKI
KUMAMOTO
Kyūshū
MIYAZAKI
KAGOSHIMA
K. Sata
Goto-In.
Osumi-In.
Japanisches Meer
Ullung
Mohe
1530
Großer Chingan
Amur
Selemdsha
Swobodny
Belogorsk
2010
KOMSOMOLSK
BLAGOWESCHTSCHENSK
Heihe
Birobidshan
2077
NENJIANG
Sichote-Alin
CHABAROWSK
BEI'AN
YICHUN
1047
HEGANG
ZALANTUN
QIQIHAR
HAILUN
FUJIN
DAQING
Tangyuan
JIAMUSI
SHUANGYASHAN
1749
ULANHOT
ANDA
SUIHUA
HARBIN
JIXI
BAICHENG
Mandschurei
Spassk-Dalni
Dalnegorsk
Tongyu
Songhua
MUDANJIANG
Chankasee
USSURIJSK
1855
CHANGCHUN
JILIN
WLADIWOSTOK
TONGLIAO
Shuangliao
YANJI
NACHODKA
K. Poworotny
SIPING
LIAOYUAN
SHENYANG
FUSHUN
Baitou Shan
2744
Najin
FUXIN
CHONGJIN
Liaoning
TONGHUA
HYESAN
BENXI
KANGGYE
KIMCHAEK
PANJIN
ANSHAN
YINGKOU
DANDONG
Huichon
SINUIJU
NORDKOREA
HAMHUNG
PYONGYANG
(PJÖNGJANG)
PYONGSONG
WONSAN
NAMPO
DALIAN
HAEJU
KAESONG
CHUNCHON
(SEOUL) SOUL
KANGNUNG
YANTAI
WEIHAI
INCHON
SUWON
SÜDKOREA
Shandong
CHONGJU
TAEJON
TAEGU
Gelbes Meer
QINGDAO
(TSINGTAU)
CHONJU
CHANGWON
ULSAN
KWANGJU
1915
PUSAN
MOKPO
YOSU
LIANYUNGANG
CHEJU
Cheju
YANCHENG
TAIZHOU
NANTONG
WUXI
SUZHOU
SHANGHAI
JIAXING
HANGZHOU
NINGBO
SHAOXING
JINHUA
WENZHOU
Ostchinesisches Meer
Ryukyu-Inseln
Naze
Amami
498
Okinawa
NAHA
Daito-In.
(Jap.)
Taiwan
CHILUNG
TAIPEI
(TAIPEH)
Miyako
Ishigaki
Iriomote
TAICHUNG
3952
TAIWAN
TAINAN
TAITUNG
KAOHSIUNG
K. Garan
Batan-In.
Luzon-Straße
Pazifischer Ozean
Bonin-In.
(Jap.)
Vulkan-In.
(Jap.)
Nördl. Wendekreis
Okino Tori
(Jap.)
Nördliche Marianen
(USA)
Marianen
Man. Manipur
Miz. Mizoram
N. Nāgāland
Tr. Tripura
1 : 25 000 000
0 200 400 600 800 km

Das Erdbebengeschehen in den asiatischen Ländern wirkt auf uns Mitteleuropäer besonders dramatisch. Die berichteten und beschriebenen Katastrophen sind so erheblich, weil die Zahlen der Todesopfer jede Vorstellungskraft übersteigen. Zunächst sind es geologische Ursachen, die die gewaltigen Erdbeben und die dabei angerichteten Schäden verursachen.

In **China** setzen die Beben enorme Energien frei. Die gemessenen und geschätzten Magnituden erreichen häufig Werte zwischen 6,8 und 8,0. Die Beben erschüttern damit die betroffenen Gebiete nicht nur sehr stark, sondern verbreiten sich über ausgedehnte Flächen. Hinzu kommt, dass die Regionen sehr dicht besiedelt sind. Beide Faktoren zusammen richten **erhebliche Schäden** an. Das gilt nicht nur für China, sondern auch für andere industriell oder landwirtschaftlich intensiv genutzte Gebiete. Ein weiterer Faktor ist die Bauweise im ländlichen Raum und in engen urbanen Siedlungen, vor allem auf ausgedehnten Schwemmlandebenen, die die Wirkungen eines starken Erdbebens noch potenzieren. Selten wurde auf die Erdbebengefährdung Rücksicht genommen. Die Beschreibungen der jüngeren Erdbebenkatastrophen machen das sehr deutlich. Aber auch die Zahlen aus der Vergangenheit belegen, dass China in vielen Provinzen ständig mit Erdbeben konfrontiert war. Eine sehr alte Beschreibung stammt aus dem Jahre 1290 und berichtet von mehr als 100 000 Todesopfern. Trägt man nur die bekannt gewordenen Opferzahlen der stärksten Erdbeben zusammen, dann ist von rund 3 Mio. Todesopfern in diesem Gebiet auszugehen, bei der Analyse aller Erdbeben in China sprechen andere Autoren von

Land	Schadensort/*Epizentrum*	Datum	M.	Schadensbilanz/Opfer
China	Chengde/Chihli	27.09.1290	7	mindestens 10 000
China	Gansu	25.10.1622	7	12 000
China	Gansu	16.12.1920	9	200 000
China	Gansu	24.03.1923	7	5 000
China	Guangdong, Fujian	13.02.1918	7	10 000
China	Guangdong	26.07.1969	6	3 000
China	Hebei	08.03.1966	7	extreme Schäden
China	Henan, Shandong	01.08.1937	7	390
China	Liaoning	04.02.1975	7	10 000
China	Lijiang	03.02.1996	7	200 000 Obdachlose/260
China	Qilian Shan, Nan	22.05.1927	8	40 912
China	Shandong	25.07.1668	9	katastrophale Schäden/zahlr. Opfer
China	Shanxi	29.01.1038	7	2 200
China	Shanxi	23.01.1556	8	830 000
China	Sichuan	31.07.1917	7	1 803
China	Sichuan	25.08.1933	7	10 000
China	Sichuan	06.02.1973	8	extreme Schäden
China	Sichuan	25.01.1981	7	extreme Schäden/150
China	Tangshan	28.07.1976	8	andere Quellen: 800 000/240 000
China	Xichang	11.04.1870	7	2 300
China	Yunnan	16.03.1925	7	3 800
China	Yunnan	11.05.1974	7	20 000
China	Yunnan	06.11.1988	8	300 000 Gebäude zerstört/722
Japan	Fukui	28.01.1948	7	5 390
Japan	Gifu	28.10.1891	8	7 273
Japan	Hokkaidō	04.03.1952	8	8 233
Japan	Hokkaidō/Tokachi	16.05.1968	8	52
Japan	Hokkaidō/Kushiro	15.01.1993	8	1

27 Mio. Opfern in den letzten 50 Jahren. Zahlen die von keinem anderen Erdbebengebiet übertroffen werden.

Das Alter der chinesischen Kultur und die Anfälligkeit des Landes für Erdbeben haben dazu geführt, dass in China schon sehr früh mit einer sorgsamen Beobachtung von möglichen **Vorzeichen** eines Erdbebens begonnen und bald versucht wurde, geeignete Geräte und Verfahren zu entwickeln, die diese Veränderungen registrieren und vor dem bevorstehenden Ereignis warnen. Insbesondere spielen dabei auch detaillierte und großräumige Naturbeobachtungen eine Rolle. Das Tierverhalten wird verfolgt und Abweichungen von der Normalität erfasst. Tausende Menschen wurden in diese Beobachtungsreihen einbezogen. In dieser großflächigen Untersuchung der Natur wurde nämlich der beste Schutz vor Schäden gesehen. Menschen wurden angehalten, ihre vom Einsturz bedrohten Gebäude zu verlassen. Die jahrhundertelange Erfahrung hatte gezeigt, dass die höchsten Opferzahlen bei nächtlichen Erdbeben zu beklagen waren, wenn die Bewohner schliefen und die Häuser über ihnen zusammenstürzten.

Exemplarisch für die Erdbeben in China dürfte das von **Tangshan im Juli 1976** sein, das 95% der Bausubstanz der Stadt vernichtete und rund 800 000 Menschen das Leben kostete. Zu den unmittelbaren Schäden kamen Folgeschäden durch Brände, Seuchen und eine allgemeine Panik.

In jüngerer Zeit angestellte Versuche zur Vorhersage von Erdbeben hatten zwar in einem Falle (Liaoning im Februar 1975) einen gewissen Erfolg, ließen sich aber nicht verallgemeinern. Tangshan belegt den Misserfolg der Bemühungen.

Land	Schadensort/*Epizentrum*	Datum	M.	Schadensbilanz/Opfer
Japan	Hokkaidō	12.07.1993	8	über 200
Japan	Hokkaidō	04.11.1994	8	8
Japan	Honshū, Nordosten	16.06.1896	8	27 122
Japan	Honshū	25.11.1930	7	259
Japan	Honshū	02.03.1933	8	3 012
Japan	Honshū	25.05.1983	8	102
Japan	Kanagawa	11.11.1855	7	6 757
Japan	Kōbe	17.01.1995	8	extreme Landschaftsveränder./4 609
Japan	Kumanosee	07.12.1944	8	999
Japan	Kyōto	07.03.1927	8	3 017
Japan	Mikawa	12.01.1945	7	1 961
Japan	Nagano	08.05.1847	7	12 000
Japan	Niigata	20.05.1751	7	2 000
Japan	Niigata	16.06.1964	7	26
Japan	Okinawa	1771		17 000
Japan	Shikoku	28.10.1707	8	4 900
Japan	Shikoku	20.12.1946	8	korrigiert auf 2 000/1 263
Japan	Shimoda	24.12.1854	8	3 000
Japan	Tōkyō	31.12.1703	8	5 233
Japan	Tōkyō	01.09.1923	8	140 000 – 99 331
Japan	Tottori	10.09.1943	7	1 190
Japan	Urakawa	21.03.1982	7	durch Vorwarnung keine Opfer
Russland	Sachalin/Ocha, Neftogorsk	28.05.1995	8	1 841
Taiwan		16.03.1906	7	1 285
Taiwan		20.04.1935	7	3 276
Taiwan		16.07.1935	7	2 746
Taiwan	Taipei (Taipeh)	21.09.1999	8	wenig Schäden/2 000
Taiwan	Taipei (Taipeh)	15.05.2002	6	U-Bahn-Verkehr unterbrochen

Chines. Seismometer (Schema)

Chines. Seismometer von 138 n. Chr.

Japan gehört mit seiner dichten Besiedlung und der nachweislichen **Erdbebenhäufigkeit** zu den Ländern, die nach China die markantesten geologischen Ereignisse in der Geschichte zu verzeichnen haben. Die von dort vorliegenden Daten und Erdbebenchroniken reichen weit zurück und auch die Bemühungen, sich gegen die Folgen eines Erdbebens zu schützen. Als Ursache sahen die Japaner zunächst den Zorn der Götter an, die das Fehlverhaltern der Menschen rächten.

Als weitere „Verursacher" von Erdbeben gelten in der japanischen Legendenwelt die Welse; sie sind böse Fische. Diese Zuordnung der Erdbebengefahr zu den Welsen hat bis heute noch eine gewisse Bedeutung, da man beobachtet haben will, dass sie vor einem Erdbeben in Fischteichen außerordentlich unruhig werden und gewissermaßen Daten erfassen, die für den Menschen nicht spürbar, einem Erdbeben voraus gehen. Jährlich will man in Japan etwa 1000 für den Menschen spürbare Erdbeben ermittelt haben. Das ganze Land ist durch seine besondere Lage an der Nahtstelle dreier Platten (vgl. Karte S. 16f. und S. 182f.) besonders erdbebengefährdet. Extreme Subduktionsgeschwindigkeiten von über 10 cm/a scheinen diesen Sachverhalt noch zu verstärken. Die Erdbebenregionen zeigen eine deutliche Kongruenz zu den Plattenrändern.

Die derzeitigen **Prognosen** besagen, dass der Großraum Tōkyō, der bereits mehrmals von verheerenden Beben heimgesucht wurde, in absehbarer Zeit wieder von einem Beben betroffen sein könnte. Tōkyō gilt derzeitig als der am meisten von Erdbeben bedrohte Raum in Japan. Die hohe Besiedlungsdichte und die gemachten Erfahrungen (1703/1923) lassen die Gefahr erkennen, in der sich das Gebiet um die Hauptstadt, Industriemetropole und Handelszentrum latent befindet. In großem Maße widmet man sich hier auch der Vorbeugung von Erdbebenschäden, indem man sich auf erdbebensicheres Bauen und ein Gefahrentraining für die Bevölkerung konzentriert.

Das **Erdbeben von Kobe** im Jahre 1995 hat auf dramatische Weise verdeutlicht, welche Rolle eine Erdbebenprognostik, d.h. eine Schadensvorbeugung hat. Unerwartete außerdem sehr extreme Horizontalbewegungen haben zu einer empfindlichen Störung der Infrastruktur geführt. Folgeschäden, wie Brände und Gasexplosionen durch zerstörte Leitungen haben die Schäden trotzt der prognostischen Maßnahmen drastisch erhöht. Allein der materielle Schaden bei dem angesprochenen Beben wird mit 70 Mrd. US-$ beziffert. Es wurden etwa 4 600 Todesopfer beklagt. Mehr als 100 ha Wohnfläche brannten nieder, 300 000 Menschen verloren ihr Zuhause.

Untersuchungen der Universität Kyōto haben ergeben, dass das Epizentrum des Bebens etwa 10 km entfernt von Kobe lag; in der Nähe der Küste in 20 m Tiefe.

Aufgrund der akuten Erdbebengefahr in Japan werden in den Schulen und Firmen regelmäßig Notfall- und Evakuierungsübungen durchgeführt. Den Familien wird empfohlen, Notfallreserven anzulegen. Hierzu gehören: Trinkwasser, getrocknete Lebensmittel, ein Radio mit Batterien und eine Taschenlampe (vgl. S. 192). Das Beispiel von Kobe verdeutlicht den Nutzen solcher Maßnahmen. Die Bewohner bewahrten trotz der Notsituation die Ruhe und es kam kaum zu Plünderungen.

Die zerstörerische Kraft der Erdbeben äußert sich in Japan auch in Form von Tsunamis, dass sind riesige Meereswellen, die durch submarine Beben ausgelöst werden (vgl. S. 220 f.).

Der Nordosten **Russlands** ist plötzlich in den Blickpunkt des Interesses geraten, da im Raum der Insel Sachalin zunehmend Industrie- und Wohnanlagen errichtet wurden, ohne auf die latente Erdbebengefährdung Rücksicht zu nehmen. Sie spielte bisher eine untergeordnete Rolle, da die Besiedlung und Bebauung kaum Schäden trotz erheblicher Erdbeben erlitten hat. Seit dem Erdbeben von **Ocha und Neftogorsk** mit seinen heftigen Schäden, ist man sich der Gefährdungslage bewusst geworden.

Rettung einer Betroffenen beim Beben in Kobe 1995

MYANMAR
THAILAND
LAOS
VIETNAM
KAMBODSCHA
CHINA
MALAYSIA
INDONESIEN
BRUNEI
SINGAPUR
INDIEN
Golf von Tonking
Südchinesisches Meer
Andamanensee
Golf v. Thailand
INDISCHER OZEAN
Javasee
HANÔI (HANOI)
HAI PHONG
ZHANJIANG
YANGON (RANGUN)
KRUNG THEP (BANGKOK)
VIANGCHAN (Vientiane)
PHNUM PENH (PHNOM PENH)
HÔ CHI MINH (SAIGON)
KUALA LUMPUR
SINGAPORE (SINGAPUR)
JAKARTA
Bandar Seri Begawan
Sumatra
Kalimantan (Borneo)
Java
Hainan
Paracel-In. (China)
Andamanen
Nikobaren
Kokosinseln (austr.)
Weihnachtsinsel (austr.)
Bali
Lombok
Sumbawa
Palawan
MEDAN
PADANG
PEKANBARU
PALEMBANG
BANDUNG
SEMARANG
SURABAYA
KUCHING
SAMARINDA
BALIKPAPAN
BANJARMASIN
KOTA KINABALU
Kinabalu 4101
Leuseur 3423
Mekong
Malakka-Str.
Karimata-Str.

1 : 25 000 000
0 200 400 600 800 km
Philippinen-meer
PHILIPPINEN
Luzon
MANILA
QUEZON CITY
Mindanao
Mindoro
Samar
Negros
CEBU
DAVAO
Sulusee
Celebessee
Molukkensee
Seramsee
Bandasee
Arafurasee
Timorsee
Sawusee
Sulawesi (Celebes)
Halmahera
Seram
Buru
Flores
Sumba
Timor
OSTTIMOR
PALAU
Karolinen
MIKRONESIEN
Nördliche Marianen (USA)
Guam (USA)
Hagåtña (Agaña)
PAZIFISCHER OZEAN
Neuguinea
PAPUA-NEU-GUINEA
JAYAPURA
Maoke-Geb.
Puncak Jayakesuma 4884 (Carstenszspitze)
AUSTRALIEN
DARWIN
Äquator
Kap Arnhem
Kap Wessel

Neben Vulkanausbrüchen und Erdbeben, ist in dieser Region der → **Tsunami** ein sehr ernst zu nehmendes Naturereignis. Es handelt sich um riesige Meereswellen, die durch geologische Ursachen entstehen. Die in Südostasien anzutreffenden Tsunamis haben ihren Ursprung zumeist in Erdbeben, deren Epizentren unter dem Meeresboden liegen und deren vertikale Erdstöße eine Wellenbewegung in Gang setzen, die sich vor allem durch ihre großen Geschwindigkeiten und Wassersäulen auszeichnet. Die Wellen verlangsamen sich mit dem Auflaufen auf das Land, die Wellenhöhe aber steigert sich zunehmend von einigen Metern in der offenen See bis zu der verheerenden Höhe, bei der ganze Küstenterrassen und Inseln überflutet werden. Die Küsten der Philippinen und Indonesiens sind ebenso bedroht, wie die Inselstaaten des Pazifiks. Auch die Ränder des Indischen Ozeans haben sich als potentielle Tsunami-Regionen erwiesen.

Schutz vor Tsunamis

Voraussetzung für den Schutz der Küstenregionen und Inseln ist eine rechtzeitige Warnung nach einem Erdbeben, dessen Epizentrum im Bereich der Meeresbedeckung lag. Vorwarnung und Flucht sind die einzig mögliche Vorbeugung gegen die unberechenbare Gewalt der Tsunamis. Gelingt das nicht, sind die Opferzahlen erheblich, da dies ganze Küstenstreifen mit ihren Siedlungen betrifft.

Am 26.12.2004 löste ein extrem starkes Erdbeben (Magnitude 9,6) vor der Küste Sumatras eine riesige Flutwelle aus, die den Indischen Ozean überquerte und fast ausnahmslos an allen Anrainerstaaten strandete. Die Schäden in den Küstenregionen betrafen sowohl die traditionellen Siedlungen, als auch die Infrastruktur für den internationalen Tourismus. Dabei kamen mehr als 250 000 Menschen durch die direkte Wirkung der Flutwellen ums Leben. Dieser Tsunami wurde zur größten bisher bekannten geologischen Katastrophe der Neuzeit.

Die Ausbreitung der Wellen machte deutlich, dass das Naturereignis Tsunami nicht vorrangig den Pazifik betrifft. Daher wurden in kürzester Zeit Anstrengungen unternommen im Indischen Ozean ein Tsunami-Warnsystem einzurichten, ähnlich dem im Pazifik. Unter Leitung des Geoforschungszentrums in Potsdam wurden vor den Küsten Warnbojen installiert, die vom Meeresboden Signale per Satelliten an die jeweiligen Küstenstationen übermitteln, um Warnungen vor den verzögert einlaufenden Tsunami-Wellen an die zuständigen Einrichtungen zu leiten um Evakuierungen von Bevölkerung und Gästen in höher gelegene Bereiche zu sichern.

Tsunamis, häufiger als bisher vermutet

Der Tsunami von 2004 hat das Augenmerk der Geowissenschaftler und der Historiker auf dieses geologische Phänomen ge-

Land	Schadensort/*Epizentrum*	Datum	M.	Schadensbilanz/Opfer
*I*ndonesien	Bali	21.01.1917		15 000
*I*ndonesien	Bali/Kalpaka, Seririt	15.07.1976	6	275
*I*ndonesien	Flores/Maumere, *I*nsel Babi	09.12.1992	8	korrigiert auf 3 000/2 000
*I*ndonesien	Neuguinea	25.06.1976	7	6 000
*I*ndonesien	Sulawesi (Celebes)	21.08.1968		Flutwellen/200
*I*ndonesien	Sumatra	24.01.1981	6	250
*I*ndonesien	Sumatra/Liwa-Distrikt	16.02.1994	7	130
*I*ndonesien	Sumatra/Distrikt Jambi	08.10.1995	7	schwere Bauschäden/100
Philippinen	Manila	30.11.1645		zahlreiche Opfer
Philippinen	Manila	03.06.1863		300
Philippinen	Manila/Baguio	16.07.1990		1 600
Philippinen	Mindanao	31.03.1955		465
Philippinen	Mindanao	16.08.1976	8	6 500

lenkt. Dabei wurden zahlreiche Naturereignisse mit einer ähnlichen Vorgeschichte untersucht. So wurden nachträglich Tsunamis u.a. auch im Mittelmeer identifiziert. Beispielsweise war das Erdbeben von Messina (Magnitude 8,0) im Jahre 1908 von einem kurzzeitig nachfolgenden Tsunami begleitet, dem in weiten Teilen Kalabriens viele Tausend Menschen zum Opfer fielen. Auch das historisch berühmte Erdbeben von Lissabon im Jahre 1755, dessen Epizentrum etwa 150 km vor der Atlantikküste lag, hatte einen Tsunami zur Folge. Die in den Hafen von Lissabon geflohenen erdbebengeschädigten Einwohner wurden von den Tsunamiwellen verschlungen.

Ebenso fand man auf den Balearen zahlreiche Hinweise auf Tsunamis. Sie hatten Ihren Ursprung vor der afrikanischen Nordküste. Auf Vulkaninseln, wie Teneriffa, unterhalb des Pico de Teide, und auf La Palma, fand man Hinweise auf Auslöser von Tsunamis, die gelegentlich auch den Atlantik überqueren können. Eine derartig heftige Folge eines Vulkanausbruches ereignete sich auch beim Ausbruch des Krakataus im Jahre 1883. Eine Flutwelle forderte Tausende Menschenleben, mehr als der eigentliche Vulkanausbruch verursacht hatte.

Rund 1500 Jahre v. Chr. explodierte der Santorin-Vulkan (vgl. S. 60) in der Ägäis. Die erhaltenen Reste des Vulkans, u.a. die weite Caldera, sprechen für eine der gewaltigsten Vulkan-Explosionen in der Menschheitsgeschichte. Das urplötzliche Verschwinden der minoischen Kultur in diesem Raum des Mittelmeeres und Spuren großer Flutwellen auf Kreta, auf anderen Nachbarinseln und am Ostrand des Mittelmeeres, können ihre Ursache in einem großen Tsunami haben, der durch Erdbeben und riesige Masseverlagerungen zum Zeitpunkt der Santorin-Explosion entstanden ist.

Khao Lak nach Tsunami (26.12.2004)

Am 28. März 1964 wurde Alaska von einem schweren Erdbeben der Magnitude 8 heimgesucht. Selten hat ein Beben solche landschaftliche Veränderungen und Zerstörungen in einem dünn besiedelten Gebiet hervorgerufen wie an diesem Tag. Erdrutsche waren das Ergebnis.

Hochhäuser und Brücken stürzten in Anchorage ein. Eine 50 m hohe Flutwelle im Golf von Alaska verwüstete die Stadt **Valdez** im Prince William Sound. Weite Teile des Landes wurden überflutet. Der Flughafen von Anchorage war zerstört. In der Zeitung wurde berichtet, dass sich das Land spürbar aufgewölbt hat, ganze Dörfer um mehrere Meter abgesenkt wurden. An anderen Stellen in der Bucht hatte sich das Land soweit herausgehoben, dass die im Hafen liegenden Fischerboote nicht mehr von der hereinströmenden Flut erreicht wurden. Die Boote lagen an Land. Das Erdbeben muss die ganze Stadt angehoben haben. Eine neue Küstenterrasse hatte sich gebildet, auf der ein Schiffswrack aus dem Zweiten Weltkrieg stand, das bisher unter der Wasserlinie auf dem Meeresboden gelegen hatte.

Das **Erdbeben von Anchorage** muss ein ganzes Schichtpaket über mehrere Quadratkilometer angehoben haben, anderswo ist es zu einer Senkung gekommen. An anderer Stelle wird davon berichtet, dass eine Diesellokomotive durch den Erdstoß 50 m weit vom Gleis zum Liegen kam. Geologen haben festgestellt, dass dieses Erdbeben im Wesentlichen aus einem einzigen Stoß bestanden haben muss. Dieser Stoß resultierte aus einer Aufschiebung einer Gesteinsplatte. Bei genauerer Untersuchung der Erdbebenfolgen stellte sich heraus, dass eine Fläche von 320 000 km^2 (400 km Breite x 800 km Länge) verschoben und verkantet wurde.

Ist man hier in Alaska tatsächlich erstmalig Zeuge einer Plattenverschiebung im Sinne einer Subduktion geworden?

Nach diesem beobachteten Naturschauspiel wurde in der Region die Landschaft auf Spuren von ähnlichen Vorkommnissen in der Vergangenheit untersucht. Im Ergebnis fanden sich Hinweise auf solche Vorgänge, die etwa 800 Jahre zurück lagen.

Dieses gigantische Ereignis erlaubt den Schluss, dass in dieser Gegend eine aktive Plattenbewegung stattfindet.

In Alaska wurde im Frühjahr 1968 das größte **Erdölvorkommen** des nordamerikanischen Kontinents entdeckt, Schwierigkeiten bereitete der Transport des Erdöls. Ein Transport mit Schiffen durch die Nord-West-Passage kam nicht in Frage. So entschloss man sich zum Bau der Trans-Alaska-Pipeline von der Prudhoe Bay zum eisfreien Hafen Valdez. Zum einen musste der Permafrostboden berücksichtigt werden, zum anderen die Gefährdung durch Erdbeben. Deshalb wurde die Pipeline auf Stützpfeilern angelegt und verläuft aus diesem Grunde zickzackförmig.

Bei Erdstößen kann sich die Rohrleitung auf den Querträgern zwischen den beiden Stützpfeilern horizontal verschieben, und durch die **Zickzack-Bauweise** können Erdstöße aufgefangen werden. Die Gefahr von Erdstößen ist in dieser Region besonders hoch, da die Alaskakette die Störungslinie der Denali-Verwerfung quert.

Land	Schadensort/*Epizentrum*	Datum	M.	Schadensbilanz/Opfer
USA/Alëuten		30.01.1981	7	
USA/Alaska	Anchorage	28.03.1964	8	1020
USA/Alëuten	nördliche Alëuten			ohne Einzeldaten
USA/Alaska	südliche Halbinsel	01.04.1946	7	173
USA/Alaska	Südwesten	05.09.1989	7	
USA/Alaska	Yakutat Bay	03.09.1899	8	
USA/Alaska	Yakutat Bay	09.09.1899	9	

Erdbebengeschützte Pipeline in Alaska

Es gibt reichlich Augenzeugenberichte über das, was sich am frühen Morgen des 18. April 1906 in **San Francisco** zugetragen hat: Der eigentlich feste Boden unter den Füßen schien zu schwinden. Stehende und laufende Menschen wurden zu Boden gerissen oder hatten Mühe, einen sicheren Stand zu erreichen. Beobachter wollen gesehen haben, dass sich die feste Erde in Wellen bewegte, ein ständiges Auf und Ab. Die Brandungswellen des Pazifik bekamen ungewöhnliche Dimensionen, und dort, wo zur Ortserweiterung frischer Boden in der Bucht von San Francisco aufgeschüttet worden war, brachen Häuser in sich zusammen oder wurden zu Ruinen, während Häuser auf den dahinter liegenden Klippen nur durchgeschüttelt wurden und dem Beben Stand hielten.

In der Stadt stürzte das Rathaus ein. Hotels brachen zusammen, bis auf einige Luxusbauten, die bereits durch Stahl verstärkte Mauern besaßen. Berühmte Gäste der Stadt haben in ihren Memoiren die Eindrücke dieses Morgens geschildert, z.B. der Tenor Enrico Caruso.

Eisenbahnzüge sprangen aus den Gleisen, Schienenwege verbogen sich, **Erdrutsche** versperrten Schluchten und Talwege, Gasleitungen brachen, Stromkabel rissen auseinander, in der Erde bildeten sich Risse. Fassaden stürzten ein, blockierten die Straßen der Stadt und zertrümmerten Fahrzeuge. Die Bewohner der noch nicht zerstörten Häuser, Büroangestellte, alles was rennen konnte, stürmte die Straßen entlang, um sich in der freien Natur, in den Parks und auf den Plätzen vor dem Chaos in Sicherheit zu bringen. Staubwolken wälzten sich durch die Straßen.

Dies alles dauerte 60 Sekunden. Es sollte aber noch nicht genug sein. Nach dieser Minute brach das Chaos erst los: Das aus geborstenen Leitungen entweichende Gas entzündete sich, umgefallene brennende Öfen setzten das Gebälk der demolierten Häuser in Brand; was das Erdbeben nicht zerstört hatte, wurde im Zentrum der Stadt ein Opfer der Flammen. Das Wasser aus den geborstenen Leitungen strömte zusammen, Menschen ertranken in der dreckigen Flut, später fehlte es den Feuerwehren, um die Brände zu löschen. Schließlich war nicht mehr das Erdbeben die Katastrophe, sondern seine Folgen: Wasser und Feuer. Häuser wurden gesprengt, um eine Barriere gegen die Ausbreitung des Feuers zu bilden. Vergeblich. Das gesamte Stadtzentrum war am Ende abgebrannt, rund 30 000 Gebäude dem Brand zum Opfer gefallen, hunderttausende Bewohner der Stadt waren obdachlos.

Schätzte man heute, fast 100 Jahre später an den Bildern und Berichten die Stärke des Erdbebens ab, könnte man es getrost an der viel jüngeren Mercalli-

San Francisco 1906

K A N A D A
British Columbia
Alberta
Saskatchewan
Manitoba
Rocky Mountains
Küstengebirge
Kaskadenkette
Küstenketten
Sierra Nevada
Kalifornien
Bitterrootgebirge
VEREINIGTE STAATEN
Großes Becken
Washington
Oregon
Idaho
Montana
Wyoming
Nevada
Utah
Colorado
Arizona
New Mexico
Norddakota
Süddakota
Nebraska
Kansas
Texas
MEXIKO
Westl. Sierra Madre
Niederkalifornien
Golf von Kalifornien
Coloradoplateau
Llano Estacado
Kanalinseln
Prince George
Mt. Robson 3954
EDMONTON
Lloydminster
Nördl. Saskatchewan
Saskatchewan
Prince Albert
SASKATOON
Winnipegosissee
Yorkton
Qu'Appelle
REGINA
Brandon
Moose Jaw
Swift Current
Südl. Saskatchewan
Medicine Hat
Red Deer
CALGARY
Mount Assiniboine 3618
Lethbridge
Mt. Waddington 4016
Fraser
Kamloops
Vernon
Kelowna
Penticton
Courtenay
2200
Port Alberni
Nanaimo
VANCOUVER
SURREY
Victoria
Trail
Bellingham
SEATTLE
Everett
TACOMA
Olympia
Aberdeen
Longview
SPOKANE
Coeur d'Alene
Kalispell
Havre
Missouri
Williston
Minot
Bismarck
Dickinson
Oahe-Stausee
Souris
Great Falls
Missoula
Helena
Butte
Anaconda
Billings
Yellowstone
Bozeman
Lewiston
Kennewick
Yakima
Columbia
PORTLAND
SALEM
Pendleton
Newport
Corvallis
EUGENE
Bend
2407
Crater Lake
Roseburg
Medford
Klamath Falls
Borah Peak 3859
Grand Teton 4197
BOISE
Nampa
Snake
Idaho Falls
Pocatello
Sheridan
4013
Black Hills 2207
Rapid City
Casper
Scottsbluff
Laramie
Cheyenne
Logan
Rock Springs
Ogden
Gr. Salzsee
SALT LAKE CITY
Uinta-Geb. 4123
PROVO
FORT COLLINS
Sterling
Greeley
Longs Peak 4345
Boulder
DENVER
AURORA
Mt. Elbert 4399
COLORADO SPRINGS
PUEBLO
Arkansas
Blanca Peak 4372
Grand Junction
Wheeler Peak 3982
Cedar City
Powellsee
Eureka
Kap Mendocino
2744
Redding
Sacramento
Chico
RENO
Carson City
Yuba C.
SACRAMENTO
SANTA ROSA
STOCKTON
SAN FRANCISCO
OAKLAND
SAN JOSE
Santa Cruz
Monterey
FRESNO
Mount Whitney 4418
Visalia
LAS VEGAS
HENDERSON
Meadsee
Coalinga
BAKERSFIELD
Santa Maria
Santa Barbara
Kap Conception
OXNARD
Barstow
LOS ANGELES
RIVERSIDE
LONG BEACH
ANAHEIM
OCEANSIDE
SAN DIEGO
MEXICALI
TIJUANA
ENSENADA
Yuma
SAN LUIS RÍO COLORADO
Sonoyta
Gila
Colorado
Flagstaff
3862
Gallup
Santa Fe
ALBUQUERQUE
AMARILLO
Clovis
Sierra Blanca Peak 3649
Roswell
Hobbs
PHOENIX
TUCSON
Nogales
Las Cruces
El Paso
CIUDAD JUÁREZ
Odessa
Pecos
Cananea
Nueva Casas Grandes
Río Bravo del Norte
Rio Grande
3200
Cerro de la Encantada 3096
Ángel de la Guarda
Tiburón
HERMOSILLO
Yaqui
CHIHUAHUA
Cuauhtémoc
Delicias
Guadalupe
Cedros
Kap Eugenia
Guaymas
CIUDAD OBREGÓN
Santa Rosalía
Navojoa
Hidalgo del Parral
Jiménez
1 : 20 000 000
0 200 400 600 km

SKALA (vgl. S. 246f.) in die Kategorie der **„verwüstenden Beben“** einordnen. In der Fachliteratur wurde die Magnitude 8 nach RICHTER rekonstruiert.

Bei all dem Chaos und aus den vielen Augenzeugenberichten wurden zunächst „nur“ 200–300 Todesopfer herausgerechnet, nach jüngeren Rechnungen und Recherchen müssen etwa 2000–3000 Tote unterstellt werden. Die Zahlen steigen immer noch, obwohl das Erdbeben vor fast 100 Jahren die Stadt erschütterte. Es war der klassische und oft beschworene Fall, nach dem die Folgeschäden eines Erdbebens höher sind als die unmittelbaren. Das Beben von San Francisco ist immer wieder das mahnende Beispiel dafür, wie wichtig es ist, die Infrastruktur in einer erdbebengefährdeten Region besonders zu schützen.

Und wo, wenn nicht entlang der San-Andreas-Verwerfung ist die Erdbebengefahr so latent?

Wenn es um geologische Verwerfungen, Spuren von Plattenverschiebungen oder einfach nur um geologische Gefahrenzonen geht, dann kehrt unweigerlich das Bild jener wilden kalifornischen Landschaft ins Bewusstsein zurück, dass zu irgend einem Zeitpunkt des Schulunterrichts oder an einem belehrenden Fernsehabend als Musterstück demonstriert wurde: Die einzigartige **San-Andreas-Verwerfung** in Kalifornien. Man kann sie aus der Luft erkennen, mit Lasern, aber auch mit einem Zollstock vermessen, an verschobenen Weidezäunen erkennen, quer durch Apfelsinenplantagen verfolgen. Kurzum, sie ist in Kalifornien allgegenwärtig. Spätestens bei einem Erdbeben wird sie weltweit wieder ins Gespräch gebracht. An Erdbeben in dieser Region mangelt es nicht. Hier tritt der Fall einer oft besprochenen, aber selten gesehenen Transformstörung zu Tage. Hier kollidieren nicht zwei Platten, hier tauchen sie nicht untereinander ab, hier schrammen sie aneinander vorbei, hat der Bauer Glück, dann liegt seine abgezäunte Weide auf der westlichen, dem Pazifik zugewandten und wandernden Scholle, und auf dem östlichen, dem stabilen Teil der kontinentalen nordamerikanischen Platte, so hat sich nach einigen Jahren sein Weidezaun verschoben, zwischen dem westlichen und östlichen Teil klafft eine meterbreite Öffnung, denn immerhin sind die beiden Schollen mit einem Tempo von bis zu 10 cm im Jahr aneinander vorbei gerutscht. So stellt sich die San-Andreas-Verwerfung in ihrem nördlichen Abschnitt dar, verborgen unter dem Schutt der sie begleitenden Gebirgsketten, eine liebliche, agrarisch genutzte Landschaft. Bedrohlicher ist der Anblick dieser etwa 1200 km langen Störung in dem Abschnitt 160 km nördlich von Los Angeles. Hier klafft sie offen auseinander, die Erosion hat die Störung im Gefüge der Platten freigelegt. Unser Bild und die dazugehörige Grafik verdeutlichen, dass es nicht nur eine tiefe Spalte sondern eine Schar von parallelen Störungen ist, die sich oberflächlich abbilden, aber in einer maximalen Breite von 200 km nebeneinander herlaufen.

Das beschriebene langsame Gleiten beider Platten ist der Idealfall, der zunächst

Land	Schadensort/*Epizentrum*	Datum	M.	Schadensbilanz/Opfer
USA/Kalifornien	Coalinga	03.05.1983	7	extreme Sachschäden
USA/New Mexico	Fort Tejon	09.01.1857	8	
USA/Kalifornien	Long Beach	11.03.1933	6	115
USA/Kalifornien	Los Angeles/San Fernando-Tal	17.01.1994	7	große Verwüstungen/32
USA/Kalifornien	San Francisco	18.04.1906	8	1984 korrigiert auf 1500/700
USA/Kalifornien	San Francisco/Santa Cruz	17.10.1989	7	150
USA/Kalifornien	San Francisco	15.05.2002	5	Telefonnetz beschädigt, Panik
USA/*Washington*	Seattle	28.02.2001	7	erhebl. Sach- und Gebäudeschäden

auch für die betroffenen Bewohner ungefährlich ist. Aber in der Tiefe wird der Prozess gelegentlich gebremst, die Gesteinsplatten verhaken sich aneinander, der andauernde Energienachschub kann sich aber nicht durch langsame Bewegungen ausgleichen. Irgendwann ist er so stark, dass er die Hindernisse überwindet und mit einem gewaltigen Ruck die Bewegung wieder aufnimmt, gleichsam als bräche eine Straßensperre unter dem Druck drängelnder und schiebender Menschenmassen zusammen, die dann unerwartet richtungslos in die abgesperrte Fläche stürzen.

Das ist die Sorge von Seismologen und Bewohnern: Wann löst sich wieder solch ein Massenstau, wann kommt es wieder zu einem der großen Erdbeben, die so typisch sind auf den vielen hundert Kilometern zwischen San Francisco im Norden und Los Angeles im Süden?

Auch hier machen sich die Wissenschaftler Gedanken über die rechtzeitige Vorhersage eines Erdbebens, sie erwarten immer wieder das „große Beben“, hoffend, dass sie Anzeichen des großen Staus erfassen, auswerten und damit ausrechnen können, wann der Ruck kommt. Doch bei allen sorgfältigen Messungen, per GPS und Satellit, terrestrisch per Laser, gibt es noch keine klaren Signale, die das Beben ankündigen. Mehr als 500 moderne Seismometer sind über Kalifornien verteilt. Rund um die Uhr werden im Auswertungszentrum von Pasadena pro Jahr rund 10 000 Erdbeben gemessen. Dazu kommen hunderte Stationen, in denen Lasermessungen vorgenommen werden, bei denen eine Lageveränderung von einem Zentimeter auf 30 km ermittelt werden kann. Der Etat für die Erdbebenprognose und die Abschätzung der Erdbebenfolgen in dieser Region beträgt bisher rund 50 Mio. US-$. Doch die Frage bleibt unbeantwortet: Wann kommt das nächste große Beben in Kalifornien?

Luftbild der San-Andreas-Verwerfung

Blockschema der San-Andreas-Verwerfung

Das Benito-Juarez-Hospital, das man gebraucht hätte, war zusammengestürzt wie ein Kartenhaus, Etage lag auf Etage, dazwischen die Betten mit den darin liegenden Patienten – zerquetscht, erschlagen. Das Erdbeben, mit der Magnitude 7,8 forderte am 19. September 1985 20 000 Opfer.

Besonders, dort wo ein alter See aufgefüllt worden war, an dem sich das Zentrum der alten Aztekenhauptstadt befunden hatte, waren die Zerstörungen am größten und der mit Wasser durchtränkte Boden, auf dem das Hospital errichtet war, erwies sich als gefahrvoller Baugrund. Häuser, die um den alten See herum auf stabilem Grund errichtet waren, hatten die Erschütterungen überstanden.

Eine andere Katastrophe erreichte 1998 die Stadt von einem Epizentrum, das über 250 km von der Stadt entfernt war. Alle Alarmsysteme reagierten, die Menschen eilten aus Bürohäusern, Hotels und Wohnungen. Der Sieg über die heraneilenden Erdbebenwellen wurde von den Zivilschutzbehörden gefeiert. Die weniger zerstörerischen Primärwellen des Bebens waren den gefährlicheren Sekundärwellen vorausgeeilt und hatten eine Frühwarnung ermöglicht. Es waren nur Minuten, aber rettende Minuten für die Bewohner der Mega-City.

Ciudad de México ist eine bebengefährdete Großstadt. Mehrmals ist sie verwüstet, vielfach durch kleinere Beben erschüttert worden. Gebete schienen im Mittelalter die einzige Vorbeugung gegen die Zerstörung zu sein. Oft liegen die Epizentren der Beben vor der Westküste Mexikos; bevor die Bebenwellen die Städte im Zentrum des Landes erreichen, vergehen Minuten. Zwei wichtige Erfahrungen hatte man mittlerweile in der Stadt gewonnen: 1. Wasserdurchtränkte Böden begünstigen die Ausbreitung der zerstörerischen Erdbebenwellen. 2. Wenn auch nur kurze Zeitspannen zur Warnung vorhanden sind, so verhindern diese Opfer unter der Bevölkerung.

Erdbebenschäden in Ciudad de México 1985

Land	Schadensort/*Epizentrum*	Datum	M.	Schadensbilanz/Opfer
Mexiko	Acapulco	28.03.1784		mehrere Opfer
Mexiko	Ciudad de México	25.08.1611		sehr stark
Mexiko	Ciudad de México	16.08.1711		zerstörend
Mexiko	Ciudad de México	19.09.1985		20 000
Mexiko	Oaxaca	21.12.1701		zerstörend

VEREINIGTE STAATEN
New Mexico
Texas
Louisiana
Mississippi
Alabama
Las Cruces
EL PASO
CIUDAD JUÁREZ
Hobbs
Odessa
Midland
Pecos
San Angelo
Killeen
WACO
FORT WORTH
DALLAS
ABILENE
ARLINGTON
Tyler
Longview
SHREVEPORT
JACKSON
Meridian
MONTGOMERY
MOBILE
Pensacola
Alexandria
Lake Charles
BATON ROUGE
LAFAYETTE
NEW ORLEANS
Morgan City
Port Arthur
BEAUMONT
Bryan
AUSTIN
Edwards-plateau
853
SAN ANTONIO
HOUSTON
Victoria
Galveston
Brazos
Trinity
Red R.
Colorado
Río Bravo del Norte
Rio Grande
MEXIKO
CHIHUAHUA
Cuauhtémoc
Delicias
Hidalgo del Parral
Jiménez
Östl. Sierra Madre
Westl. Sierra Madre
ACUÑA
PIEDRAS NEGRAS
LAREDO
NUEVO LAREDO
CORPUS CHRISTI
MONCLOVA
GÓMEZ PALACIO
TORREÓN
MONTERREY
SALTILLO
GUADALUPE
REYNOSA
MCALLEN
Harlingen
BROWNSVILLE
MATAMOROS
Linares
DURANGO
MAZATLÁN
Matehuala
Cerro Peña Nevada
3664
CIUDAD VICTORIA
Fresnillo
ZACATECAS
SAN LUIS POTOSÍ
CD. MADERO
TAMPICO
CD. VALLES
TEPIC
AGUASCALIENTES
LEÓN
2987
GUANAJUATO
IRAPUATO
ZAPOPAN
GUADALAJARA
Río Grande de Santiago
QUERÉTARO
Tuxpán
ZAMORA DE HIDALGO
CD. DE MÉXICO (MEXIKO)
PACHUCA
URUAPAN
MORELIA
ECATEPEC
TOLUCA
PUEBLA
XALAPA ENRÍQUEZ
VERACRUZ
Manzanillo
COLIMA
Lázaro Cárdenas
TEHUACÁN
Südl. Sierra Madre
3703
Chilpancingo
ACAPULCO
OAXACA
COATZACOALCOS
Juchitán
Salina Cruz
TONALÁ
Golf von Tehuantepec
Golf von Mexiko
Nördl. Wendekreis
Golf von Campeche
Kap Catoche
CANCÚN
MÉRIDA
Cozumel
H.-I. Yucatán
CAMPECHE
CD. DEL CARMEN
CHETUMAL
VILLAHERMOSA
Río Usumacinta
TUXTLA GUTIÉRREZ
SAN CRISTÓBAL DE LAS CASAS
Sierra Madre
Belize City
BELIZE
Belmopan
GUATEMALA
El Progreso
SAN PEDRO SULA
3139
HONDURAS
TAPACHULA
CD. DE GUATEMALA
2865
TEGUCIGALPA
SANTA ANA
SAN MIGUEL
SAN SALVADOR
Jucuapa
EL SALVADOR
PAZIFISCHER OZEAN
1 : 20 000 000
0
200
400
600 km

ATLANTISCHER OZEAN
PAZIFI
Nördlicher Wendekreis
Äquator
Sargassosee
Karibisches Meer
Golf von Mexiko
Golf von Campeche
VEREINIGTE STAATEN
MEXIKO
KUBA
BAHAMAS
HAITI
DOMINIKAN. REP.
JAMAIKA
GUATEMALA
HONDURAS
EL SALVADOR
NICARAGUA
COSTA RICA
PANAMA
BELIZE
VENEZUELA
GUYANA
SURINAME
Frz.-Guayana
KOLUMBIEN
ECUADOR
PERU
BRASILIEN
BOLIVIEN
TRINIDAD UND TOBAGO
BARBADOS
GRENADA
SAINT LUCIA
DOMINICA
ANTIGUA U. BARBUDA
Bermuda (brit.)
Hispaniola
Bergland von Guayana
Brasilianisches Bergland
Hochland von Mato Grosso
Amazonas
Orinoco
DALLAS
HOUSTON
SAN ANTONIO
Fort Worth
Austin
Jacksonville
K. Canaveral
Miami
Nassau
HAVANNA
MONTERREY
Tampico
Mérida
MEXIKO
Oaxaca
GUATEMALA
San Salvador
Tegucigalpa
Managua
San José
Panamá
Kingston
Port-au-Prince
STO. DOMINGO
San Juan
CARACAS
Maracaibo
Valencia
BARRANQUILLA
Cartagena
Medellín
BOGOTÁ
CALI
QUITO
GUAYAQUIL
LIMA
Callao
Trujillo
Arequipa
La Paz
MANAUS
BELÉM
São Luís
FORTALEZA
Teresina
Natal
João Pessoa
RECIFE
Maceió
SALVADOR
BRASÍLIA
Georgetown
Paramaribo
Cayenne
Galápagos-In. (Ecuad.)
Kokos-I. (C. R.)
Malpelo (Kol.)
Fernando de Noronha
Rocas
São Paulo (Bras.)

ATLANTISCHER OZEAN
SCHER OZEAN
PARAGUAY
URUGUAY
ARGENTINIEN
CHILE
BELO HORIZONTE
RIO DE JANEIRO
SÃO PAULO
CURITIBA
PORTO ALEGRE
MONTEVIDEO
BUENOS AIRES
SANTIAGO
Asunción
Córdoba
Tucumán
Mendoza
La Plata
Mar del Plata
Río de la Plata
Falkland-In. (Malwinen) (brit.)
Stanley
Südgeorgien und die Südl. Sandwich-In. (brit.)
Südgeorgien
Südl. Sandwich-In.
Südantillenmeer
Drakestraße
Feuerland
Kap Hoorn
Magellan-Str.
Punta Arenas
Chiloé
Chonos-archipel
Juan-Fernández-In.
Desventurados-In.
Trindade Martin Vaz (Bras.)
Sala y Gómez (Chile)
Südl. Wendekreis
Südl. Polarkreis
Südl. Shetland-In.
Südl. Orkney-In.
1 : 50 000 000
0 500 1000 1500 2000 km

Der Subduktionsvulkanismus in den Gebirgsregionen Südamerikas hat riesige Vulkanbauten hervorgebracht, die an Schönheit und Größe von kaum einer anderen Stelle der Welt übertroffen werden. Allerdings verursacht diese Art des Vulkanismus auch heftige Katastrophen.

Für Erdbebenkatastrophen gibt es in Südamerika hinreichend Beispiele, die unterstreichen, dass auch hier die Subduktion der Pazifischen Platte unter die Südamerikanische Platte entsprechende Energien in mächtigen Erdbeben freisetzt und gewaltige Folgen haben kann. Allerdings bewirkt die dünnere Besiedlung, dass zahlreiche Beben mit Magnituden von 8,0 und 9,0 ihre Spuren lediglich auf den Messgeräten hinterlassen, die Schäden unter der Zivilisation im Verhältnis zur frei gewordenen Energie gering blieben. Erst bei späteren Landschaftsanalysen zeigten sich erhebliche Deformationen im Relief der Gebirge und in Gebirgstälern. Flüsse wurden blockiert und umgeleitet, Talzugänge verschüttet, Straßen und Pässe unbegehbar.

Ein Blick auf unsere unten stehende Tabelle verdeutlicht die gewaltigen Energien, die hier frei geworden sind. Dass die Zahl der aufgeführten Erdbeben relativ gering ist, hängt mit der getroffenen Auswahl zusammen, nach der ausschließlich Schadensbeben, in unseren Tabellen aufgenommen worden sind.

Land	Schadensort/*Epizentreum*	Datum	M.	Schadensbilanz/Opfer
Argentinien	Mendoza	21.03.1861		18000
Argentinien	San Juan	15.01.1944	8	5000
Chile	Acongagua	11.07.1971		70
Chile	Chillán	25.01.1939	8	28000
Chile	La Ligua	28.03.1966	7	400
Chile	Santiago	13.05.1647	9	1000
Chile	Santiago	17.08.1906	9	1500
Chile	Südchile	22.05.1960	9	2231
Costa Rica		13.04.1910		1750
Costa Rica	Limón	23.04.1991	7	100
Ecuador/Peru		04.02.1797		40000
Ecuador/Peru		13.08.1868		40000
Ecuador		31.01.1906	9	1000
Ecuador	Ambato	05.08.1949	7	6000
El Salvador	Jucuapa	06.05.1951	7	400
Guatemala		29.07.1733		100
Guatemala	Ciudad de Guatemala	04.02.1976	8	22778
Jamaika	Kingston	14.01.1907	7	1000
Kolumbien	Pereira	01.08.1962	9	extreme Schäden/200
Kolumbien	Popayan	01.04.1983	7	281
Nicaragua		31.03.1931	6	2450
Nicaragua	Managua	23.12.1972	6	5000
Nicaragua	Santo Tomas/im Meer	02.09.1992	7	Flutwellen/200
Peru	Arequipa	24.06.2001	8	Schäden in Höhen von 2400 m/100
Peru	Huaraz	31.05.1970	8	66800
Peru	Nordperu	10.12.1976	8	
Peru	Piura	14.12.1976		100
Peru	Zentralperu	17.10.1966	8	110
Puerto Rico		11.10.1918	8	116
Venezuela	Caracas	26.03.1812	7	zerstörend
Venezuela	Caracas	30.07.1967	7	300
Venezuela	Sucre/Ostküste, Karib. Meer	10.07.1997	6	50

Das Erdbeben vom 22. Mai 1960 in Chile mit der Magnitude 9 erwies sich als ein bis dahin auf der Erde nicht beobachtetes Ereignis. In der Fachliteratur wird davon gesprochen, dass der ganze Erdball von der Energieentladung betroffen war, und dass der Herd in einer Tiefe von mehr als 100 km gelegen habe. Schon 10 Jahre später ereignete sich ein ähnliches Beben in Peru. Es kann davon ausgegangen werden, dass frühere Beben ähnlicher Stärke noch nicht in ihrer Dimension und Wirkung erfasst wurden, in dieser Region aber durchaus üblich waren.

Am 31. Mai 1970 löste sich nach einem Erdbeben eine Eis- und Gesteinsmasse vom Gletscher des Huascarán in Peru. Die bewegte Masse legte eine Strecke von 15 km mit einer Durchschnittsgeschwindigkeit von 217 km/h in weniger als 4 Minuten zurück. Teile der Stadt Ranrahirca wurden zerstört und die gesamte Stadt Yungay von einer 10 m mächtigen Ablagerung bedeckt.

Eis- und Gesteinsmasse vom Huascarán

Räumarbeiten nach dem Erdbeben in Arequipa (Peru 24.06.2001)

Wenn es plötzlich schüttelt
Das sind wohl die ungewöhnlichsten Erfahrungen, die wir in unserem Lande machen können: die unversehens auftretenden Erschütterungen eines Erdbebens zu erleben. In Frankfurt an der Oder wankten die Hochhäuser auf dem wassergesättigten Schwemmland der Oder. In Halle an der Saale schwappten Aquarien über, im Vogtland zwischen Plauen und Hof erzitterten die Gläser in den Schränken, in Freiburg im Breisgau platzte der Putz von den Wänden, 1978 wankte die Hohenzollernburg in der Schwäbischen Alb. Rheinauf – rheinab bebte irgendwann schon einmal die Erde.

Deutschland ein Erdbebenland?
Der Blick auf die Karte mit den bebengefährdeten Gebieten macht deutlich, dass dort, wo sich geotektonische Bewegungen auch im Landschaftsbild ausdrücken – am Fuße der Alpen, entlang des Rheintalgrabens zwischen Basel, Karlsruhe und Köln – mit Erdbeben unterschiedlicher Qualität gerechnet werden muss.

Erdbeben sind (noch?) nicht vorhersagbar. Aber wo sie stattgefunden haben, sind sie tief im historischen Gedächtnis eingegraben, in Büchern verzeichnet und verwahrt. Zum Beispiel das Erdbeben im benachbarten Basel aus dem Jahr 1356. Es ist möglich, Erdbebengebiete kartographisch zu erfassen, ihre Stärke an den aufgezeichneten Schäden zu rekonstruieren sowie die Häufigkeit zu ermitteln. Daneben gibt es ein landesweites Netz von Seismographen, die den Puls unseres Bodens messen.

Histor. Darstellung: Basel nach Erdbeben

Beide Ergebniskarten übereinander projiziert, zeigen die Häufigkeit der Erdbeben in unserem Land, aber neben der erreichten auch die wieder zu erwartende Stärke, mit der die Erdbeben uns heimsuchen werden.

Die Schwere der Erdbeben bei uns ist nicht vergleichbar mit den Erdbebengebieten in der Westtürkei oder den Beben an den dynamischen Plattengrenzen Amerikas. Dennoch können sie, in Abhängigkeit von den Baugründen, der Bauweise und der Besiedlungsdichte erhebliche Schäden anrichten. Erdbeben der Stärke 6 auf der Richterskala sind bisher in historisch belegter Zeit nicht überschritten worden. Daraus kann man ableiten, dass auch die nahe Zukunft keine größeren Überraschungen bringen wird.

Untersucht man allerdings den nicht veränderten Untergrund im **Rheintalgraben**, wird man hier und da Verschiebungen in den Sedimenten finden, die auf größere Energieentladungen, auf Erdbeben schließen lassen, als wir sie bisher beobachtet haben. Das hat viele Menschen aufgeschreckt, die besonders in industriellen Ballungsgebieten größere Schäden befürchten. Natürlich gilt auch für unsere Siedlungsgebiete wie überall auf der Welt, dass selbst kleinere Erdbeben heutzutage größere Schäden anrichten können als noch vor 100 Jahren. Die Risiken sind erfasst und bekannt. In den regionalen Bauvorschriften sind sie berücksichtigt und werden neuen Erkenntnissen angepasst. Allein die Versicherungen achten zunehmend auf neue Erkenntnisse der Geologie. **Panik ist jedoch nicht angebracht.**

Die von Erdbeben offenbar nicht so intensiv betroffenen Gebiete sind nicht etwa erschütterungsfrei. So hat dasBeben im Mai 1976 von **Friaul** in den norditalienischen Alpen eine böse Überraschung beschert: Die dort erzeugten Erschütterungen hatten sich unter den Alpen

0 50 100 150 km
1 : 6 000 000
A B C D E
6 9 12 15
54 51 48
1 2 3 4
DÄNEMARK
SCHWEDEN
Ostsee
Nordsee
Deutsche Bucht
Helgoland
(zu Hamburg)
Nordfriesische In.
Ostfriesische In.
Westfriesische Inseln
Fünen
Seeland
ODENSE
Rømø
Sylt
Alsen
Langeland
Lolland
Falster
Møn
143
Bornholm
162
Kap Arkona
161
Rügen
Pommersche Bucht
Usedom
Wollin
Flensburg
Schleswig-
Holstein
Nord-Ostsee-Kanal
KIEL
Fehmarn
Stralsund
Greifswald
ROSTOCK
LÜBECK
Mecklenburg-Vorpommern
SCHWERIN
Neubrandenburg
179
SZCZECIN (STETTIN)
Müritz
BREMERHAVEN (zu Bremen)
HAMBURG
Wilhelmshaven
Emden
GRONINGEN
OLDENBURG
BREMEN
Lüneburg
Soltau
Lüneburger Heide
Elbe
Havel
Oder
POLEN
NIEDERLANDE
ZWOLLE
107
APELDOORN
ENSCHEDE
ARNHEM
NIJMEGEN
Ems
Niedersachsen
Weser
Aller
Celle
HANNOVER
WOLFSBURG
Brandenburg
Branden-burg
BERLIN
POTSDAM
Frankfurt
Ibbenbüren
OSNABRÜCK
Münsterland
MÜNSTER
BIELEFELD
Detmold
BRAUNSCHWEIG
HILDESHEIM
Sachsen-Anhalt
MAGDEBURG
201
Nordrhein-Westfalen
RECKLINGHAUSEN
HAMM
PADERBORN
527
Brocken
1142
Harz
Dessau
COTTBUS
Spree
Maas
DUISBURG
BOCHUM
DORTMUND
KREFELD
ESSEN
HAGEN
Roermond
WUPPERTAL
Ruhr
MÖNCHENGLADBACH
NEUSS
DÜSSELDORF
KASSEL
GÖTTINGEN
HALLE
Saale
LEIPZIG
Hoyerswerda
Sachsen
Görlitz
DRESDEN
Werra
Fulda
Eder
Thüringer Wald
Thüringen
ERFURT
Weimar
Jena
GERA
Schmölln
Ronneburg
CHEMNITZ
ZWICKAU
Geyer
Erzgebirge
Ústí n.L. (Aussig)
AACHEN
KÖLN
BONN
SIEGEN
Sieg
Marburg
Lahn
Heringen
Sünna
Merkers
Völkershausen
982
Plauen
Vogtland
1244 Fichtelberg
Eger
TSCHECHISCHE REPUBLIK
694
BELGIEN
Eifel
Rhein
KOBLENZ
Hessen
Fulda
Rhön
DEUTSCHLAND
FRANKFURT
Hanau
WIESBADEN
MAINZ
Schweinfurt
1053
Cheb (Eger)
Karlovy Vary (Karlsbad)
PRAHA (PRAG)
LUXEMBURG
Mosel
818
Rheinland-Pfalz
Trier
Luxembourg (Luxemburg)
DARMSTADT
WÜRZBURG
Main
Bamberg
Böhmerwald
PLZEŇ (PILSEN)
862
Worms
KAISERSLAUTERN
LUDWIGSHAFEN
MANNHEIM
Neckar
ERLANGEN
FÜRTH
NÜRNBERG
Saarland
SAARBRÜCKEN
HEIDELBERG
HEILBRONN
METZ
KARLSRUHE
Baden-Baden
PFORZHEIM
Baden-Württemberg
STUTTGART
REGENSBURG
Gr. Arber 1456
Bayern
Moldau
Č. Budějovice (Budweis)
NANCY
STRASBOURG (STRASSBURG)
Tübingen
REUTLINGEN
Schwäbische Alb
INGOLSTADT
Vogesen
Elsass
Schwarzwald
Offenburg
ULM
Donau
AUGSBURG
Landshut
Passau
LINZ
Wels
FRANKREICH
Remiremont
Colmar
FREIBURG
Feldberg
1493
1426
Hegau
MÜNCHEN
Isar
Inn
Lech
Chiemsee
Oberösterreich
Enns
Belfort
MULHOUSE (MÜLHAUSEN)
Konstanz
Bodensee
Kempten
Bayer. Alpen
Rosenheim
Berchtesg. Land
2713
SALZBURG
BASEL
Doubs
Aare
St.Gallen
2962
Zugspitze
INNSBRUCK
Tirol
Steiermark
2863
Tauern
ZÜRICH
Vorarlberg
LIECHT.
ÖSTERREICH
Großglockner
3798
SCHWEIZ
BERN

fortgesetzt und das gesamte Grundgebirge bis in den norddeutschen Raum erschüttert, so dass das kaum erdbebengefährdete Gebiet zwischen Halle an der Saale, Berlin und Frankfurt an der Oder von verhältnismäßig heftigen Erschütterungen heimgesucht wurde.

Neben den **„tektonischen" Erdbeben** müssen wir uns immer wieder gegenwärtig machen, dass technische Eingriffe in Salzbergwerken, Kohle- und Erzgruben noch sehr lange nach der Ausbeutung der Rohstoffe das geschaffene Ungleichgewicht zwischen dem Deckgebirge und den Hohlräumen durch unerwartete Einstürze ausgleichen. Sie drücken sich dann als lokal spürbare **Einsturzbeben** aus.

Ein bemerkenswertes Ereignis stellte das Einsturzbeben im Jahre 1803 dar, als im erzgebirgischen **Geyer** ein alter Bergbau zusammenbrach. Gelegentliche Einstürze über ausgelaugten Salzstöcken in der Norddeutschen Tiefebene können auch Ursache für lokale Erdbeben sein. Ja selbst frisch gefüllte oder gerade leer gelaufene Talsperren können Spannungen in der Erdkruste erzeugen, die sich in Form von lokalen Erdbebenschwärmen bemerkbar machen.

Die Gebiete, in denen Erdbeben in Deutschland und seinen Nachbarregionen auftreten können, sind bekannt. Aber auch die Gegenden mit einem sehr geringen Risiko eines Bebens sind deshalb nicht etwa „erdbebenfrei".

So zeigt beispielsweise die Kirche in **Wittstock**, im nördlichen Brandenburg, noch heute Risse eines im 17. Jahrhundert aufgetretenen Erdbebens. Gelegentlich werden solche Ereignisse auch in der Ostseeregion in Kirchenbüchern als aufregende Besonderheit vermerkt.

Der Streit zwischen den Wissenschaftlern, den Versicherern und Bauherren ist vorprogrammiert, wenn ein Fernsehsender in Deutschland einen Bericht über die

Land	Schadensort/*Epizentrum*	Datum	M.	Schadensbilanz/Opfer
Deutschland	Aachen	22.05.1982	4	
Deutschland	Aachen, Grenzgebiet/Raum Aachen	22.07.2002	5	Gebäudeschäden, Erschütterungen
Deutschland	Baden-Württemberg	03.09.1978	7	Hauseinstürze
Deutschland	Geyer, Erzgebirge	11.05.1803		Bergbau
Deutschland	Hainsberg, Aachen/Roermond	15.04.1992	6	Gebäudeschäden in Köln, Bonn u. a.
Deutschland	Hanau	22.09.1981	5	
Deutschland	Heringen	22.02.1953	5	Bergbau
Deutschland	Köln, Koblenz/Bonn	20.01.2000	4	keine Gebäudeschäden
Deutschland	Merkers	08.07.1958	4	Bergbau
Deutschland	mittleres Ostdeutschland	06.05.1976	3	Erdbebenherd in Italien, Friaul
Deutschland	Münsterland/Ibbenbüren	16.05.1991	5	Gebirgsentspannungsschlag, Bergbau
Deutschland	Plauen, Vogtland	01.11.1962		Schwarmbeben
Deutschland	Raum Bodensee/Konstanz	26.08.2000	4	leichte Erschütterungen
Deutschland	Rhein-Main-Gebiet/Frankfurt/Main	28.05.1990	4	Bodenbewegungen, keine Zerstör.
Deutschland	Ronneburg, Schmölln	06.03.1872	8	Gebäudeschäden
Deutschland	Schwäbische Alb	22.01.1970		Risse in Häusern
Deutschland	Soltau	02.08.1979	4	
Deutschland	südliches Ostdeutschland	24.03.1977	4	
Deutschland	Sünna	23.06.1975	5	Bergbau
Deutschland	Vogtland	06.03.1903	6	leichter Schaden
Deutschland	Völkershausen	15.03.1989	6	Bergbau
Frankreich	Remiremont	27.12.1984	3	
Österreich	Berchtesgadener Land	19.07.1989	5	keine bemerkenswerten Schäden
Schweiz	Basel	18.10.1356		

Erdbebengefährdung bestimmter gut erschlossener und bebauter Industrieregionen ausstrahlt.

Die an und für sich richtige Feststellung, dass es im Untergrund auch Hinweise auf ehemals sehr heftige Erdbeben gäbe, kann nun was den Zeitrahmen betrifft, sehr eng und sehr weit ausgelegt werden. Wenn das Risiko eines Erdbebens mit einem Zeitraum von 10 000 Jahren angegeben wird, so besagt das längst nicht, dass ein solches Beben erst in 10 000 Jahren auftritt. Andererseits gibt es keinerlei Hinweise darauf, dass das Beben vor der Tür steht.

Die jüngste Geschichte hat uns im Südwesten und Westen Deutschlands eine Reihe von Erdbeben erleben lassen, die sicher im Rahmen der Statistik des Gebietes geblieben sind, die aber nicht andeuten, dass sich demnächst das Bebengeschehen ändern wird. Wichtig für die Zukunft ist, dass Geologen, Geophysiker und Historiker sorgfältig nach Spuren alter Erdbeben suchen und daraus eine Chronologie der Beben erarbeiten. Daraus erwächst gegenwärtig ein neuer Forschungszweig: die Paläoseismik, d.h. die Erforschung früherer Erschütterungen. Immerhin sind bei dieser Spurensuche 20 Erdbeben mit größerer Schadenswirkung aufgespürt worden. Bedenkt man, dass die Besiedlungsdichte seither erheblich zugenommen hat, ist natürlich auch das Schadensrisiko gewachsen.

Die Zeitschrift „Bild der Wissenschaft“ konnte den aufgeschreckten Fernsehzuschauer zunächst beruhigen und die Ängste vor einem schweren Erdbeben auf ein wissenschaftlich fundiertes Mindestmaß zurückschrauben. Allerdings sollten wir nicht die Risiken der „üblichen“ Erdbeben im Rheintalgraben und auf der Schwäbischen Alb unterschätzen und bauliche Vorsorge im Rahmen der ausgewiesenen Erdbebengefährdung unterlassen.

Erdbebenschäden auf Burg Hohenzollern 1978

Nach dem Erdbeben 1992 in Bonn

Erdwärme und Vulkantourismus

Franz-Josef-Land
Sewernaja Semlja
Nowaja Semlja
Neusibirische In.
Ostsibirische See
Laptewsee
Karasee
Barentssee
Beaufortsee
Beringstr.
KANADA
Alaska (zu USA)
Mount Spurr
Katmai
Beringmeer
Aleuten
R U S S L A N D
Ochotskisches Meer
Sachalin
Kurilen
Mutnowskaja Sopka
Baransky
Hokkaidō
Usu
KASACHSTAN
MONGOLEI
UKRAINE
WEISSRUSSL.
BULG.
Schw. M.
GE.
TÜRKEI
KIRG.
USBEK.
TURKM.
TADSCH.
C H I N A
NORD-KOREA
SÜD-KOREA
Japanisches Meer
Honshū
Nikko-Shirane
Kusatsu-Shirane
Norikura
Fuji
Tsurumi
Unzen
Kyūshū
JAPAN
PAZIFISCHER OZEAN
SYR.
IRAK
IRAN
AFGH.
PAKISTAN
NEPAL
JORD.
SAUDI-ARABIEN
VAE
OMAN
JEMEN
ÄGYPTEN
Santorin/Kameni
Rotes Meer
Riukiu-In.
Vulkan-In.
Hawaii (USA)
Mauna Loa
Mauna Kea
Kilauea
TAIWAN
INDIEN
MYANMAR
LAOS
VIETNAM
THAI-LAND
KAMB.
Hainan
Golf von Bengalen
Arabisches Meer
Südchinesisches Meer
PHILIPPINEN
Pinatubo
Taal
Mayon
Canlaon
Nördliche Marianen (USA)
Guam (USA)
MIKRONESIEN
PALAU
SUDAN
ERITREA
ÄTHIOPIEN
SOMALIA
Sokotra
SRI LANKA
Ceylon
MALEDIVEN
MALAYSIA
Sumatra
Kalimantan (Borneo)
Sulawesi (Celebes)
Äquator
Neuguinea
Bismarck-Arch.
UGANDA
KENIA
Kilimandscharo
Meru
TANSANIA
SEYCHELLEN
Brit. Territorium im Ind. Ozean
INDONESIEN
Java
Krakatau
Merapi
Semeru
Batur
Agung
Tambora
Rinjani
Ulawun
PAPUA-NEUGUINEA
KOMOREN
INDISCHER OZEAN
Weihnachts-I. (austr.)
Kokos-In. (austr.)
Korallensee
SAMBIA
MOSAMBIK
Str. v. Mosambik
MADAGASKAR
Piton de la Fournaise
Réunion (frz.)
MAURITIUS
SIMB.
AUSTRALIEN
Amsterdam Saint-Paul (frz.)
Französische Süd- u. Antarktisgebiete
Crozet-In.
Prinz-Eduard- u. Marion-In. (südafr.)
Kerguelen (frz.)
Heard u. McDonald-In. (austr.)
Tasmanien
Tasmansee
Nordinsel
Ruapehu
NEUSEELAND
Südinsel
Chatham-In.
Staat mit Erdwärmenutzung
Staat mit geothermischen Kraftwerken unter 100 MW
Staat mit geothermischen Kraftwerken über 100 MW
Vesuv
touristisch erschlossener Vulkan/Vulkangebiet

Beispiele der Erdwärmenutzung sind aus China seit mehr als 2000 Jahren bekannt, in Island, wird seit über 800 Jahren das natürlich zu Tage tretende Wasser als Energiequelle genutzt. Die Bäderkultur in der Türkei und in Ungarn geht auf eine Jahrhunderte währende Nutzung heißer Quellen zurück.

Eine weitere natürliche Nutzungsform der heißen Wasser aus der Erde ist die Gewinnung mitgeführter Mineralien, die Nutzung der chemischen Bestandteile. Daraus hat sich im italienischen Larderello um die Wende vom 18. zum 19. Jahrhundert eine chemische Industrie entwickelt. Borsäure wird bis in die Gegenwart aus heißen Quellen gewonnen.

Eine ausgedehnte und sehr qualifizierte Bäderkultur hat sich in vielen Ländern mit heißen Quellen entwickelt. In unserer Nähe sind die Böhmischen Bäder, Budapest, der Schwarzwald, die Eifel und die Toskana beispielhafte Regionen für die balneologische Nutzung.

Zunächst hatte die Erschließung des heißen Wassers rein empirischen Charakter. ALEXANDER VON HUMBOLDT hat das Wesen und die Herkunft des heißen Wassers, genauer gesagt der Wärme, im Untergrund erfasst: „Die primitive Ursache dieser unterschiedlichen Wärme ist der Bildungsprozess der Erde selbst. ... Alle vulkanischen Erscheinungen sind ... das Resultat einer steten oder vorübergehenden Verbindung zwischen dem Inneren und Äußeren unseres Planeten.“ Das ist zunächst sehr allgemein formuliert die richtige Erkenntnis, später hat er sie durch eigene Temperaturmessungen in europäischen Bergwerken und an Vulkanen Südamerikas ausgebaut. Auch, dass sich die Erde mit zunehmender Tiefe erwärmt und die lokalen Abweichungen in größerer Tiefe ebenfalls nachlassen, gehört zu seinen Erkenntnissen.

Genauere Daten über den Temperaturgradienten wurden daher erst aus den Bergbaugebieten Großbritanniens und Belgiens bekannt.

Der Wärmefluss ist eine wichtige Kennziffer für die bereitstehende und sich regenerierende Wärmemenge an einem bestimmten Standort. Zu diesem Zweck geben weltweit Kartenwerke Auskunft, in denen die Verbreitung gleicher Temperaturen und der Wärmefluss dargestellt sind. Darin ist sichtbar, dass sich in geologisch aktiven Strukturen (Rheintalgraben, Böhmische Masse, Pannonisches Becken u. a.) ein höherer Wärmefluss einstellt, als in alten stabilen Kontinentalgebieten. Es ist Erfolg versprechend, in so genannten Anomalien, Bohrungen abzuteufen, um Wärme zu erschließen.

Die **Energiesituation** in den Industriestaaten und den Entwicklungsländern muss sich angesichts der knapper werdenden Energieressourcen und der zunehmenden Belastung der Atmosphäre verstärkt auf alternative Energiequellen orientieren.

Die **Nutzung** oberflächlicher und natürlicher geothermischer Energiequellen ist weitgehend erschöpft und auf den Niedrigtemperaturbereich für Heizzwecke (Gewächshäuser, Wohnungen und Badeanlagen) begrenzt. Zum Abbau ausreichender Wärmemengen werden zusätzliche Wärmequellen durch Bohrungen im Untergrund erschlossen. Entweder werden natürlich zirkulierende Wasser mit all ihren nützlichen oder störenden chemischen Bestandteilen gewonnen, oder es wird Frischwasser von der Erdoberfläche in doppelwandig ausgebaute Bohrlöcher gepumpt, das sich erwärmt und die so gewonnene Wärme an die Oberfläche transportiert. Dieses Verfahren hat sich bei der Beheizung von Wohngebieten vor allem in Norddeutschland, z. B. in Stralsund, Prenzlau und Waren, bereits über Jahrzehnte bewährt.

Um den Wärmeaustausch in der Tiefe mit wasserarmen, trockenen Gesteinen zu beschleunigen, ist das so genannte → **Hot-dry-rock-Verfahren** eingeführt worden. Der künstlich durch Sprengungen zerklüftete Untergrund ermöglicht dem

Geothermisches Kraftwerk Ribeira Grande II auf den Azoren

zugeführten Wasser in das Gestein einzudringen und die Wärme aufzunehmen.

Die **Wärmequellen im Untergrund** sind nicht unerschöpflich. Es kommt darauf an, wie schnell sich die Gesteine durch natürlichen Wärmezufluss aus dem Untergrund wieder aufheizen. Um eine kontinuierliche Wärmeversorgung zu sichern, müssen die Bohrungen in größeren Abständen das Wärmefeld an den Förderstellen erschließen.

Zur Gewinnung von **Heißdampf** für die Erzeugung von **Elektroenergie** müssen ausreichende Wasserreserven vorhanden sein. Der austretende Dampf muss über genügend Druck verfügen, wenn er an der Oberfläche ankommt, um geeignete Turbinen zu betreiben. Außerdem sollen die chemischen Bestandteile so aufzubereiten sein, dass ein Zusetzen oder eine Korrosion der Leitungssysteme verhindert wird.

Die meisten rationell arbeitenden geothermischen Kraftwerke liegen in Gebieten, die ihren Wärmebedarf in der Nähe von Magmakammern decken. Island, Kalifornien und Neuseeland, sind hier führend. Die Kraftwerksleistungen (150 – 200 MW) kommen denen konventioneller Kraftwerke bereits nahe. Erst rund 30 Jahre nach dem Bau des ersten geothermischen Kraftwerks folgten entsprechende Versuchsanlagen in Geothermalfeldern Neuseelands, Mexikos, den USA und der damaligen UdSSR.

In Deutschland hat in der brandenburgischen Schorfheide ein Versuch begonnen. Aus einer etwa 4 000 m tiefen Bohrung wird durch injiziertes Oberflächenwasser Heißdampf erzeugt, um elektrische Energie zu gewinnen. Die Bestrebungen zur Energiegewinnung aus Erdwärme werden weltweit erheblich ansteigen.

Die Nutzung der geothermischen Energie zu **Heizzwecken** für Wohnungen und Gewächshausanlagen in nördlicheren Breiten wird künftig eine zunehmende Rolle spielen, weil die Temperaturen für diese Zwecke eher verfügbar sein werden.

Vermutlich sind es die alten Römer gewesen, die als Erste auf Reisen gingen, um in der Nähe von Vulkanen die Segnungen des heißen Wassers aus der Erde zu genießen. Waren sie die ersten Vulkantouristen? Wohl kaum, denn ihr Respekt vor dem Gott der Unterwelt „Vulcanus" war so groß, dass sie Vulkane nicht aus reinem Vergnügen besucht haben und jeden Zornesausbruch dieses Gottes vermieden. Der Zusammenhang zwischen den heißen Quellen und dem Vulkan wurde nur dort deutlich, wo die Thermalfelder und der Vulkan dicht beieinander lagen.

Im Mittelalter und dem beginnenden Industriezeitalter waren die heißen Quellen rund um den Globus willkommene Badeorte und damit Reiseziele. Das Gesundheitsbedürfnis der Reisenden stand im Vordergrund. Sehr bald hatte man erkannt, dass die mineralischen Bestandteile der Quellen lindernd auf verschiedene Erkrankungen wirkten.

Besuch bei den Göttern

Ein anderes Reisebedürfnis zu den Vulkanen wurde durch Pilgerfahrten zu Heiligtümern am Rande großer Vulkane gestillt. In fast allen Religionen haben die Götter oder Heiligen ihren Sitz auf den Vulkanbergen. Ziel dieser Reisen war die Besänftigung der Gottheiten in der Hoffnung, dass die unbekannten Energien der Vulkane das Leben der Anwohner nicht störten oder vernichteten. In vielen Fällen galten Vulkankegel als heilig und wurden nur in Ausnahmefällen betreten – eine frühe Vorstufe der Schutzgebiete in unserer Zeit. Wenige Vulkane, so der Vesuv in Italien, der Santorin im Mittelmeer oder der Fujiyama in Japan wurden frühzeitig von Naturinteressierten besucht, um sich mit dem Wesen der Feuerberge zu beschäftigen. Reiseberichte von JOHANN WOLFGANG VON GOETHE, ALEXANDER VON HUMBOLDT, KARL VON SEEBACH und CHARLES DARWIN fanden das ungeteilte Interesse des Bildungsbürgertums.

Massentourismus und Vulkane

Der sich entwickelnde Massentourismus nach dem Zweiten Weltkrieg erschloss den Reisenden zahlreiche Vulkangebiete der Erde. Das Interesse an diesen Regionen (Azoren, Indonesien, Kanarische und Griechische Inseln) war zunächst auf die klimatisch günstigen Bedingungen gerichtet, die Vulkanlandschaften galten eher als Staffage, selten als gruseliger Hintergrund eines Urlaubsaufenthaltes. Die großen Vulkangebiete in der Umrahmung des Pazifiks fanden meist nur ein regionales Interesse.

Die geologisch labilen Vulkangebiete erwiesen sich allerdings mit der wachsenden Industrialisierung der unterschiedlichsten Regionen auch als Rückzugsgebiete für Pflanzen und Tiere – mit dem Ergebnis, dass Vulkangebiete zugleich auch interessante Naturschutzgebiete darstellten. Die ästhetische Wirkung der Naturlandschaften im Zusammenhang mit den Naturrefugien führten bald zur Schaffung großer Nationalparks, zunächst in den USA, später in fast allen Ländern die derartige Vulkangebiete beherbergen. Mittlerweile gelten der Ätna auf Sizilien, der Mount Saint Helens in den USA und das Gebiet um den Taupo in Neuseeland zu weltweit anerkannten Schutzgebieten.

Vulkan-TV

Das Fernsehen machte die Vulkanlandschaften einem breiten naturwissenschaftlich und touristisch interessierten Zuschauerkreis zugänglich. Vulkane waren bis dahin allgemein nur durch Katastrophenberichte bekannt. Die aufklärenden Sendungen des Fernsehens bauten die Scheu vor den Feuerbergen ab. Das Bedürfnis diese aktiven Landschaften kennen zu lernen und zum aktiven Inhalt einer Urlaubsreise zu machen, stieg erheblich an.

Die Vulkane wurden durch den Massentourismus erobert. Welche Auswirkungen das mit sich brachte, wird immer wieder an Beispielen wie dem Stromboli, dem Fujiyama und von der Insel Bali gezeigt. Schnellboote aus Neapel reisen Sonntagfrüh am Stromboli an, die Besucher erklimmen in großer Eile den fast 1000 m hohen Gipfel des stets tätigen Vulkans, lichten ihn ab, um bereits am frühen Nachmittag die Insel wieder zu verlassen. Große Erosionsschäden werden durch den unkontrollierten Zugang auf den Berg verursacht, zusätzliche Schlammlawinen nach größeren Regenfällen verwüsten die Dörfer am Fuß des Berges. Die von den Touristen zurückgelassenen Abfälle haben eine Rattenplage bis in die höchsten Gipfelregionen verursacht. Ähnliche Klagen kommen aus den Vulkangebieten der Kanarischen Inseln und aus Japan. In vielen Ländern wird daher der Massentourismus in diesen Vulkangebieten mit strengen Auflagen gesteuert. Ein Beispiel dafür sind die Verhaltensnormen auf den Hawaii-Inseln.

Das Jahr für Vulkanfreunde

Das Jahr der Geowissenschaften (2001) hat in Deutschland zu einer Flut von Informationen über die Vulkane geführt und das Bedürfnis nach Reisen in diese Bereiche deutlich gesteigert. Das hat dazu geführt, dass viele Menschen vor allem tätige Vulkane besuchen wollen. Dabei bedenken sie selten, dass zu einem Vulkanbesuch eine gründliche Vorbereitung notwendig ist. Festes Schuhwerk und wetterfeste Kleidung gehören zur Mindestausrüstung, um die Aufstiege auf die Berge sicher zu überstehen. Schnelle Temperaturwechsel müssen einkalkuliert werden. In Gipfelregionen und Solfatarengebieten kann mit Atembeschwerden gerechnet werden, feuchte Tücher als Atemschutz leisten dabei gute Dienste. Man sollte unbedingt den Hinweistafeln an Vulkanen Folge leisten. Nicht selten wird über tödliche Unfälle durch Lavabrocken berichtet. An den Vulkanen befinden sich mittlerweile große und attraktive Informationszentren, die wissenschaftlich sorgfältig betreut werden.

Vulkantourismus auf Lanzarote

Das Reisen zu Vulkangebieten ist auf der ganzen Welt weit verbreitet und der Tourismus in diesen Regionen ein wichtiger Wirtschaftszweig geworden (vgl. S. 238 ff.). Das bedeutet, dass sich alle Beteiligten auf **Kompromisse** zwischen Schutz der Landschaft, Schutz der Reisenden und Wirtschaftsinteressen einrichten müssen. Vulkantourismus sollte Abenteuerlust und Verständnis für die geologischen Prozesse wecken.

Die Vulkanländer, zugleich auch Reiseziele, stehen vor einem Dilemma. Einerseits ist der Tourismus ein **Wirtschaftszweig** und die Vulkane sozusagen der Motor. Andererseits müssen **Maßnahmen** ergriffen werden, um im Falle unkontrollierter Ausbrüche und ganz normaler Gefährdungen der Touristen, z.B. durch Abgründe, schwer passierbare Lavaströme, heiße Quellen usw., Sicherheitsmaßnahmen zu ergreifen oder medizinische Vorsorge zu treffen.

Für den Fall von unerwarteten Vulkanausbrüchen an der Krafla in Island beispielsweise (vgl. S. 68 ff.), müssen geeignete Pisten vorbereitet werden, damit den Autotouristen nicht der Fluchtweg abgeschnitten wird. Hier sind also neben Landschaftsplanungen auch Straßen- und Wegebaumaßnahmen vorzusehen, das betrifft im Falle von Eruptionen unter dem Eis eine rechtzeitige Warnung und Sperrung der Reisegebiete. Unerwartete klimatische Wechsel können allerdings erhebliche Probleme mit sich bringen, beispielsweise der Ausbruch des Vulkans Hekla, vor einigen Jahren. Die Eruptionswolke lockte tausende Touristen aus dem 100 km entfernten Reykjavík zur Beobachtung an, ein unerwartet einsetzender Schneesturm machte dem geplanten Vulkanvergnügen ein jähes Ende. Die Autofahrer mussten anstelle von Aschewolken – Schneewolken ertragen und die früh anbrechende Nacht in den Autos verbringen, die Polizei stand unerwartet einem Verkehrschaos gegenüber.

Aufforderung auf Lanzarote

Auf der Insel Nísyros gibt es Krater, auf deren Grund sich heiße Quellen befinden. Trotz der sichtbaren **Warnungen** versuchen die Besucher immer wieder die Wärme des Wassers zu erfühlen, mit dem Ergebnis heftiger Verbrühungen, da das Wasser siedet. Fatal werden derartige Unfälle, wenn Besucher mit den Füßen in diese Quellen geraten, zumal hier in den weniger frequentierten Besuchsmonaten mit einer qualifizierten Hilfe nicht zu rechnen ist. Die Vorsicht vor heißen Quellen und Schlammkratern ist nicht nur hier geboten, sondern in allen Solfataren rund um den Globus, obwohl in klassischen Touristengebieten eindeutige Absperrmaßnahmen vor Gefahren schützen sollen. Auch so spaßig anmutende Verbotszeichen sollten unbedingt beachtet werden, da Hilfsdienste in Vulkangebieten schwer zu alarmieren sind und die Pisten oft in höchst unangenehmen Lava- oder Aschefeldern enden. Das trifft insbesondere für gesperrte Wege auf den Kanarischen Inseln zu. Hier locken Leihwagenangebote leicht zu einer selbständigen „Vulkansafari" – Ähnliches gilt für Hochlandpisten in Island.

Das Einsteigen in anscheinend ruhige Krater sollte mit größter **Vorsicht** erfolgen, wo nicht gestattet, auch unterbleiben, denn die Kraterwände sind für einen Abstieg ohne Seil und Sicherung ungeeignet. Schließlich ist gerade in Kratern junger

Touristengruppe zum Lavastrom auf Nea Kameni (Griechenland)

Vulkangebiete auch mit Gasaustritten zu rechnen, die Unfälle provozieren können. Auf dem **Vesuv** ist der Kratereinstieg untersagt und durch Absperrungen verwehrt. Selbst wenn in Filmen und Fernsehsendungen immer wieder Abstiege vorgeführt werden, handelt es sich nicht um touristische Unternehmungen. Gegebenenfalls sollte man sich an ausgewiesene Bergführer halten, die über ausreichend Routine und Hilfsmittel verfügen um aus Notsituationen herauszuführen. Der enorme Zuspruch, den der Vesuv genießt, hat dazu geführt, dass sich die **Zivilschutzbehörden** mit einer großräumigen Planung beschäftigen. Im Falle einer wie auch immer gearteten Eruption des Vulkans sollen an der nordöstlichen Flanke Fluchtschneisen angelegt werden, um nicht die Zugangswege zum Gipfel zu verstopfen.

Auf den **Kanarischen Inseln** existiert ein ausgedehntes Überwachungsnetz, das seismische Messungen und Veränderungen der Erdoberfläche (Hebungen und Senkungen) auf allen Inseln überwacht. Für die Insel Teneriffa wurde eine Karte der Risiken angelegt, die durch einen Ausbruch am Pico de Teide oder an seinen Flanken entstanden ist. Diese Vorkehrungen sind für die gesamte Wirtschaft auf der Insel gedacht, kommen aber den touristischen Belangen sehr entgegen.

Wenig bedacht wird die Belastung des Körpers durch Luftdruckunterschiede. Mit der Seilbahn auf den **Pico de Teide** zu fahren, ist fast schon Routine. Innerhalb kurzer Zeit gelangt man zunächst von den Küstenregionen in 2 000 m Höhe in die Caldera des Vulkans und dann in wenigen Minuten von rund 2 000 m auf den Gipfel von über 3 000 m. Auf der Azoreninsel **São Miguel** kann man mit dem PKW innerhalb von 20 Minuten von der Küste zum **Lagoa del Fogo** 900 m Höhenunterschied bewältigen. Von Catania auf den **Ätna**-Gipfel gelangt man mit PKW, Seilbahn und offiziellem Rover innerhalb von 90 Minuten in eine Höhe von über 3 000 m!

Modifizierte Mercalli – Intensitätsskala (vereinfacht)

Intensitätsgrad	Benennung	Wirkungen	Beschleunigung [mm/sek.]
I	nur durch Geräte erkennbar		geringer als 2,5
II	sehr schwache Beben	nur von besonders feinfühligen Personen bemerkt	2,5 – 5,0
III	schwache Beben	nur von einem Teil der Bevölkerung wahrgenommen, Erschütterung wie bei vorbeifahrendem LKW	6,0 – 10,0
IV	mäßig fühlbare Beben	Personen werden aus dem Schlaf geweckt, Fenster klirren, hängende Objekte können pendeln	11,0 – 25,0
V	ziemlich starke Beben	für jedermann wahrnehmbar, Fenster zerspringen, freistehende Gegenstände fallen um, stehende Autos wackeln	26,0 – 50,0
VI	starke Beben	Bevölkerung wird aufgeschreckt, Häuser werden eilig verlassen, Bilder fallen von den Wänden, Risse im Mauerwerk	51,0 – 100,0
VII	sehr starke Beben	Beben wird von Fahrern in Autos wahrgenommen, Kirchenglocken geraten ins Schwingen, Wasserspiegel im Brunnen verändern sich, Dachziegel und Kamine stürzen herab, Erdrutsche an Kiesufern	101,0 – 250,0
VIII	zerstörende Beben	teilweise Zerstörung von Ziegelbauten, Schornsteine und schlanke Türme stürzen ein, Äste brechen von Bäumen, Risse im nassen Boden, Veränderung der Temperatur und Strömung in Quellen und Brunnen	251,0 – 500,0
IX	verwüstende Beben	allgemeine Panik, Schäden an Gebäuden erheblich, einige Einstürze, Beschädigung von Fundamenten, unterirdische Versorgungsleitungen zerbrechen, Bodenrisse	501,0 – 1000,0
X	vernichtende Beben	Holzgebäude werden beschädigt, schwere Schäden an Dämmen und Deichen, offene Wasser schwappen über die Deiche, Schienen werden gekrümmt	1001,0 – 2500,0

Modifizierte Mercalli – Intensitätsskala (vereinfacht)

Intensitätsgrad	Benennung	Wirkungen	Beschleunigung [mm/sek.]
XI	katastrophale Beben	Ziegel und Steingebäude werden gänzlich vernichtet, Brücken werden zerstört, breite Risse im Boden, Erdstürze und Erdrutsche, unterirdische Rohrleitungen völlig außer Betrieb, Schollenverschiebungen, Eisenbahnschienen insgesamt verbogen	2501,0 – 5000,0
XII	sehr katastrophale Beben	völlige Katastrophe, Erdoberfläche wirft Wellen, Gegenstände fliegen durch die Luft	über 5000,0

Formation	Ende	Beginn	Dauer	Ereignis
Holozän	Gegenwart	vor 10 000 J.	vor 10 000 J.	
Pleistozän	Gegenwart	vor 1,6 Mio. J.	1,7 Mio. J.	Eiszeiten
Pliozän	1,6 Mio. J.	vor 5,0 Mio. J.	3,2 Mio. J.	Menschen
Miozän	5,0 Mio. J.	vor 23 Mio. J.	18 Mio. J.	
Oligozän	23 Mio. J.	vor 34 Mio. J.	11 Mio. J.	
Eozän	34 Mio. J.	vor 57 Mio. J.	23 Mio. J.	Anden
Paläozän	57 Mio. J.	vor 65 Mio. J.	8 Mio. J.	Indischer Subkontinent entsteht
Kreide	65 Mio. J.	vor 144 Mio. J.	79 Mio. J.	zahlreiche Plums steigen auf
Jura	144 Mio. J.	vor 208 Mio. J.	64 Mio. J.	Asien, Plateaubasalte
Trias	208 Mio. J.	vor 250 Mio. J.	42 Mio. J.	
Perm	250 Mio. J.	vor 286 Mio. J.	36 Mio. J.	Eiszeiten
Karbon	286 Mio. J.	vor 360 Mio. J.	74 Mio. J.	weltweit Kohlebildung
Devon	360 Mio. J.	vor 408 Mio. J.	48 Mio. J.	
Silur	408 Mio. J.	vor 438 Mio. J.	30 Mio. J.	
Ordovizium	438 Mio. J.	vor 505 Mio. J.	67 Mio. J.	
Kambrium	505 Mio. J.	vor 550 Mio. J.	45 Mio. J.	
Proterozoikum	550 Mio. J.	vor 2 500 Mio. J.	1 950 Mio. J.	erste Lebewesen, Algen
Archaikum	2 500 Mio. J.	vor 3 800 Mio. J.	1 300 Mio. J.	erste Verwitterungsgesteine
Lava-Planet	vor 3 800 Mio. J.	vor 4 500 Mio. J.	700 Mio. J.	Lavaflächen, Meteoriten
Erdentstehung	vor 4 500 Mio. J.			

Asche
Nicht im Sinne des Wortes Asche, sondern im übertragenen Sinne benutzt. Ein Lockersediment in Staub- bwz. Sandkorngröße, das bei vulkanischen Ausbrüchen entsteht, indem Gase feinste Lavapartikel mit sich reißen.

Basalt
Dunkelfarbiges bis dunkelviolettes, je nach chemischer Zusammensetzung, ehemals dünnflüssiges oder flüssiges Ergussgestein, aus großen Tiefen aufsteigend. Durch Abkühlung bilden sich in der Gesteinsschicht häufig polygone Basaltsäulen, allgemein senkrecht zur Abkühlungsfläche. So erklären sich so genannte Basaltrosen und Fächer durch eine mehrseitige Abkühlung. Basalt ist der häufigste Bestandteil der Ozeanböden. Aufstiegswege sind bevorzugt die Spaltensysteme innerhalb der Mittelozeanischen Rücken. Große Basaltdecken (Flutbasalte) sind aus Indien, Südafrika, Nord- und Südamerika bekannt. Das Gestein hat einen wechselnden, zumeist aber etwa 50%igen Silikatanteil, hoher Eisenanteil, Magnesium, Aluminiumsilikate.

Benioffzone
Bereich der stark geneigten Gesteinsschicht, die bei der Subduktion unter eine Kontinentalplatte, zwischen der Oberfläche der abtauchenden und der Kontinentalplatte entsteht. Sie reicht von der Plattengrenze bis in rund 700 km Tiefe. In dieser Kontaktzone wird das Material für den Subduktionsvulkanismus gebildet. Hier entstehen zahlreiche Erdbebenherde. Benannt nach ihrem Entdecker, dem Seismologen HUGO BENIOFF.

Caldera
Sinnverwandt „Schüssel“ (portugiesisch). Ein schüsselförmig über einer Magmakammer eingebrochenes oder gesprengtes Vulkangebiet mit unterschiedlichen Durchmessern, in dessen Zentrum aus der darunter befindlichen Magmakammer wieder ein neuer Vulkankegel entstehen kann.

endogen
Die der Erde und ihrer Dynamik innewohnenden Kräfte bewirken die Hebung und Plattenverschiebung.

Epizentrum
Senkrecht über dem eigentlichen Erdbebenherd liegendes Gebiet.

exogen
Durch äußere, aus dem Weltraum (Meteoriten u. Ä.), der Atmosphäre (Temperaturwechsel, Niederschläge, chemische Bestandteile), der Hydrosphäre und der Biosphäre (Lebewesen allg.) den endogenen Kräften entgegenwirkende Kräfte, die an der äußeren Gestaltung der Erdoberfläche und ihrer Elemente mitwirken.

Geysir
In Abständen eruptierende Heißwasserquelle, benannt nach einer solchen Quelle in Island. Ursache für die Eruptionen ist eine Überhitzung des Wassers im Untergrund, die zur Erhöhung des Drucks auf die Wassersäule in einer engen Eruptionsröhre führt. Nach dem Ende der Eruption fließt das abgekühlte Wasser teilweise zurück in den Förderkanal und die Überhitzung des Wassers setzt erneut ein.

Geothermie
Nutzung der aus dem Inneren der Erde stammenden Wärme für die Erzeugung von Elektroenergie, zur Beheizung von Gewächshäusern, Badeeinrichtungen und Industrieanlagen.

Glutwolke
Vulkanisches Phänomen an explodierenden Vulkanen. Unter Druck sehr schnell entweichende Wolke aus heißen trockenen Gasen und Gesteinstrümmern, die der Schwerkraft folgend in hohem Tempo (bis 300 km/h) die Hänge der Vulkane abwärts strömt und mit hoher Energie Bewuchs zerstört, Gebäude in Brand setzt und für den schnellen Verbrennungstod der betroffenen Opfer verantwortlich ist (s. a. Ignimbrit).

Hot dry rock
Übersetzt: heißer trockener Stein. Verfahren um in großen Tiefen in trockenem Gestein Wärme zu nutzen. Kaltes Oberflächenwasser wird in künstlich – durch

Sprengungen – zerklüftetes Gestein gepumpt, das Wasser nimmt die Wärme auf und transportiert sie an die Oberfläche.

Hot Spot
sinnverwandt „heiße Stelle" (englisch), Aufschmelzungszone, die aus dem Erdmantel stationär bis in den Erdkrustenbereich hineinragt, und so in treibende Platten aktive Vulkane gewissermaßen einbrennt (z. B. Hawaii-Inseln).

hydrothermal
Vorgänge, die durch vulkanisch erwärmtes Wasser angeregt werden, z. B. Auflösen und Ausscheiden von chemischen Substanzen durch im Untergrund zirkulierendes Wasser.

Hypozentrum
Flächenhaftes Ausgangszentrum von Erdbebenwellen, senkrecht unter dem Epizentrum.

Ignimbrit
(ignis: lat. Das Feuer) Gesteinsmaterial, das aus Glutaschewolken entstanden ist und sich verbunden hat.

Lahar
Lawine aus Schlamm, die sich aus heißem oder kaltem Wasser an Vulkanhängen nach Eruptionen bildet. Ausbrechende Kraterseen, schmelzendes Eis oder heftige Niederschläge können Auslöser von Lahars sein. Das sich ablagernde Gesteinsmaterial kann eine betonähnliche Masse bilden, die häufig zu gewaltigen Nachfolgeschäden von Vulkanausbrüchen führt.

Lava
An der Erdoberfläche oder am Meeresboden austretendes, glutflüssiges Gestein, das erkaltet; bildet je nach chemischen Charakter unterschiedlich raue Oberflächen und Viskositäten.

Magnitude
Physikalisch erfassbare Energie, die von einem Erdbebenherd ausgeht.

Obsidian
Vulkanisches zähflüssiges Gestein, besonders gasarm, das bei schnellem Erkalten entsteht. Sein Vorkommen war in der Steinzeit Rohstoffquelle für die Herstellung von scharfkantigen Werkzeugen. Von den Obsidianfundorten lassen sich frühe Handelswege rekonstruieren.

Plum
Sinnverwandt Pflaume, Magmakammer im Untergrund von Vulkanen, die sowohl die Vulkane mit Magma versorgt, als auch stationär unter einem Vulkangebäude im Erdmantel verbleibt, während sich die Platte über diesem Versorgungskanal fortbewegt. So wären zahlreiche Reihen von aktiven und nicht mehr aktiven Vulkanen erklärbar.

Rift, Riftsystem
Risse in der Erdkruste, an denen aus dem Erdmantel Magma aufsteigt und beiderseitig zu Gebirgsrücken aufgestaucht wird. Sie bilden neuen Ozeanboden und treiben die Platten auseinander. Riftsysteme bilden die Ozeanischen Rücken, können aber auch an der kontinentalen Oberfläche entstehen.

Staukuppe, auch Lavadom
Kuppe, gelegentlich auch eine steile Säule, aus zähflüssiger Lava, die äußerlich von einer dünnen Schicht abgekühltem Magma zusammengehalten wird. Erhöht sich der Druck in dieser Kuppe, platzt das Gebilde auseinander, es entweichen Lava, überhitzte Gase und Gesteinstrümmer.

Tsunami
Sinnverwandt „Große Hafenwelle" (japanisch). Beschreibt eine plötzliche Flutwelle, ausgelöst durch Erdbeben oder Masseverlagerungen bei Vulkanen, gelegentlich auch durch meteorologische Ereignisse an dafür prädestinierten Stellen.
Diese verheerenden Flutwellen erreichen ihre höchste zerstörerische Kraft zumeist in engeren Buchten oder Häfen, oder auch den Erdbebenherden zugewandten Küsten. (Hauptvorkommen: Pazifik-Küsten) Aber auch an anderen Küsten, besonders an Inselvulkanen, können spontane Masseverlagerungen durch Abrutschen vulkanischen Materials auftreten und Tsunamis auslösen.

APRODOV, V. A. (1982): Vulkane. Natur der Welt, Moskau.

ARANA, V. (2001): Vulkankatastrophen – ein beherrschbares Risiko? In: Spectrum der Wissenschaft, H. 2, S. 58–64, Heidelberg.

BALLARD, R. D. (1998): Tiefsee – die großen Expeditionen in der Welt der ewigen Finsternis, München.

BARDINTZEFF, J.-M. (1999): Vulkanologie, Stuttgart.

COELLO, J. (1985): Sintesis de la actividad volcanica de las islas Canarias, La Laguna.

DECKER, R./DECKER, B. (1997): Die Urgewalt der Vulkane – von Pompeji zum Pinatubo, Weyam.

DIETRICH, V. J./HURNI, L. (1994): Frühwarn-Informationssystem für Vulkane. In: Spectrum der Wissenschaft, H. 3, S. 26–28, Heidelberg.

EDELMANN, J. (2000): Vulkane besteigen und erkunden, Bielefeld.

EINARSSON, T. (1974): Der Heimaey-Ausbruch, Reykjavík.

EINARSSON, T. (1994): Geologie von Island. Gesteine und Landschaften, Reykjavík.

FORJAZ, V.-H. (o. J.): Vulcao dos Capelinhos, Ponta Delgada.

FORJAZ, V.-H. (1998): Alguns Vulcoes, Ponta Delgada.

FRIEDRICH, W. L. (1994): Feuer im Meer. Vulkanismus und die Naturgeschichte der Insel Santorin, Heidelberg.

GONZALES, F. I. (2001): Tsunami. In: Spectrum der Wissenschaft, H. 2, S. 40–49, Heidelberg.

GRANET, M. u. a. (2001): Seismische Sondierung eines Mantelplumes. In: Spectrum der Wissenschaft, H. 2, Heidelberg.

GREEN, H. W. (2001): Der Mechanismus von Tiefbeben. In: Spectrum der Wissenschaft, H. 2, S. 14–21, Heidelberg.

HESS, H. (1990): Vulkane und Erdbeben – Haack-Handkarte, Gotha.

HERVE, P. u. a. (2001): Der Untergang von Behura. In: Spectrum der Wissenschaft, H. 2, Heidelberg.

HINZEN, K. G. (2001): Erdbeben zwischen Rhein und Maas. In: Spectrum der Wissenschaft, H. 2, S. 52–55, Heidelberg.

HUMBOLDT, A. v. (1858): Kosmos, Stuttgart/Augsburg.

HURTIG, E./STILLER, H. [Hrsg.] (1984): Erdbeben und Erdbebengefährdung, Berlin.

HYNDMAN, R. (2001): Schwere Erdbeben nach langer Stille. In: Spectrum der Wissenschaft, H. 2, S. 14–19, Heidelberg.

JOKAT, W. u. a. (2001): Feuer und Eis in der Arktis. In: Spectrum der Wissenschaft, H. 2, S. 77–79, Heidelberg.

KÄLKE, M. [Hrsg.] (2001): Unruhige Erde. In: Spectrum der Wissenschaft, H. 2, Heidelberg.

KISCH, E. E. (1951): Ein Vulkan bricht aus, Berlin.

KLÜGEL, A. (2001): Feuerberge auf dem Meeresboden. In: Spectrum der Wissenschaft, H. 2, S. 73–76, Heidelberg.

KRAFFT, M. (1984): Führer zu den Vulkanen Europas, 3 Bd., Allgemeines, Island – Bd. 1, Deutschland, Frankreich – Bd. 2, Italien, Griechenland – Bd. 3, Stuttgart.

KRAFFT, M. (1993): I Vulcani-Il Fuoco della Terra, Trieste.

KÜMPEL, H.-J. (2001): Ein Erdkrustenlabor am Koyna-Stausee. In: Spectrum der Wissenschaft, H. 2, S. 36–39, Heidelberg.

LARSON, R.L. (2001): Die Super-Plume-Episode in der mittleren Kreidezeit. In: Spectrum der Wissenschaft, H. 2, S. 86–90, Heidelberg.

LAUSCH, E. (2001): Erdbebenwarnung – schneller sein als die tödlichen Wellen. In: Spectrum der Wissenschaft, H. 2, S. 50–51, Heidelberg.

LAUTERBACH, R. [Hrsg.] (1977): Physik der Erdkruste. Ergebnisse geophysikalischer Forschung von Erdkruste und Erdmantel, Berlin.

LÜHR, B.-G. (2001): Auf Tuchfühlung mit dem Feuerberg. In: Spectrum der Wissenschaft, H. 2, S. 66–70, Heidelberg.

MALAHOFF, A. (2001): Eine Insel wird geboren. In: Spectrum der Wissenschaft, H. 2, S. 71–72, Heidelberg.

MASSONET, D. (2001): Radar-Interferometrie zur Messung der Erdkrustendynamik. In: Spectrum der Wissenschaft, H. 2, S. 22–25, Heidelberg.

Münchner Rückversicherungsgesellschaft (2000): Welt der Naturgefahren, München.

o.A. (2002): Volcanoes of the World, Washington D.C.

ÖTTL, H. (2001): Kartierung der Erde mit Radar-Interferometrie. In: Spectrum der Wissenschaft, H. 2, S. 26–29, Heidelberg.

RAST, H. (1987): Vulkane und Vulkanismus, Leipzig.

RAU, H. (1978): Geothermische Energie – weltweite Nutzung der Erdwärme, München.

RITTMANN, A. (1960): Vulkane und ihre Tätigkeit, Stuttgart.

RUSSEL, I.C. (1910): Volcanoes of North America, New York.

SAPPER, K. (1917): Katalog der geschichtlichen Vulkanausbrüche, Strassburg.

SCHMINCKE, H.-U. (2000): Vulkanismus, Darmstadt.

SCHMINCKE, H.-U. (2001): Die Vulkane und das Klima. In: Spectrum der Wissenschaft, H. 2, S. 80–85, Heidelberg.

SEEBACH, K.v. (1892): Vulkane Centralamerikas, Göttingen.

SKEIB, G. (1965): Antarktika. Kontinent im Brennpunkt der Forschung, Leipzig.

Smithsonian National Museum of Natural History (2003-2005): Volcanic Activity Reports. Bulletin of the Global Volcanism Network, Washington.

Springer-Verlag (12/2005): Geoscience online.de. Das Internetmagazin für Geo- und Naturwissenschaften, Heidelberg.

VLODAVEC, V.I. (1954): Die Vulkane der Sowjetunion, Gotha.

VOGEL, A. [Hrsg.] (1998): Earthquake Prognostics Strategy, Berlin.

VOGEL, A. (2000): Jahresbericht des EPICenter, Berlin.

WOLFF, H. [Hrsg.] (1999): Energie aus Erdwärme, Stuttgart.

Umschlag vorn: dpa, Frankfurt/Main
Umschlag hinten: Waldenburger, Gotha (o.), Gerster, Zumikon (u.)
AKG, Berlin: S. 189, S. 224
Associated Press, Frankfurt/Main: S. 8, S. 153–154, S. 217
Bähr, Kiel: S. 177 u.
Bandorski, Berlin: S. 123
Bankwitz, Potsdam: S. 127
Bettmann, New York: S. 185
Bormann, Potsdam: S. 216 r.
Busche, Rimpar: S. 126
Corbis, Düsseldorf: S. 159
dpa, Frankfurt/Main: S. 9, S. 61 r., S. 84, S. 86, S. 93 o., S. 93 u., S. 95, S. 98–99, S. 132, S. 155, S. 173, S. 187, S. 203, S. 207–208, S. 221, S. 228, S. 233 u., S. 237 l., S. 237 r.
Deutsches Zentrum für Luft- und Raumfahrt, Oberpfaffenhofen: S. 172
Enkelmann, Filderstadt: S. 147 l.
FOCUS, Hamburg: S. 31, S. 59, S. 76, S. 81, S. 131, S. 135, S. 139, S. 145, S. 165, S. 180/181, S. 193 u., S. 227
Geoforschungszentrum, Potsdam: S. 193 o.
Getty Images, München: S. 13, S. 87 r.
Gutruf, Mauer: S. 27
Hahn, Stuttgart: S. 147 r.
Hess, Buckow: S. 15, S. 33–35, S. 37 l., S. 42, S. 49 u., S. 55, S. 58, S. 61 l., S. 63–64, S. 67 l., S. 68, S. 71 l., S. 71 r., S. 73 l., S. 73 r., S. 120, S. 122, S. 177 o., S. 181, S. 241, S. 243–245
IFA-Bilderteam, Ottobrunn: S. 69, S. 141
Itar Tass, Moskau: S. 80
Klett-Perthes, Gotha: S. 49 o., S. 191, S. 216 l., S. 234
Luftbild-Archiv, Kasseburg: S. 54
Maresch, Rutesheim: S. 29, S. 106, S. 111–112
Masakatu, Fukuoka-City: S. 87 l.
Mauritius, Mittenwald: S. 116, S. 148, S. 223
MEV Verlag GmbH, Ausburg: S. 50 o.
Newig, Flinbek: S. 42/43
Picture Press, Hamburg: S. 171
Plafker, Reston: S. 233 o.
Popper-Foto, London: S. 117
Röder, Büchenbach: S. 146
Rothe, Augustusburg: S. 56
Rother, Schwäbisch Gmünd: S. 176
Schmidt, Nürtingen: S. 57
Schneider, Lauterbach: S. 50 u.
Scholz, Gießen: S. 37 r., S. 97
Schröder, Großenkneten-Huntslosen: S. 51
Sebastian, Freiberg: S. 53
Seebach, Göttingen: S. 158
Seidel, München: S. 211
Szczepanski, Oberhausen: S. 129–130
Waldenburger, Gotha: S. 39, S. 48, S. 199
Waldkircher, CH-Rodersdorf: S. 67 r.
Weissmann, Moskau: S. 77–78
Wellhausen, Wiesbaden: S. 66
ZEFA, Hamburg, S. 107, S. 110

Es wurden in allen Fällen neue digitale Kartenoriginale geschaffen, deren Nachnutzung nur mit Zustimmung des Verlages möglich ist.
Trotz intensiver Recherchen ist es dem Verlag nicht gelungen, für einige Ausstattungselemente dieses Werkes die Rechteinhaber zu ermitteln. Der Verlag bittet um Nachsicht und ggf. um Geltendmachung der Rechte im Nachhinein!

Abbildungsbeschriftung der Einstiegsseiten
Erdbeben von Kōbe (1995), S. 9
Pompeji, S. 42
San-Andreas-Verwerfung, S. 180

Zur Benutzung des Registers

Inhalt, Reihenfolge der Namen

Das Register erschließt den Inhalt der Karten und Blockbilder, nicht jedoch die Übersichtskarten. Es wurden sämtliche Namen außer den Gewässernamen aufgenommen (aufgrund der inhaltlichen Schwerpunktsetzung), wobei je nach Objektart und thematischer Relevanz Mehrfach-Suchangaben eingetragen wurden. Die Reihenfolge der Suchangaben bei Mehrfachauftritten entspricht meist der Kartenfolge. Lediglich die Verweise auf Blockbilder wurden mitunter nachgestellt.

Die Reihenfolge der Namen entspricht dem lateinischen Alphabet. Dabei wurden Umlaute und Buchstaben mit diakritischen Zeichen wie einfache Buchstaben eingereiht (z. B.: ä = a; ê = e). Die Ligatur æ wurde den getrennten Buchstaben gleichgesetzt, die Sonderbuchstaben ð als dh, ə als e und das deutsche ß als ss angesehen.

Die abgekürzten Namen sind im Register zumeist ausgeschrieben.

USA → Vereinigte Staaten von Amerika, Belgien [= B.]

Gleich lautende Ortsnamen wurden zur Unterscheidung mit einem Zusatz versehen,

z. B.: La Paz *[Argentinien]*
La Paz *[Bolivien]*

Orte, Berge, Kaps, Gebirge, tektonische Namen usw. sind vollständig aus beiden Themenbereichen aufgenommen worden, so dass derartige Objekte immer über zwei Suchangaben verfügen, wenn sie im Vulkan- und Erdbebenteil in Erscheinung treten.

Vulkane

Sämtliche Auftritte in allen Karten sind verzeichnet. Vulkane, deren Lage in der Karte durch eine Zahl gekennzeichet ist, wurden im Register mit der entsprechenden Zahl in eckigen Klammern versehen.

z. B.: Sangeang Api ▲ **90** F 7 [= 20]

Erdbeben

Sämtliche Auftritte in allen Karten, jedoch wurden im Kartenteil Erdbebenüberlappungen berücksichtigt. In diesen Fällen wird auf die Karte größeren Maßstabs verwiesen.

Erläuternde Zusätze

Nahezu alle Namen des Registers wurden mit Gattungssignaturen in Form von Piktogrammen versehen, die auf jeder Doppelseite unten erläutert werden. Namen, die mit einem Gattungswort beginnen, wurden in umgestellter Form ins Register aufgenommen. Anstelle der normalen Schreibweise steht eine allgemeine Sammelverweisung:

z. B.: Mongolei, Innere

Lageangabe

Die Lageangabe jedes Registernamens besteht aus der Zahl für die Kartenseite, dem Buchstaben für die Spalte und der Zahl für die Zeile des betreffenden Suchfeldes:

z. B.: Turin **200** L 6

A

⊘ Staat, abhängiges Gebiet
▽ Verwaltungseinheit
△ Gebirge, Berge
▵ Berg
⌓ Landschaft, Halbinsel, Erdteil
⏝ Insel, Inseln
≻≋ Kap
* Gletscher

∴ Ruinenstätte
⌂ Wissenschaftl. Station
⌁ Tektonische Einheit
≙ Untermeerisches Relief
▲ Vulkan, Vulkangebiet
● Epizentrum
◎ Erdbebengeschädigter Ort

⊘ Staat, abhängiges Gebiet
⛉ Verwaltungseinheit
⛰ Gebirge, Berge
△ Berg
⛳ Landschaft, Halbinsel, Erdteil
🏝 Insel, Inseln
≋ Kap
✱ Gletscher

∴ Ruinenstätte
⌂ Wissenschaftl. Station
Tektonische Einheit
Untermeerisches Relief
▲ Vulkan, Vulkangebiet
● Epizentrum
◎ Erdbebengeschädigter Ort

⛉ Staat, abhängiges Gebiet
▽ Verwaltungseinheit
⛰ Gebirge, Berge
△ Berg
≃ Landschaft, Halbinsel, Erdteil
⌓ Insel, Inseln
≻≋ Kap
✱ Gletscher

∴ Ruinenstätte
⊿ Wissenschaftl. Station
⯊ Tektonische Einheit
≍ Untermeerisches Relief
▲ Vulkan, Vulkangebiet
● Epizentrum
◎ Erdbebengeschädigter Ort

⊘ Staat, abhängiges Gebiet
⛉ Verwaltungseinheit
⛰ Gebirge, Berge
△ Berg
≌ Landschaft, Halbinsel, Erdteil
⩍ Insel, Inseln
❯≋ Kap
✱ Gletscher

E

∴ Ruinenstätte
⛺ Wissenschaftl. Station
⚡ Tektonische Einheit
≋ Untermeerisches Relief
▲ Vulkan, Vulkangebiet
● Epizentrum
◎ Erdbebengeschädigter Ort

⊘ Staat, abhängiges Gebiet
▽ Verwaltungseinheit
⛰ Gebirge, Berge
△ Berg
≃ Landschaft, Halbinsel, Erdteil
⌓ Insel, Inseln
≫ Kap
✱ Gletscher

∴ Ruinenstätte
Wissenschaftl. Station
Tektonische Einheit
Untermeerisches Relief
▲ Vulkan, Vulkangebiet
● Epizentrum
◎ Erdbebengeschädigter Ort

H

⊘ Staat, abhängiges Gebiet
⛉ Verwaltungseinheit
⛰ Gebirge, Berge
△ Berg
⛶ Landschaft, Halbinsel, Erdteil
⏢ Insel, Inseln
≋ Kap
✱ Gletscher

I

J

∴ Ruinenstätte
⛉ Wissenschaftl. Station
⥼ Tektonische Einheit
≊ Untermeerisches Relief
▲ Vulkan, Vulkangebiet
● Epizentrum
◎ Erdbebengeschädigter Ort

⊘ Staat, abhängiges Gebiet
⛉ Verwaltungseinheit
⛰ Gebirge, Berge
△ Berg
⌓ Landschaft, Halbinsel, Erdteil
⩊ Insel, Inseln
❯≋ Kap
✱ Gletscher

∴ Ruinenstätte
Wissenschaftl. Station
Tektonische Einheit
Untermeerisches Relief
▲ Vulkan, Vulkangebiet
● Epizentrum
◎ Erdbebengeschädigter Ort

L

⊘ Staat, abhängiges Gebiet
⛉ Verwaltungseinheit
⛰ Gebirge, Berge
△ Berg
⚐ Landschaft, Halbinsel, Erdteil
⌓ Insel, Inseln
⟩≋ Kap
✱ Gletscher

∴ Ruinenstätte
⌂ Wissenschaftl. Station
⌇ Tektonische Einheit
≋ Untermeerisches Relief
▲ Vulkan, Vulkangebiet
● Epizentrum
◎ Erdbebengeschädigter Ort

⛉ Staat, abhängiges Gebiet
▽ Verwaltungseinheit
⛰ Gebirge, Berge
△ Berg
≚ Landschaft, Halbinsel, Erdteil
⩊ Insel, Inseln
❯≋ Kap
✱ Gletscher

∴ Ruinenstätte
⊿ Wissenschaftl. Station
⥸ Tektonische Einheit
⩭ Untermeerisches Relief
▲ Vulkan, Vulkangebiet
● Epizentrum
◎ Erdbebengeschädigter Ort

⊘ Staat, abhängiges Gebiet
▽ Verwaltungseinheit
⛰ Gebirge, Berge
△ Berg
⛳ Landschaft, Halbinsel, Erdteil
⏝ Insel, Inseln
≋ Kap
* Gletscher

∴ Ruinenstätte
⊿ Wissenschaftl. Station
⇁ Tektonische Einheit
≋ Untermeerisches Relief
▲ Vulkan, Vulkangebiet
● Epizentrum
◎ Erdbebengeschädigter Ort

O

P

⊘ Staat, abhängiges Gebiet
⛉ Verwaltungseinheit
⛰ Gebirge, Berge
△ Berg
⛶ Landschaft, Halbinsel, Erdteil
⌓ Insel, Inseln
❯≋ Kap
✱ Gletscher

∴ Ruinenstätte
⛫ Wissenschaftl. Station
⌁ Tektonische Einheit
≋ Untermeerisches Relief
▲ Vulkan, Vulkangebiet
● Epizentrum
◎ Erdbebengeschädigter Ort

Q

R

⊘ Staat, abhängiges Gebiet
⛉ Verwaltungseinheit
⛰ Gebirge, Berge
△ Berg
⌒ Landschaft, Halbinsel, Erdteil
⌓ Insel, Inseln
⟩≋ Kap
✱ Gletscher

∴ Ruinenstätte
⌂ Wissenschaftl. Station
Tektonische Einheit
Untermeerisches Relief
▲ Vulkan, Vulkangebiet
● Epizentrum
◎ Erdbebengeschädigter Ort

⊘ Staat, abhängiges Gebiet
▽ Verwaltungseinheit
⛰ Gebirge, Berge
△ Berg
⊿ Landschaft, Halbinsel, Erdteil
⌓ Insel, Inseln
❯≋ Kap
∗ Gletscher

∴ Ruinenstätte
◿ Wissenschaftl. Station
⥲ Tektonische Einheit
≋ Untermeerisches Relief
▲ Vulkan, Vulkangebiet
● Epizentrum
◎ Erdbebengeschädigter Ort

⊘ Staat, abhängiges Gebiet
▽ Verwaltungseinheit
⛰ Gebirge, Berge
△ Berg
◺ Landschaft, Halbinsel, Erdteil
⌓ Insel, Inseln
❯≋ Kap
✱ Gletscher

∴ Ruinenstätte
⛺ Wissenschaftl. Station
⌁ Tektonische Einheit
⩠ Untermeerisches Relief
▲ Vulkan, Vulkangebiet
● Epizentrum
◎ Erdbebengeschädigter Ort

⛉ Staat, abhängiges Gebiet
⛊ Verwaltungseinheit
⛰ Gebirge, Berge
△ Berg
⛆ Landschaft, Halbinsel, Erdteil
⌓ Insel, Inseln
≋ Kap
✱ Gletscher

∴ Ruinenstätte
⫤ Tektonische Einheit
▲ Vulkan, Vulkangebiet
● Epizentrum
⌂ Wissenschaftl. Station
≋ Untermeerisches Relief
◎ Erdbebengeschädigter Ort

W

X

⊘ Staat, abhängiges Gebiet
⛉ Verwaltungseinheit
⟁ Gebirge, Berge
△ Berg
⛆ Landschaft, Halbinsel, Erdteil
⌓ Insel, Inseln
❯≋ Kap
* Gletscher

∴ Ruinenstätte
⌂ Wissenschaftl. Station
⯊ Tektonische Einheit
⩕ Untermeerisches Relief
▲ Vulkan, Vulkangebiet
● Epizentrum
◎ Erdbebengeschädigter Ort